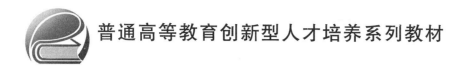

普通高等教育创新型人才培养系列教材

航空发动机原理

（第 3 版）

吴逸飞　丁相玉　王 云　编

北京航空航天大学出版社

内容简介

航空发动机是飞机的"心脏",航空发动机原理是航空发动机技术的基础。本书全面、系统地介绍以燃气涡轮发动机为主的各型航空发动机的基础知识、主要部件的工作原理与功用、发动机性能分析与参数设计等内容,侧重航空发动机的基本工作原理、基本设计分析方法和设计分析基本技能等。本教材的计划学时为40学时,使用时亦可根据专业做适当调整。

本教材为高等院校本科飞行器类专业的教学用书,也可供相关专业学生或工程技术人员参考。

图书在版编目(CIP)数据

航空发动机原理 / 吴逸飞,丁相玉,王云编. -- 3版. -- 北京:北京航空航天大学出版社,2024.8
ISBN 978 - 7 - 5124 - 4416 - 4

Ⅰ.①航… Ⅱ.①吴… ②丁… ③王… Ⅲ.①航空发动机-理论 Ⅳ.①V23

中国国家版本馆 CIP 数据核字(2024)第 105168 号

版权所有,侵权必究。

航空发动机原理(第 3 版)
吴逸飞 丁相玉 王云 编
策划编辑 董瑞 责任编辑 董瑞

*

北京航空航天大学出版社出版发行

北京市海淀区学院路 37 号(邮编 100191) http://www.buaapress.com.cn
发行部电话:(010)82317024 传真:(010)82328026
读者信箱:goodtextbook@126.com 邮购电话:(010)82316936
北京建筑工业印刷有限公司印装 各地书店经销

*

开本:787×1 092 1/16 印张:17.5 字数:448 千字
2024 年 8 月第 3 版 2024 年 8 月第 1 次印刷 印数:2 000 册
ISBN 978 - 7 - 5124 - 4416 - 4 定价:58.00 元

若本书有倒页、脱页、缺页等印装质量问题,请与本社发行部联系调换。联系电话:(010)82317024

前　言

航空发动机是飞机的"心脏",航空发动机原理是航空发动机技术的基础。编者根据高等院校飞行器动力、飞行器设计、飞行器制造等专业人才培养要求,在认真分析了航空发动机原理课程教学要求的基础上编写了本书。

本次修订继承了前两版的优点和精髓:全面、系统地介绍以燃气涡轮发动机为主的各型航空发动机的基础知识、主要部件的工作原理与功用、发动机性能分析与参数设计等,侧重航空发动机的基本工作原理、基本设计分析方法和设计分析基本技能等。在内容的安排和叙述上,力图做到通俗易懂,简明扼要,尽量用简单的图表说明问题,在讲清基本概念的基础上,方便读者学习;编者参考了国内多种相关教材的经典内容,并根据长期的一线教学经验对内容进行了必要的精简和扩充;同时参阅了与本学科国内外最新发展动态相关的文献,加入了一些能反映现代航空发动机先进技术和发展方向的内容,以保证教材的先进性;对于一些比较抽象、难以通过文字和图片理解的内容,书中配有动画,以增强教材的可读性和实用性。

全书共分11章,第1章主要介绍与航空发动机原理有关的基础理论知识,可根据专业教学情况选讲;第2~9章是本书的主体,主要介绍各型燃气涡轮发动机;第10章简要介绍航空活塞发动机、冲压喷气发动机、火箭发动机、变循环喷气发动机及齿轮传动式涡扇发动机;第11章介绍航空发动机的技术现状和技术发展方向;最后在附录中介绍有关航空发动机的命名方法和世界民用航空发动机制造商及部分产品的相关知识。

在修订过程中,参考了大量的图文资料及网络资料,在此谨对相关文献的作者深表谢意;教育部航空发动机原理课程虚拟教研室为本书的修订提供了有益的帮助;研究生陈贵昌及本科生赵紫贤协助查阅资料,并对插图和视频进行了校对,在此一并表示衷心感谢。

由于编者的水平有限,书中的不妥之处诚恳欢迎广大读者批评指正。

编 者
2024 年 5 月

教育部航空发动机原理课程虚拟教研室推荐使用教材学堂在线本课程网址:https://www.xuetangx.com/course/nchkdx08201008636/

目 录

第1章 热力学和气体动力学基础 ································· 1
1.1 气体的成分与状态参数 ····································· 1
1.1.1 气体的成分 ·· 1
1.1.2 气体的基本状态参数 ···································· 1
1.1.3 理想气体的状态方程 ···································· 2
思考题 ··· 3
1.2 气体能量方程 ·· 3
1.2.1 概 述 ··· 3
1.2.2 气体能量存在的几种形式 ································ 3
1.2.3 气体与外界传递的能量形式 ······························ 3
1.2.4 气体的能量守恒 ·· 4
1.2.5 摩擦损失 ·· 5
思考题 ··· 5
1.3 气体的绝热(压缩或膨胀)过程 ································ 5
1.3.1 概 述 ··· 5
1.3.2 理想绝热(压缩或膨胀)过程 ······························ 5
1.3.3 理想绝热功 ·· 7
1.3.4 实际绝热(压缩或膨胀)过程 ······························ 8
1.3.5 实际绝热功 ·· 10
思考题 ··· 12
1.4 理想绝能流动 ·· 12
1.4.1 概 述 ··· 12
1.4.2 气体的总参数与静参数 ·································· 13
1.4.3 声速和速度系数 ·· 13
1.4.4 超声速喷管 ·· 14
1.4.5 超声速气流绕外钝角的流动 ······························ 15
1.4.6 应用气体动力学函数进行气流流动计算 ···················· 19
习 题 ··· 20
思考题 ··· 20
1.5 附面层 ·· 21
1.5.1 什么是附面层 ·· 21
1.5.2 层流附面层和紊流附面层 ································ 22
1.5.3 附面层分离 ·· 23
1.6 实际有摩擦的绝能流动 ······································ 23
1.6.1 摩擦对绝能流动的影响 ·································· 23
1.6.2 计算用的系数 ·· 24
习 题 ··· 24

1.7 动量守恒定律在气体力学中的运用 ·· 25
1.7.1 概　述 ·· 25
1.7.2 动量方程 ·· 25
1.7.3 运用气体动力学函数计算动量 ·· 26
习　题 ·· 27

1.8 激　波 ·· 27
1.8.1 概　述 ·· 27
1.8.2 正激波 ·· 28
1.8.3 斜激波 ·· 29
1.8.4 圆锥激波 ·· 33
习　题 ·· 34

1.9 热力学定律 ·· 34
1.9.1 概　述 ·· 34
1.9.2 热力学第一定律 ··· 34
1.9.3 热力学第二定律 ··· 34
1.9.4 理想卡诺循环 ·· 34
1.9.5 熵 ·· 35

1.10 相似理论 ·· 37
1.10.1 概　述 ··· 37
1.10.2 燃气轮机中气体定常流动的相似问题 ······································ 37
1.10.3 燃气轮机各部件的相似工作 ·· 39
1.10.4 燃气轮机的相似工作 ··· 44
思考题 ·· 45

第2章 航空燃气轮机的工作原理 ·· 46
2.1 航空燃气轮机概述 ··· 46
思考题 ·· 47
2.2 航空燃气轮机的分类 ·· 47
2.2.1 概　述 ·· 47
2.2.2 各类航空燃气轮机简图 ·· 48
2.2.3 各类发动机截面划分 ··· 49
思考题 ·· 50
2.3 航空燃气轮机的热机部分——燃气发生器 ·· 51
2.3.1 概　述 ·· 51
2.3.2 燃气轮机的理想循环分析 ··· 51
2.3.3 燃气轮机的实际循环分析 ··· 56
2.3.4 压气机最佳增压比和最经济增压比 ··· 60
2.3.5 双轴式结构的燃气发生器 ··· 60
2.3.6 核心机 ·· 61
2.3.7 发展高性能的核心机和燃气发生器的重要意义 ··························· 61
习　题 ·· 62
思考题 ·· 62

2.4 涡轮喷气发动机的推力计算 ············ 63
2.4.1 概　述 ············ 63
2.4.2 发动机推力公式的推导 ············ 63
2.4.3 用气动函数表示的推力公式的推导 ············ 64
2.4.4 有效推力 F_{ef} ············ 65
习　题 ············ 67
思考题 ············ 67

2.5 航空燃气轮机的推进器部分——尾喷管、螺桨、风扇和喷管 ············ 68
2.5.1 概　述 ············ 68
2.5.2 发动机的推进效率 ············ 69
2.5.3 螺旋桨的发展 ············ 70
习　题 ············ 70
思考题 ············ 71

2.6 航空燃气轮机的性能指标 ············ 71
2.6.1 推力 F（或功率 P） ············ 71
2.6.2 单位推力 F_s ············ 71
2.6.3 单位燃油消耗率 sfc 和总效率 ············ 71
2.6.4 推重比 ············ 72
2.6.5 单位迎面推力 ············ 72
思考题 ············ 73

2.7 航空燃气轮机的能量转变和效率 ············ 73
2.7.1 航空燃气轮机热效率 ············ 73
2.7.2 发动机推进效率 ············ 74
2.7.3 发动机总效率 ············ 74

第3章　压气机、涡轮和进气道 ············ 75
3.1 压气机 ············ 75
3.1.1 离心式压气机 ············ 75
3.1.2 轴流式压气机 ············ 76
3.1.3 轴流式压气机基元级加功增压原理以及提高压气机基元级增压比的重要性及其途径 ············ 78
3.1.4 流动损失和基元级效率 ············ 80
3.1.5 超声级和跨声级压气机 ············ 82
3.1.6 压气机基元级沿叶高的变化 ············ 83
3.1.7 轴流式压气机基元级叶片的攻角和落后角 ············ 83
3.1.8 轴流式压气机旋转失速和喘振以及防止喘振发生的方法 ············ 84
3.1.9 压气机特性 ············ 86
习　题 ············ 88
思考题 ············ 88

3.2 涡　轮 ············ 89
3.2.1 涡轮结构简介 ············ 89
3.2.2 气流通过涡轮基元级膨胀做功原理 ············ 91

  3.2.3 增大基元级涡轮功的途径 ………………………………………………………… 92
  3.2.4 流动损失和基元级效率 …………………………………………………………… 93
  3.2.5 涡轮特性 …………………………………………………………………………… 94
  3.2.6 对转涡轮 …………………………………………………………………………… 95
  思考题 ………………………………………………………………………………………… 96
 3.3 进气道 …………………………………………………………………………………… 96
  3.3.1 概 述 ……………………………………………………………………………… 96
  3.3.2 亚声速进气道 ……………………………………………………………………… 97
  3.3.3 超声速进气道 ……………………………………………………………………… 98
  3.3.4 超声速进气道特性 ………………………………………………………………… 100
  思考题 ………………………………………………………………………………………… 101

第4章 燃烧室、加力燃烧室和尾喷管 ………………………………………………… 102
 4.1 燃烧的基本知识 ………………………………………………………………………… 102
  4.1.1 油气比在一定的范围内才能进行燃烧 …………………………………………… 102
  4.1.2 火焰周围气流速度必须低于火焰传播速度 ……………………………………… 102
 4.2 主燃烧室 ………………………………………………………………………………… 102
  4.2.1 主燃烧室为组织火焰、稳定燃烧所采取的结构措施 …………………………… 102
  4.2.2 主燃烧室的点火装置 ……………………………………………………………… 105
  4.2.3 主燃烧室的结构形式 ……………………………………………………………… 105
  4.2.4 主燃烧室的基本性能要求 ………………………………………………………… 108
  4.2.5 主燃烧室特性 ……………………………………………………………………… 110
  思考题 ………………………………………………………………………………………… 112
 4.3 加力燃烧室 ……………………………………………………………………………… 112
  4.3.1 概 述 ……………………………………………………………………………… 112
  4.3.2 加力燃烧室工作过程和主要零组件 ……………………………………………… 113
  4.3.3 振荡燃烧及其消除方法 …………………………………………………………… 115
  4.3.4 加力燃烧室的基本性能要求 ……………………………………………………… 115
  思考题 ………………………………………………………………………………………… 116
 4.4 尾喷管 …………………………………………………………………………………… 116
  4.4.1 概 述 ……………………………………………………………………………… 116
  4.4.2 亚声速喷管与超声速喷管 ………………………………………………………… 116
  4.4.3 喷管流动损失的计算 ……………………………………………………………… 118
  4.4.4 尾喷管的结构形式 ………………………………………………………………… 119
  4.4.5 尾喷管特性 ………………………………………………………………………… 121
  思考题 ………………………………………………………………………………………… 121

第5章 单轴涡轮喷气发动机 …………………………………………………………… 122
 5.1 稳态工作时各部件的相互制约关系 …………………………………………………… 122
  5.1.1 概 述 ……………………………………………………………………………… 122
  5.1.2 压气机与涡轮流量相等的条件 …………………………………………………… 123
  5.1.3 压气机功与涡轮功相等的条件 …………………………………………………… 124
  5.1.4 通过涡轮与尾喷管流量相等的条件 ……………………………………………… 125

　　　　思考题 ·· 128
5.2　设计状态下各部件的相互匹配关系 ·· 128
　　5.2.1　什么是部件匹配 ·· 128
　　5.2.2　压气机与涡轮的匹配工作 ·· 128
　　5.2.3　其他部件的匹配工作 ·· 130
　　　　思考题 ·· 130
5.3　单轴涡喷发动机的调节规律 ·· 131
　　5.3.1　概述 ··· 131
　　5.3.2　最大工作状态调节规律 ··· 131
　　5.3.3　被调参数和调节中介 ·· 136
　　5.3.4　巡航状态调节规律 ·· 137
　　　　思考题 ·· 138
5.4　发动机特性 ·· 139
　　5.4.1　概述 ··· 139
　　5.4.2　单轴涡轮喷气发动机的飞行特性 ·· 139
　　5.4.3　单轴涡轮喷气发动机的节流特性 ·· 146
　　　　思考题 ·· 153
5.5　发动机特性的获取方法 ··· 154
　　5.5.1　用试验的方法确定发动机的特性 ·· 154
　　5.5.2　用相似理论换算发动机的特性 ··· 156
　　　　思考题 ·· 165
5.6　过渡工作状态 ··· 165
　　5.6.1　涡轮喷气发动机的起动过程 ··· 165
　　5.6.2　涡轮喷气发动机的加速过程 ··· 167
　　5.6.3　涡轮喷气发动机的减速过程 ··· 169
　　　　思考题 ·· 169
5.7　发动机加力 ·· 169
　　5.7.1　概述 ··· 169
　　5.7.2　喷射液体加力 ··· 170
　　5.7.3　复燃加力 ··· 171
　　5.7.4　复燃喷水加力 ··· 179
　　　　思考题 ·· 179

第6章　双轴涡轮喷气发动机 ·· 181
6.1　双轴涡轮喷气发动机防喘原理和性能优点 ··· 181
　　　　思考题 ·· 185
6.2　稳态下各部件的相互制约 ··· 185
　　6.2.1　低压压气机特性图上共同工作线的位置 ·· 185
　　6.2.2　尾喷管临界截面积的大小对双轴发动机工作的影响 ·· 186
　　　　思考题 ·· 186
6.3　设计状态下的部件匹配 ··· 186
　　6.3.1　高压转子 ··· 186

  6.3.2　低压转子 187
 6.4　双轴发动机的调节规律 187
 6.5　双轴发动机的特性 189
  6.5.1　转速特性 189
  6.5.2　速度特性 190
  6.5.3　高度特性 191
  思考题 192
 6.6　双轴发动机的台架调试 192
  6.6.1　台架调试的依据——标准发动机 192
  6.6.2　台架调试的要求 192
  6.6.3　台架调试的具体步骤 193
  思考题 193

第7章　涡轮风扇发动机 194

 7.1　概　述 194
  思考题 194
 7.2　各类涡轮风扇发动机 195
  7.2.1　后风扇涡轮风扇发动机 195
  7.2.2　前风扇涡轮风扇发动机 195
 7.3　涡轮风扇发动机的性能指标 196
 7.4　涡轮风扇发动机的设计参数选择 198
  7.4.1　内涵燃气发生器设计参数选择 198
  7.4.2　分排涡扇发动机功分配系数 x 和涵道比 B 的选择 198
  7.4.3　混排涡扇发动机功分配系数 x 和涵道比 B 的选择 201
  思考题 201
 7.5　涡轮风扇发动机部件相互制约和部件匹配 202
  7.5.1　分开排气双轴涡轮风扇发动机 202
  7.5.2　混合排气双轴涡轮风扇发动机 203
  思考题 204
 7.6　涡轮风扇发动机特性 204
  7.6.1　涡轮风扇发动机的飞行特性 204
  7.6.2　涡轮风扇发动机的油门特性 206
  思考题 206

第8章　涡轮螺桨发动机 207

 8.1　概　述 207
  思考题 208
 8.2　涡轮螺桨发动机的分类 208
  8.2.1　单轴式涡轮螺桨发动机 208
  8.2.2　分轴式涡轮螺桨发动机 209
  思考题 210
 8.3　涡轮螺桨发动机的性能指标 210
  思考题 211

8.4 涡轮螺桨发动机的可用功分配 ··· 211
　　8.4.1 涡轮螺桨发动机设计参数的选择 ··· 211
　　8.4.2 涡轮螺桨发动机的可用功优化分配 ·· 211
　　思考题 ··· 212
8.5 涡轮螺桨发动机的调节规律 ·· 212
　　8.5.1 变矩螺桨 ·· 212
　　8.5.2 最大工作状态调节规律 ··· 213
　　8.5.3 巡航状态调节规律 ·· 213
8.6 涡轮螺桨发动机特性 ·· 214
　　8.6.1 涡轮螺桨发动机的飞行特性 ··· 214
　　8.6.2 涡轮螺桨发动机的油门特性 ··· 216
　　思考题 ··· 216

第9章 涡轮轴发动机 ·· 217
9.1 概　述 ··· 217
　　思考题 ··· 218
9.2 涡轮轴发动机的结构 ·· 218
　　9.2.1 涡轮轴发动机与涡轮螺桨发动机的比较 ··· 218
　　9.2.2 涡轮轴发动机的结构形式 ··· 219
　　思考题 ··· 219
9.3 涡轮轴发动机的性能参数 ··· 219
9.4 涡轮轴发动机的部件特点 ··· 220
　　9.4.1 进气道 ··· 220
　　9.4.2 压气机 ··· 221
　　9.4.3 燃烧室 ··· 221
　　9.4.4 涡　轮 ··· 222
　　9.4.5 尾喷管 ··· 222
　　9.4.6 减速器 ··· 222
　　思考题 ··· 223
9.5 涡轮轴发动机的调节规律和特性 ··· 223
　　9.5.1 涡轮轴发动机燃气发生器设计参数的选择 ······································ 223
　　9.5.2 可用功分配 ··· 223
　　9.5.3 涡轮轴发动机的调节规律 ··· 223
　　9.5.4 涡轮轴发动机的节流特性 ··· 224
　　9.5.5 涡轮轴发动机的高度特性 ··· 224
　　思考题 ··· 224

第10章 其他航空发动机简介 ··· 225
10.1 航空活塞式发动机 ··· 225
　　10.1.1 活塞式发动机的主要组成 ··· 225
　　10.1.2 四冲程活塞发动机的工作原理 ·· 226
　　10.1.3 二冲程活塞发动机的工作原理 ·· 227
　　10.1.4 航空活塞式发动机的辅助工作系统 ··· 228

10.2 冲压喷气发动机 228
 10.2.1 亚声速冲压发动机 228
 10.2.2 超声速冲压发动机 228
 10.2.3 高超声速冲压发动机 229
10.3 火箭发动机 229
 10.3.1 固体火箭发动机 229
 10.3.2 液体火箭发动机 230
10.4 可变循环喷气发动机 230
10.5 齿轮传动式涡扇发动机：下一代民机动力的优先选择 232

第11章 航空发动机发展回顾与展望 235
11.1 引言 235
11.2 发展回顾 235
 11.2.1 活塞式发动机——开创动力飞行新纪元 235
 11.2.2 燃气涡轮喷气发动机——开创了航空发展的"喷气时代" 237
 11.2.3 涡轮风扇发动机——再次改变了航空业的面貌 238
 11.2.4 涡桨/涡轴发动机——满足航空动力多样化需求 240
 11.2.5 新一代发动机——发展性能更好的发动机 241
11.3 航空动力未来展望与研究热点 242
 11.3.1 航空动力未来展望 242
 11.3.2 航空发动机未来热点研究领域 249
11.4 航空发动机新技术的发展方向 251
 11.4.1 核心机——先进涡轮燃气发生器计划 251
 11.4.2 完整性——结构完整性大纲 251
 11.4.3 综合化——飞机推进分系统综合计划 252
 11.4.4 节能——E3计划 252
 11.4.5 超燃——超声速燃烧发动机技术计划 252
 11.4.6 3D打印技术 253
11.5 航空发动机新技术发展的支柱 256

附录1 美、英、中三国航空涡轮发动机型号命名方法 257
 F1.1 美国命名法 257
 F1.2 英国命名法 258
 F1.3 我国航空发动机命名法 259

附录2 世界民用航空发动机制造商及部分产品简介 260
 F2.1 三大航空发动机制造商 260
 F2.2 新兴发动机制造商 264

参考文献 266

第1章 热力学和气体动力学基础

1.1 气体的成分与状态参数

1.1.1 气体的成分

所研究的气体是航空燃气轮机中作为工作介质的空气和燃气。

空气是由多种气体成分组成的,空气中含有的各种气体成分在不同地点以及离地面不同的高度上是不完全相同的,而且空气是随时流动变化着的。但是空气成分的微小差别并不影响燃气轮机的工程计算。

空气中主要成分为氮(N_2)、氧(O_2)和氩(Ar),其所占容积百分比如表1-1所列。

在一般的计算过程中,可以认为空气是由 N_2 和 O_2 所组成的,其各占容积百分比如表1-2所列。

表1-1 N_2、O_2 与 Ar 所占容积百分比

成 分	N_2	O_2	Ar
容积百分比/%	78.03	20.99	0.98

表1-2 N_2 与 O_2 所占容积百分比

成 分	N_2	O_2
容积百分比/%	79	21

燃气是空气与燃料进行燃烧后的气体产物。燃气的成分随着燃料化学成分的不同以及燃料与空气混合比例的不同有很大的差异。

在燃气轮机中,由于燃气温度受到涡轮部分材料耐热性的限制,燃烧时空气量往往大于理论所需的空气量。实际空气量与理论所需空气量之比称为空气系数或称为余气系数,用 α 表示,即

$$\alpha = 燃烧时实际空气量/理论所需空气量$$

或者说燃烧时实际供油量往往小于将空气中的氧气完全烧完的理论所需供油量。实际供油量与理论所需供油量之比称为燃料系数,以 β 表示,即

$$\beta = 实际供油量/将空气中氧气完全烧完理论所需供油量$$

在燃气轮机中,β 在 0 到 1 之间变化,$\beta=0$ 就是未经燃烧的空气。

燃气的成分不同,其折合分子量亦不相同。

1.1.2 气体的基本状态参数

气体是由大量运动着的气体分子组成。在研究气体的性质时,把气体作为宏观物体来研究。

在燃气轮机的工作过程中,气体与外界不断有热量和机械能的交换,气体的状态不断地变化。表示气体状态的参数有压力、温度和比容,这三个参数是气体的基本状态参数。

飞机和航空燃气轮机的设计计算都需要知道离地面不同高度上的空气状态参数。但是空气的状态参数随着地点和时间的不同在不断变化。为了便于计算，根据测量和统计，编制标准大气表，供计算时查用。

1.1.3 理想气体的状态方程

只有当气体压力不太大和温度不太低的时候，才可以近似地把气体看作理想气体，这时候可以忽略气体分子本身的体积和分子间的引力。如果气体的压力很大且温度很低时，气体比容大大减小，分子间距离缩小，分子本身的体积以及分子间的引力作用就不能忽视。当压力增高或温度降低到一定程度时，气体就将液化。

空气和燃气在航空燃气轮机中的工作压力不超过 5×10^6 Pa，温度不低于 -60 ℃，可以看做是理想气体。

根据实验结果，可以推导得到理想气体的状态方程，即理想气体状态参数间的一般关系式如下：

$$pV = RT$$

式中，R 称为气体常数。气体常数 R 与气体容积有直接关系。

在物理学的标准大气条件下（$p = 101\,325$ Pa 和 $t = 0$ ℃），1 kg 分子量理想气体的容积为 22.4 m³。在工程的标准情况下（$p = 98\,066.5$ Pa 和 $t = 15$ ℃），1 kg 分子量理想气体的容积为 24.4 m³。由此，可以求得 1 kg 分子量的气体常数 R，即

$$R = \frac{pV}{T} = \frac{101\,325 \times 22.4}{273} = 8\,313.8 \text{ J} \cdot \text{K}^{-1} \cdot \text{mol}^{-1}$$

这个气体常数 R 称为通用气体常数，因为它对于任何分子量的气体都是通用的。

在工程计算中常常讨论质量为 1 kg 的气体，此时理想气体状态方程应为

$$pV = \frac{1}{\mu}RT$$

式中，μ 为该理想气体的千克分子量，例如空气的千克分子量为 28.97，空气作为理想气体的状态方程为

$$pV = \frac{8\,313.8}{28.97}T$$

即

$$pV = 286.98\,T$$

又如，某燃气的千克分子量为 28.951，该燃气作为理想气体的状态方程为

$$pV = \frac{8\,313.8}{28.951}T$$

即

$$pV = 287.17T$$

如果所讨论的是质量为 M 的气体，那么理想气体状态方程应写为

$$pV = \frac{M}{\mu}RT$$

思考题

(1) 一空气瓶容积为 0.07 m³,瓶内压力从 1.5×10⁶ Pa 降至 1.0×10⁶ Pa,若瓶内空气温度保持 25 ℃,求从瓶中必须放出多少千克的空气?

(2) 一空气瓶容积为 0.07 m³,瓶内压力为 1.5×10⁶ Pa,瓶内空气温度为 25 ℃,若瓶内空气用去 1/3,问将瓶内空气加温至多少摄氏度才能保持瓶内压力仍为 1.5×10⁶ Pa?

(3) 在海平面标准大气条件下,10 m³ 空气的质量是多少?在高空 20 km 处,同样体积的空气的质量是多少?

1.2 气体能量方程

1.2.1 概述

在自然界中或在燃气轮机工作过程中,气体的状态(p,T,V)是不断变化的。对某一气体微团来说,可以加热或冷却,可以压缩或膨胀,可以加速或减速,可以静止或流动。无论气体状态怎样变化,无非是气体能量从一种存在形式转变为另一种存在形式,以及气体与外界之间能量的相互传递与交换。

1.2.2 气体能量存在的几种形式

气体能量存在的几种形式如表 1-3 所列。

表 1-3 气体能量存在的几种形式

能量形式	含 义
气体的内能	气体内部具有的能量叫做气体的内能,它包括气体内部分子的动能以及分子间相互吸引而具有的位能
pV 功	气体微团具有压力 p 和占有体积 V,pV 功可以理解为这一气体微团对抗外界压力 p 占有空间体积 V 对外所做的功
气体的焓	气体的内能和 pV 功合在一起,称为气体的焓
气体的动能	气体运动速度的大小及方向与所选择的运动坐标系有直接的关系,因此气体动能的大小也与所选择的坐标系有关
气体的位能	气体的位能与气体的动能一样,其数值的大小与所选择的运动坐标系及引力场有关

1.2.3 气体与外界传递的能量形式

1. 热量

气体与外界的热量交换可以通过温度差传热,也可以由燃料燃烧释放化学能而获得热量。气体与外界传递的热量以 Q 表示,1 kg 气体与外界传递的热量以 q 表示,q 的单位是 J/kg。

2. 机械功

气体微团与周围外界机械功的传递已在分析 pV 功时讨论过了。除此之外,当气体微团流经某种机械(如压气机或涡轮)时,可以从外界得到机械功或向外界输出机械功。机械功以

L 表示，1 kg 气体与外界传递的机械功以 l 表示，l 的单位是 J/kg。

1.2.4 气体的能量守恒

物理学中的能量守恒及转换定律在热力学中体现为第一定律，即工质受热做功的过程中，工质从外界吸取的热量，应该等于因工质膨胀时对外做功与储存于工质内部的能量增量之和。

1. 静止气体的能量方程

静止气体的能量方程在讨论气体内能时就已经分析过了，即外界加入静止气体的热量转变为两部分，一部分转变为气体的内能，即气体分子的动能，另一部分转变为气体体积膨胀时对外界所做的功，即

$$\mathrm{d}q = \mathrm{d}u + p\,\mathrm{d}V \tag{1.2.1}$$

或

$$\mathrm{d}q = \mathrm{d}h - V\,\mathrm{d}p \tag{1.2.2}$$

2. 流动气体的能量方程

流动气体的能量方程可表示为：加入气体的热量等于气体的内能、pV 功、气体的动能和位能等增量之和，即

$$\mathrm{d}q = \mathrm{d}u + \mathrm{d}(pV) + \mathrm{d}\left(\frac{w^2}{2}\right) + \mathrm{d}z \tag{1.2.3}$$

或

$$\mathrm{d}q = \mathrm{d}h + \mathrm{d}\left(\frac{w^2}{2}\right) + \mathrm{d}z \tag{1.2.4}$$

在航空燃气轮机的计算中，气体位能变化往往忽略不计，故气体能量方程可写为

$$\mathrm{d}q = \mathrm{d}u + \mathrm{d}(pV) + \mathrm{d}\left(\frac{w^2}{2}\right) \tag{1.2.5}$$

或

$$\mathrm{d}q = \mathrm{d}h + \mathrm{d}\left(\frac{w^2}{2}\right) \tag{1.2.6}$$

将式(1.2.4)两边积分，可得能量方程，即

$$q_2 - q_1 = (h_2 - h_1) + \frac{w_2^2 - w_1^2}{2} \tag{1.2.7}$$

3. 流经某种机械（如压气机或涡轮）时气体的能量方程

在这种情况下，气体能量方程可表示为：加入气体的热量及加入气体的机械能等于气体的内能、pV 功、气体的动能和位能等增量之和，即

$$\mathrm{d}q + \mathrm{d}l = \mathrm{d}u + \mathrm{d}(pV) + \mathrm{d}\left(\frac{w^2}{2}\right) + \mathrm{d}z \tag{1.2.8}$$

或

$$\mathrm{d}q + \mathrm{d}l = \mathrm{d}h + \mathrm{d}\left(\frac{w^2}{2}\right) + \mathrm{d}z \tag{1.2.9}$$

忽略气体的位能变化，流经某种机械时的气体能量方程可写为

$$\mathrm{d}q + \mathrm{d}l = \mathrm{d}u + \mathrm{d}(pV) + \mathrm{d}\left(\frac{w^2}{2}\right) \tag{1.2.10}$$

或

$$\mathrm{d}q + \mathrm{d}l = \mathrm{d}h + \mathrm{d}\left(\frac{w^2}{2}\right) \tag{1.2.11}$$

将式(1.2.11)两边积分，可得能量方程，即

$$(q_2 - q_1) + (l_2 - l_1) = (h_2 - h_1) + \frac{w_2^2 - w_1^2}{2} \tag{1.2.12}$$

1.2.5 摩擦损失

气体是有黏性的流体，气体与外界传递机械功的过程中以及气体在流动过程中都有摩擦损失存在。摩擦损失使一部分机械功（包括气体的动能）转变为热能。这部分损失的机械功称为摩擦损失，由摩擦损失转变成的热能称为摩擦热。摩擦热全部加在气体内。由于摩擦功与摩擦热二者在数值上完全相等，因此上述能量方程应用于有摩擦损失存在的情况下也是正确的。在有摩擦损失存在时，能量方程增加两项，一项是摩擦功，另一项是摩擦热，这两项数值相等，符号相反，互相抵消。

为了便于分析比较，往往假设没有摩擦损失存在的气体状态变化过程为理想过程，没有摩擦损失存在的气体流动过程为理想流动过程。

实际上，理想过程是不能实现的，但是在航空燃气轮机的设计中应该争取减少各种损失，以提高各部件的效率。

思考题

静止气体在非等压和非等容加热时，加入气体的热量与气体内能的增量是否相等？与气体焓增量又是否相等？

1.3 气体的绝热（压缩或膨胀）过程

1.3.1 概 述

在与外界绝热的条件下，气体的压缩或膨胀可以由外界传递机械功所引起，例如气体流经压气机或涡轮时就是这种情况；也可以由气体本身速度变化而引起，例如气体流经发动机的进气道或尾喷管时就是这种情况。

无论上述哪一种情况，对于每一个静止的（或坐标系随之一起运动的）气体微团来说，能量方程都是

$$dq = du + p\,dV$$

当气体的压缩（或膨胀）过程为理想绝热过程时（没有摩擦热产生），dq 项等于零，上式可简化为

$$du + p\,dV = 0$$

气体的压缩（或膨胀）过程虽然是绝热过程，但有摩擦损失存在时，一部分机械功转变为摩擦热加于气体中，静止气体能量方程为

$$dq_f = du + p\,dV$$

式中，q_f 为摩擦热。

1.3.2 理想绝热（压缩或膨胀）过程

在燃气轮机的计算中经常用到理想绝热（压缩或膨胀）过程中气体状态参数之间的关系。

根据气体能量方程和气体状态方程可推导出：在理想绝热的条件下，静止气体微团的能量方程为

$$\mathrm{d}u + p\,\mathrm{d}V = 0 \quad \text{或} \quad c_V \mathrm{d}T + p\,\mathrm{d}V = 0$$

$$\mathrm{d}T = -\frac{p\,\mathrm{d}V}{c_V} \tag{1.3.1}$$

根据气体状态方程

$$pV = RT$$

两边微分，得

$$\mathrm{d}(pV) = R\,\mathrm{d}T$$

$$\mathrm{d}T = \frac{p\,\mathrm{d}V + V\,\mathrm{d}p}{R} \tag{1.3.2}$$

比较式(1.3.1)与式(1.3.2)，消去 $\mathrm{d}T$，可得

$$-\frac{p\,\mathrm{d}V}{c_V} = \frac{p\,\mathrm{d}V + V\,\mathrm{d}p}{R} \quad \text{或} \quad p\,\mathrm{d}V + V\,\mathrm{d}p + \frac{R}{c_V}p\,\mathrm{d}V = 0$$

由于

$$c_p = c_V + R$$

$$p\,\mathrm{d}V + V\,\mathrm{d}p + \frac{c_p - c_V}{c_V}p\,\mathrm{d}V = 0$$

$$p\,\mathrm{d}V + V\,\mathrm{d}p + (k-1)p\,\mathrm{d}V = 0$$

$$kp\,\mathrm{d}V + V\,\mathrm{d}p = 0$$

$$\frac{\mathrm{d}p}{p} + \frac{k\,\mathrm{d}V}{V} = 0$$

比热比 $k(k = c_p/c_V)$ 是温度 T 的函数，根据状态方程，温度 T 又是压力 p 和比容 v 的函数。在一般的计算中，近似地将 k 值作为常数，那么对

$$\frac{\mathrm{d}p}{p} + \frac{k\,\mathrm{d}V}{V} = 0$$

积分后可得

$$pV^k = \mathrm{const} \tag{1.3.3}$$

式(1.3.3)称为理想绝热方程，由于比热比 k 成为理想绝热方程中的指数，因此 k 又称为绝热指数。理想绝热方程以后将经常使用。

根据理想绝热方程和气体状态方程可得在理想绝热过程中气体参数 p,T,V 之间的关系：

$$\frac{p_2}{p_1} = \left(\frac{V_1}{V_2}\right)^k = \left(\frac{\rho_2}{\rho_1}\right)^k \tag{1.3.4a}$$

$$\frac{T_2}{T_1} = \left(\frac{V_1}{V_2}\right)^{k-1} = \left(\frac{\rho_2}{\rho_1}\right)^{k-1} \tag{1.3.4b}$$

$$\frac{p_2}{p_1} = \left(\frac{T_2}{T_1}\right)^{\frac{k}{k-1}} \tag{1.3.4c}$$

假定气体的绝热指数 k 为常数，近似地，空气的绝热指数 $k = 1.4$，燃气的绝热指数 $k_g = 1.33$，那么理想绝热过程的压力比、温度比和密度比之间的关系可以从式(1.3.4)算出。

实际上，气体的绝热指数 k 是气体成分和气体温度的函数。对于绝热指数 k 为变量的理想绝热过程，其压力比与温度比之间的关系亦可以制成专门的表格和曲线。

为方便起见,选定某一个气体状态(温度为 T_0、压力为 p_0)作为基准,则式(1.3.4c)可以写为

$$\frac{p}{p_0} = \left(\frac{T}{T_0}\right)^{\frac{k}{k-1}}$$

于是压力比 p/p_0 只是温度 T 的函数了。在理想绝热过程中对应于温度为 T_0、压力为 p_0 的压力比 p/p_0 称为相对压力,并以 π_0 来表示,那么可以得到 π_0 与 t 的关系曲线:

$$\pi_0 = f(t) \tag{1.3.5}$$

不同成分气体理想绝热过程的相对压力 π_0 与温度 t 的关系曲线如图 1.1 所示。

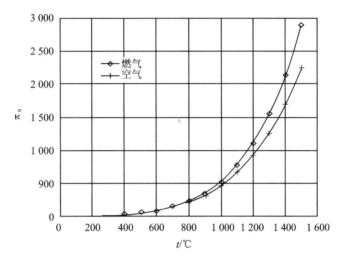

图 1.1 不同成分气体的相对压力 π_0 与气体温度 t 的关系

理想绝热过程中,任何两个温度下的压力比可以用下式计算:

$$\frac{p_2}{p_1} = \frac{\dfrac{p_2}{p_0}}{\dfrac{p_1}{p_0}} = \frac{\pi_2^0}{\pi_1^0} \tag{1.3.6}$$

至此,可以根据给定的气体初始状态求得按理想绝热过程变化时的其他状态,已知其他状态下任何一个状态参数,别的状态参数就可按公式或图表求得。

1.3.3 理想绝热功

1. 静止气体理想绝热功的公式

对于静止气体,理想绝热过程的能量方程为

$$du + p\,dV = 0$$

$p\,dV$ 项是气体与外界传递的机械功,以 dl 表示,即

$$dl = -p\,dV = du \tag{1.3.7}$$

式(1.3.7)表示在理想绝热过程中,外界加入气体的机械功等于气体内能的增量。

将(1.3.7)式两边积分,得

$$l_2 - l_1 = u_2 - u_1 = c_V(T_2 - T_1) \tag{1.3.8}$$

利用气体状态方程代去式(1.3.8)中的温度值,得

$$l_2 - l_1 = \left(\frac{c_V}{R}\right)(p_2 V_2 - p_1 V_1) = \frac{p_2 V_2 - p_1 V_1}{k-1} =$$

$$\frac{p_1 V_1}{k-1}\left[\left(\frac{p_2}{p_1}\right)^{(k-1)/k} - 1\right] =$$

$$\frac{RT_1}{k-1}\left[\left(\frac{p_2}{p_1}\right)^{(k-1)/k} - 1\right] \tag{1.3.9}$$

式(1.3.9)是静止气体理想绝热功的公式。

2. 流动气体理想绝热功的公式

流动气体理想绝热功的公式与静止气体不同,气体流经某种机械(如压气机或涡轮)时,理想绝热流动的能量方程为

$$dl = du + d(pV) + d\left(\frac{w^2}{2}\right) = dh + d\left(\frac{w^2}{2}\right)$$

若进出口气流速度相等,则 $d\left(\frac{w^2}{2}\right) = 0$,由此可得

$$dl = du + d(pV) = dh \tag{1.3.10}$$

式(1.3.10)表示,对于理想绝热流动的气体,外界加给气体的机械功等于气体焓的增量。将式(1.3.10)两边积分,得

$$l_2 - l_1 = h_2 - h_1 = c_p(T_2 - T_1) \tag{1.3.11}$$

利用气体状态方程代去式(1.3.11)中的温度 T,得

$$l_2 - l_1 = \frac{c_p}{R}(p_2 V_2 - p_1 V_1) = \frac{k}{k-1}(p_2 V_2 - p_1 V_1) =$$

$$\frac{k}{k-1} p_1 V_1\left[\left(\frac{p_2}{p_1}\right)^{(k-1)/k} - 1\right] =$$

$$\frac{k}{k-1} RT_1\left[\left(\frac{p_2}{p_1}\right)^{(k-1)/k} - 1\right] \tag{1.3.12}$$

式(1.3.12)是流动气体理想绝热功的公式。

1.3.4 实际绝热(压缩或膨胀)过程

在实际绝热(压缩或膨胀)过程中,总伴随着摩擦损失。摩擦损失使一部分机械功转变为摩擦热加入气体中去。这样的过程称为多变过程。用 q_f 表示加入每千克气体中的摩擦热,于是实际绝热过程中静止气体的能量方程为

$$dq_f = du + p\,dV \tag{1.3.13}$$

令 $dq_f = c_f dT$,式(1.3.13)可写为

$$c_f dT = c_V dT + p\,dV \tag{1.3.14}$$

为了便于分析上式的物理意义,将式(1.3.14)改写为

$$dl = c_f dT - p\,dV = c_V dT \tag{1.3.15}$$

式(1.3.15)表示,在实际绝热压缩过程中,外界加入静止气体的机械功,一部分转变为摩擦热 $c_f dT$ 加入气体中去,其余部分用于压缩气体。压缩气体的机械功的值为 $-p\,dV$(在压缩过程中 dV 为负值)。两部分能量最终都变为气体内能的增量。

在实际绝热过程中,气体对外界所做的功等于气体实际膨胀所做的机械功(其值为

$-p\mathrm{d}V$,对外界做功为负值)与摩擦热 $c_\mathrm{f}\mathrm{d}T$ 的差值(气体膨胀时 $\mathrm{d}T$ 为负值,而摩擦热 $c_\mathrm{f}\mathrm{d}T$ 为正值,因此在气体膨胀时 c_f 值为负值。c_f 与 c_V 的符号相反),其值等于气体的内能降 $c_V\mathrm{d}T$。

根据式(1.3.14),可得

$$\mathrm{d}T = \frac{p\mathrm{d}V}{c_\mathrm{f} - c_V} \tag{1.3.16}$$

根据气体状态方程的微分形式

$$\mathrm{d}(pV) = R\mathrm{d}T$$

或

$$\mathrm{d}T = \frac{\mathrm{d}(pV)}{R} = \frac{p\mathrm{d}V + V\mathrm{d}p}{R} \tag{1.3.17}$$

从式(1.3.16)与式(1.3.17)中消去 $\mathrm{d}T$,得

$$p\mathrm{d}V + V\mathrm{d}p - \frac{Rp\mathrm{d}V}{c_\mathrm{f} - c_V} = 0$$

因为 $R = c_p - c_V$,代入上式并简化,得

$$V\mathrm{d}p + \frac{(c_p - c_\mathrm{f})p\mathrm{d}V}{c_V - c_\mathrm{f}} = 0$$

对于不同的 c_f,系数 $\left(\dfrac{c_p - c_\mathrm{f}}{c_V - c_\mathrm{f}}\right)$ 具有不同的数值,以 n 表示

$$n = \frac{c_p - c_\mathrm{f}}{c_V - c_\mathrm{f}} \tag{1.3.18}$$

将 n 代入前式中,得

$$V\mathrm{d}p + np\mathrm{d}V = 0, \qquad \frac{\mathrm{d}p}{p} + \frac{n\mathrm{d}V}{V} = 0 \tag{1.3.19}$$

由式(1.3.18)可以看出,n 是温度 T 和系数 c_f 的函数,因而是一个变量。但是在一般的计算中,近似地将 n 作为常数,那么式(1.3.19)积分后,得

$$pV^n = \mathrm{const} \tag{1.3.20}$$

式(1.3.20)为实际绝热(压缩或膨胀)过程的方程,或称为多变方程;指数 n 称为多变指数。在热力学中,以静止气体与外界的热交换 $\mathrm{d}q$ 代替式(1.3.13)中的 $\mathrm{d}q_\mathrm{f}$,以比热 $c = \mathrm{d}q/\mathrm{d}T$ 代替 c_f,同样可推导出方程式(1.3.20)。在热力学中,多变过程的方程作为热力过程的普遍方程,指数 n 可以在 $-\infty$ 到 $+\infty$ 范围内变化。因此,多变过程包括了定容过程($n \to \infty$)、定压过程($n = 0$)、定温过程($n = 1$)和理想绝热过程($n = k$)。

根据式(1.3.20)和气体状态方程,得实际绝热过程中气体参数 p, T, V 之间的关系:

$$\frac{p_2}{p_1} = \left(\frac{V_1}{V_2}\right)^n = \left(\frac{\gamma_2}{\gamma_1}\right)^n = \left(\frac{\rho_2}{\rho_1}\right)^n \tag{1.3.21a}$$

$$\frac{T_2}{T_1} = \left(\frac{V_1}{V_2}\right)^{n-1} = \left(\frac{\gamma_2}{\gamma_1}\right)^{n-1} = \left(\frac{\rho_2}{\rho_1}\right)^{n-1} \tag{1.3.21b}$$

$$\frac{p_2}{p_1} = \left(\frac{T_2}{T_1}\right)^{n/(n-1)} \tag{1.3.21c}$$

下面讨论在实际绝热(压缩或膨胀)过程中多变指数 n 与摩擦损失之间的关系。

在实际绝热过程中,式(1.3.13)中的 dq_f 与 du 均为正值,系数 c_f 的与 c_V 符号相同并都为正值。摩擦损失越大,c_f 越大。根据多变指数 n 与系数 c_f 的关系式(1.3.18)可以看出,当摩擦损失为零时,$n = c_p/c_V = k$。

摩擦损失越大,系数 c_f 越大,多变指数 n 也随着增大。当系数 c_f 与定容比热 c_V 相等时,机械功全部转变为摩擦热,多变指数 $n \to \infty$,于是绝热过程就成为定容加热过程了。

从以上分析可知,在一般的实际绝热压缩过程中,多变指数 n 总是大于理想绝热指数 k,二者差别越大,表示摩擦损失越大。

在实际绝热膨胀过程中,式(1.3.13)中的 dq_f 为正值,而 du 为负值,系数 c_f 与定容比热 c_V 符号相反,c_V 为正值,而 c_f 为负值。摩擦损失越大,c_f 的绝对值 $|c_f|$ 越大。从多变指数 n 与系数 c_f 的关系式(1.3.18)可以看出,当摩擦损失为零时,系数 c_f 为零,这时

$$n = \frac{c_p}{c_V} = k$$

摩擦损失越大,系数 c_f 的绝对值 $|c_f|$ 也越大,多变指数随着减小。当系数 c_f 的绝对值 $|c_f| \to \infty$ 时,多变指数 $n \to 1$,于是就成为定温过程了。在绝热条件下,定温过程意味着气体不对外做功。

从以上分析可知,在一般的实际绝热膨胀过程中,多变指数总是小于理想绝热指数 k,二者差别越大,表示摩擦损失越大。

实际绝热过程没有专门的表格和图表可查,但可以通过压缩或膨胀过程的效率反映与理想绝热过程的差异。具体计算方法将在后面章节中进一步讨论。

1.3.5 实际绝热功

1. 静止气体实际绝热功的公式

对于静止气体,实际绝热过程的能量方程为

$$dq_f = du + p\,dV$$

实际绝热过程中,气体与外界传递的机械功用 l 表示,则

$$dl = c_f dt - p\,dV = du$$

上式表示,静止气体在实际绝热过程中与外界传递的机械功等于气体内能的增量,将上式两边积分,得

$$l_2 - l_1 = u_2 - u_1 = c_V(T_2 - T_1) \tag{1.3.22}$$

利用气体状态方程代去式(1.3.22)中的温度值 T,得

$$l_2 - l_1 = \frac{c_V}{R}(p_2 V_2 - p_1 V_1) = \frac{p_2 V_2 - p_1 V_1}{k - 1}$$

根据多变过程方程(1.3.21a),上式可改写为

$$l_2 - l_1 = \frac{p_1 V_1}{k-1}\left[\left(\frac{p_2}{p_1}\right)^{(n-1)/n} - 1\right] = \frac{RT_1}{k-1}\left[\left(\frac{p_2}{p_1}\right)^{(n-1)/n} - 1\right] \tag{1.3.23}$$

实际绝热过程中,用于压缩气体的功或气体膨胀所做的功为 $-p\,dV$(压缩过程 dV 为负值,功为正值,膨胀过程则相反),并以 l' 表示,则

$$dl' = -p\,dV = du - dq_f = (c_V - c_f)dt \tag{1.3.24}$$

将式(1.3.24)两边积分,得

$$l'_2 - l'_1 = (c_V - c_f)(T_2 - T_1) \tag{1.3.25}$$

利用气体状态方程代去上式中的温度值,得

$$l'_2 - l'_1 = \left(\frac{c_V - c_f}{R}\right)(p_2 V_2 - p_1 V_1) = \frac{p_2 V_2 - p_1 V_1}{n-1}$$

根据多变过程方程(1.3.21a),上式可改写为

$$l'_2 - l'_1 = \frac{pV_1}{n-1}\left[\left(\frac{p_2}{p_1}\right)^{(n-1)/n} - 1\right] = \frac{RT_1}{n-1}\left[\left(\frac{p_2}{p_1}\right)^{(n-1)/n} - 1\right] \tag{1.3.26}$$

比较式(1.3.26)与式(1.3.23),可以看出,在实际绝热压缩过程中($n>k$),外界传递给气体的机械功 l 大于实际用于压缩气体的功 l';在实际绝热膨胀过程中($n<k$),气体传递给外界的机械功 l 小于实际膨胀所做的功 l'。

2. 流动气体实际绝热功的公式

流动气体实际绝热功的公式与静止气体不同,气体流经某种机械(如压气机或涡轮)时,实际绝热流动的能量方程为

$$dl = dl' + dq_f = du + d(pV) + d\left(\frac{w^2}{2}\right) = dh + d\left(\frac{w^2}{2}\right)$$

若进出口气流速度相等,即 $d(w^2/2)=0$,则

$$dl = dl' + dq_f = du + d(pV) = dh \tag{1.3.27}$$

式(1.3.27)表示,对于实际绝热流动的气体,外界加给气体的机械功,一部分用于压缩气体,另一部分转变为摩擦热,两部分能量最终都变为气体焓的增量。

将式(1.3.27)两边积分,得

$$l_2 - l_1 = h_2 - h_1 = c_p(T_2 - T_1) \tag{1.3.28}$$

利用气体状态方程代去式(1.3.28)中的温度值 T,得

$$l_2 - l_1 = \frac{c_p(p_2 V_2 - p_1 V_1)}{R} = \frac{k}{k-1}(p_2 V_2 - p_1 V_1)$$

根据多变过程方程(1.3.21a),上式可改写为

$$l_2 - l_1 = \frac{k}{k-1}p_1 V_1\left[\left(\frac{p_2}{p_1}\right)^{(n-1)/n} - 1\right] = \frac{k}{k-1}RT_1\left[\left(\frac{p_2}{p_1}\right)^{(n-1)/n} - 1\right] \tag{1.3.29}$$

实际绝热流动的气体,流经压气机时实际用于压缩气体的功或流经涡轮时实际膨胀所做的功以 l' 表示,则

$$dl' = du + pdV - dq_f = dh - dq_f = (c_p - c_f)dT \tag{1.3.30}$$

将式(1.3.30)两边积分,得

$$l'_2 - l'_1 = (c_p - c_f)(T_2 - T_1) \tag{1.3.31}$$

利用气体状态方程代去上式中的温度值 T,得

$$l'_2 - l'_1 = \left(\frac{c_p - c_f}{R}\right)(p_2 V_2 - p_1 V_1) = \frac{n}{n-1}(p_2 V_2 - p_1 V_1)$$

根据多变过程方程(1.3.21a),上式可改写为

$$l'_2 - l'_1 = \frac{n}{n-1}p_1 V_1\left[\left(\frac{p_2}{p_1}\right)^{(n-1)/n} - 1\right] = \frac{n}{n-1}RT_1\left[\left(\frac{p_2}{p_1}\right)^{(n-1)/n} - 1\right] \tag{1.3.32}$$

比较式(1.3.32)与式(1.3.29),可以看出,实际绝热流动的气体,流经压气机时($n>k$),外界传递给气体的功 l 大于实际用于压缩气体的功 l'。流经涡轮时($n<k$),气体传递给外界

的机械功 l 小于气体实际膨胀所做的功 l'。

思考题

(1) 为什么静止气体理想绝热功与流动气体理想绝热功的公式不相同？

(2) 1 kg 海平面标准大气状态下的静止空气在汽缸内压缩到 8×10^5 Pa，试问压缩后气体温度是多少？消耗的功是多少？分别按理想绝热过程（$k=1.4$）和实际绝热过程（$n=1.48$）进行计算，并比较所得的结果。

(3) 1 kg 海平面标准大气状态下的空气经过压气机压缩到 8×10^5 Pa，若压缩过程为理想绝热过程，且压气机进出口速度相等，试问压气机出口气流温度达多少？消耗的功是多少？

(4) 题(3)中，若压缩过程为实际绝热压缩过程，且多变指数 $n=1.48$，试问压气机出口气流温度达多少？消耗的功是多少？比较用公式法求解所得结果与题(3)的计算结果。

(5) 在题(4)计算结果的基础上，将压缩后的气体以实际绝热过程重新膨胀到海平面标准大气压力，膨胀过程多变指数 $n=1.25$，试问膨胀后空气温度为多少？膨胀过程中对外界做功为多少？

(6) 某涡轮进口压力为 7.5×10^5 Pa，进口温度为 1 200 K，涡轮出口压力为 2.5×10^5 Pa，求涡轮出口温度。分别按理想绝热过程（$k=1.33$）和实际绝热过程（$n=1.25$）进行计算，并比较所得的结果。

(7) 为什么在实际绝热压缩过程中，外界加入气体的功不等于实际压缩气体的功？为什么在实际绝热膨胀过程中，气体膨胀所做的功不等于气体传递给外界的功？

1.4 理想绝能流动

1.4.1 概　述

在流动过程中，气体与外界没有能量的交换，此过程称为绝能流动。在这种情况下，气体的压缩和膨胀与气体动能的变化是分不开的。例如，飞机迎面气流的滞止和气体在发动机进气道和尾喷管中的流动都可以看做与外界没有能量交换的绝能流动。

气体在流动过程中总伴随着摩擦损失。在这一节里只讨论没有摩擦损失的绝能流动，或称为理想绝能流动，因为在某些场合下可以近似地把气体流动看做理想绝能流动，摩擦损失仅占十分次要的地位。

在绝能的条件下，气体能量方程为

$$\mathrm{d}h=-\mathrm{d}\left(\frac{w^2}{2}\right)=0 \tag{1.4.1}$$

等号两边积分后，得

$$h_1-h_2=\frac{w_2^2-w_1^2}{2} \tag{1.4.2}$$

上式说明，在绝能流动中，气体的焓降转化为气体的动能，或气体的动能转化为气体的焓。焓和动能互相转化的过程中，气体微团受到压缩或膨胀。如果没有摩擦损失，那么气体状态参数之间的关系符合理想绝热方程；如果有摩擦损失存在，那么气体状态参数之间的关系符合实际绝热方程或多变过程方程。

1.4.2 气体的总参数与静参数

在气体能量方程中,动能 $w^2/2$ 项的数值大小与选择的坐标系有直接的关系。当坐标系随气体微团一起运动时,相对于这个坐标系,气体微团的运动速度和动能总是等于零。这时候测得的气体状态参数称为气体的静参数。气体的静参数是气体实际存在的状态参数,对于任何其他的运动坐标系,气体的静参数总是不变的。

气体相对于某一个选定的运动坐标系具有速度 w 或动能 $w^2/2$。如果气体对于这个运动坐标系按理想绝能过程滞止下来,气体的动能全部转化为气体的焓,气体的压力和温度都相应增加。这个滞止以后的压力和温度称为总压和总温,或称为滞止压力和滞止温度,以 p^* 和 T^* 表示,与之相应的气体的焓称为总焓,以 h^* 表示。

气体的总参数只是对某一个选定的运动坐标系来说的,同一个气体微团相对于不同的运动坐标系具有不同的总压、总温和总焓。

下面讨论总参数的计算方法。

绝能条件下,能量方程可写为如下形式:

$$h_2 + \frac{w_2^2}{2} = h_1 + \frac{w_1^2}{2} = h + \frac{w^2}{2} = \text{const} \tag{1.4.3}$$

根据总参数的定义,总焓可表示为

$$h^* = h + \frac{w^2}{2} \tag{1.4.4}$$

假设气体的比热为常数,那么式(1.4.4)可写为

$$T^* = T + \frac{w^2}{2c_p} \tag{1.4.5}$$

式(1.4.5)中,c_p 为气体的平均定压比热值,假定空气的平均定压比热 c_p 为常数,且 $c_p = 1\ 004$,那么式(1.4.5)可以近似地写为

$$T^* \approx T + \frac{w^2}{2\ 000} \tag{1.4.6}$$

利用式(1.4.6)进行计算可以得到近似的结果。

有了总温和静温之间的关系后,可以根据理想绝热方程进一步求得总压和静压之间的关系。

1.4.3 声速和速度系数

在绝能流动中,随着气体速度的变化,气体压缩或膨胀。当研究绝能流动中气体状态参数与气流速度之间的关系时,要引入声速 a。由物理学可知,声速是物质介质中微弱扰动的传播速度。在气体力学中,声速是一个非常重要的量,因为气流速度与声速之比是判断气体压缩性质的指标。

声速 a

$$a = 20.1\sqrt{T}$$

马赫数

$$Ma = \frac{w}{a}$$

速度系数 λ

$$\lambda = \frac{w}{a_{\text{cr}}}$$

Ma 与 λ 的关系

$$Ma^2 = \frac{\dfrac{2}{k+1}\lambda^2}{1-\left(\dfrac{k-1}{k+1}\right)\lambda^2}$$

1.4.4 超声速喷管

气流在管内做加速或减速流动时，除了在管子的进出口端必须保持一定的压力差外，管子的通道截面积必须有相应的变化。这一节讨论在理想绝能条件下超声速喷管通道截面积的变化规律。在讨论这个问题时，需要用到两个方程，即流量连续方程和能量方程。

每秒通过面积 A 的流量为 $\rho w A$，所以流量连续方程为

$$\mathrm{d}(\rho w A) = 0 \tag{1.4.7}$$

式(1.4.7)又可写为

$$Aw\mathrm{d}\rho + A\rho\mathrm{d}w + \rho w\mathrm{d}A = 0 \tag{1.4.8}$$

或

$$\frac{\mathrm{d}A}{A} = -\frac{\mathrm{d}\rho}{\rho} - \frac{\mathrm{d}w}{w} \tag{1.4.9}$$

绝能流动时能量方程为

$$\mathrm{d}u + \mathrm{d}(pV) + \mathrm{d}\left(\frac{w^2}{2}\right) = 0$$

在理想绝能流动中，气体微团的压缩和膨胀符合理想绝热过程，其能量方程为

$$\mathrm{d}u + p\,\mathrm{d}V = 0$$

将前述两个能量方程相减即得到理想绝热流动时的能量方程：

$$V\mathrm{d}p + \mathrm{d}\left(\frac{w^2}{2}\right) = 0$$

上式可改写为

$$\frac{\mathrm{d}p}{\rho} + \mathrm{d}\left(\frac{w^2}{2}\right) = 0 \quad \text{或} \quad \frac{\mathrm{d}p}{\rho} + w\mathrm{d}w = 0 \tag{1.4.10}$$

式(1.4.10)两边同除以 w^2，得

$$\frac{1}{w^2}\frac{\mathrm{d}p}{\mathrm{d}\rho}\frac{\mathrm{d}\rho}{\rho} + \frac{\mathrm{d}w}{w} = 0 \tag{1.4.11a}$$

$$\frac{a^2}{w^2}\frac{\mathrm{d}\rho}{\rho} + \frac{\mathrm{d}w}{w} = 0 \tag{1.4.11b}$$

$$\frac{1}{Ma^2}\frac{\mathrm{d}\rho}{\rho} + \frac{\mathrm{d}w}{w} = 0 \tag{1.4.11c}$$

$$\frac{\mathrm{d}\rho}{\rho} = -Ma^2\frac{\mathrm{d}w}{w} = 0 \tag{1.4.11d}$$

从式(1.4.11d)可以看出，气流速度很小时，Ma 很小，气流速度变化对气体密度变化的影响很小。然而随着 Ma 的增大，气体密度变化受速度变化的影响越来越大。将式(1.4.11d)代

入式(1.4.9),得

$$\frac{\mathrm{d}A}{A} = (Ma^2 - 1)\frac{\mathrm{d}w}{w} \tag{1.4.12}$$

从式(1.4.12)可以看出,气体在管内做理想绝能加速流动时,管子通道截面积的变化应符合以下规律:

$Ma < 1$ $\quad\quad \dfrac{\mathrm{d}A}{A} < 0 \quad\quad$ 管子收缩

$Ma = 1$ $\quad\quad \dfrac{\mathrm{d}A}{A} = 0 \quad\quad$ 临界状态,管子截面积最小

$Ma > 1$ $\quad\quad \dfrac{\mathrm{d}A}{A} > 0 \quad\quad$ 管子扩张

从物理意义上同样可以给出解释:从连续方程可以看出影响管子通道截面大小的有两个因素,气流速度和气流密度。二者对管子通道截面的影响是互相矛盾的,流速增大要求管子通道截面积缩小,与此同时气流密度下降却要求管子通道截面积增大。当气流速度低于声速时,气体密度变化较小,这时流速变化是决定管子通道截面积变化的主要因素,管子通道截面积随着流速增加而减小。当气流速度达到声速时,速度增大与密度下降这两个因素对管子截面积变化的影响恰好相当,因而管子截面积就不发生变化,该截面称为临界截面。当气流速度超过声速以后,气体密度下降对管子截面积的变化起决定作用,于是管子截面积必然随流速增大而扩大。因此,气体在管内流动时,欲得到超声速气流必须用超声速喷管,超声速喷管如图1.2所示。超声速喷管由收敛段(亚声速流动)和扩张段(超声速流动)两部分组成,在喷管最窄的截面上(称为临界截面)气流速度恰等于声速。这个规律是法国人拉瓦尔发现的,因此超声速喷管又称为拉瓦尔喷管。

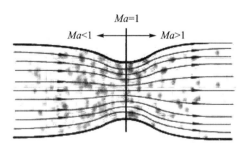

图 1.2 超声速喷管

1.4.5 超声速气流绕外钝角的流动

在超声速进气道、超声速压气机、超声尾喷管以及涡轮叶栅出口处都会遇到超声速气流绕外钝角或外突曲壁的流动。为了讨论这个问题,须先看一下超声速气流里微弱扰动的传播。

如图1.3所示,若超声速气流速度为 w,在点 P 产生微弱扰动,微弱扰动的球面波以声速向四周传播出去,同时该球面波又随超声速气流向下游运动。因此在点 P 产生微弱扰动的影响只能在以点 P 为顶点的锥体内,其半锥角 μ 由下式确定:

$$\sin \mu = \frac{a}{w} = \frac{1}{Ma}$$

与此类似,在二元超声速流场里,超声速气流以速度 w 沿固体壁流动(此处不计壁面摩擦),如图 1.3 所示。若在固体壁面点 P 产生微弱扰动,其影响只能在线 PK 的右侧,线 PK 又称为特性线,线 PK 与气流方向的夹角为 μ,μ 由下式确定:

$$\sin \mu = \frac{a}{w} = \frac{1}{Ma} \tag{1.4.13}$$

μ 称为微弱扰动角的传播角,如图 1.4 所示。

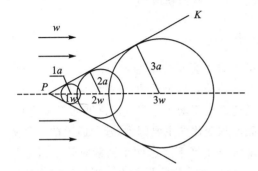

图 1.3 超声速气流中微弱扰动的传播　　**图 1.4 二元超声速流场里固体壁面微弱扰动的传播**

下面讨论超声速气流绕外钝角的流动。设固体壁面在点 P 向外折转一个微小角度 $d\theta$,如图 1.5 所示,超声速气流绕过外钝角 APB 时,点 P 成为一个微弱扰动源泉,产生特性线 PK。固体壁折转 $d\theta$ 产生的微弱扰动影响只能在特性线的右侧。由于固体壁面向外扩张,扩大了流动空间,超声速气流必然膨胀加速。

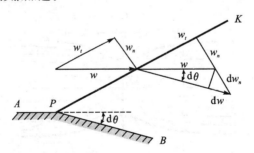

图 1.5 超声速气流绕外钝角流动折转微小角度 dθ

通过特性线 PK 的超声速气流 w 可以分成两个分速度,一个平行于特性线的分速度 w_t 和另一个垂直于特性线的分速度 w_n。由于沿特性线方向没有压力差,所以平行于特性线的气流分速度 w_t 通过特性线后速度不变。由于压差方向与特性线相垂直,所以垂直于特性线的气流分速度 w_n 通过特性线后速度增加为 $w_n + dw_n$。气流合速度在特性线后成为 $w + dw$,并转折了一个角度 $d\theta$,使特性线后的超声速气流方向与固体壁面相平行。

超声速气流通过特性线时的微小膨胀加速是符合理想绝能流动的。讨论这个问题和讨论超声速喷管一样,需要用到两个方程:流量连续方程和理想绝能流动时的能量方程。

现在讨论垂直于特性线的气流分速度 w_n 通过特性线时的流量连续方程。通过特性线后,垂直于特性线的气流分速度增加了,但流管面积没有变化,即 $dA = 0$。所以流量连续方

程为

$$w_n \mathrm{d}\rho + \rho \mathrm{d}w_n = 0 \tag{1.4.14}$$

根据式(1.4.10)理想绝能流动的能量方程应写为

$$\frac{\mathrm{d}p}{\rho} + w_n \mathrm{d}w_n = 0 \tag{1.4.15}$$

从式(1.4.14)与式(1.4.15)中消去 $\mathrm{d}w_n$，得

$$w_n^2 = \frac{\mathrm{d}p}{\mathrm{d}\rho} = a^2 \tag{1.4.16}$$

式(1.4.16)表示垂直于特性线的气流分速度 w_n 恰等于当地声速 a。

其实，这个结论不需要用上述方法亦可得到，根据关系式

$$\frac{w_n}{w} = \sin\mu = \frac{1}{Ma} = \frac{a}{w}$$

就可以得到 $w_n = a$ 这样一个结论。

根据图 1.6，可以得到下列关系：

$$\mathrm{d}w = \mathrm{d}w_n \sin\mu \tag{1.4.17}$$

$$\mathrm{d}\theta = \frac{\mathrm{d}w_n \cos\mu}{w} \tag{1.4.18}$$

从以上两式中消去 $\mathrm{d}w_n$，可得

$$\frac{\mathrm{d}w}{w} = \frac{\sin\mu}{\cos\mu}\mathrm{d}\theta = \frac{1}{\sqrt{Ma^2 - 1}}\mathrm{d}\theta \tag{1.4.19}$$

式(1.4.19)得到气流速度增量 $\mathrm{d}w$ 与气流折角 $\mathrm{d}\theta$ 之间的关系，为了进一步积分，应以 Ma 代替 w 作为变量。

由于 $w = aMa$，两边取对数后微分，得

$$\frac{\mathrm{d}w}{w} = \frac{\mathrm{d}a}{a} + \frac{\mathrm{d}Ma}{Ma} \tag{1.4.20}$$

再由公式

$$\frac{a^{*2}}{a^2} = \frac{T^*}{T} = 1 + \frac{k-1}{2}Ma^2$$

得

$$a^2\left(1 + \frac{k-1}{2}Ma^2\right) = a^{*2} = \mathrm{const}$$

对上式两边取对数后微分，得

$$\frac{\mathrm{d}a}{a} + \frac{\frac{k-1}{2}Ma\,\mathrm{d}Ma}{1 + \frac{k-1}{2}Ma^2} = 0$$

上式可改写为

$$\frac{\mathrm{d}a}{a} + \frac{\mathrm{d}Ma}{Ma} = \frac{1}{1 + \frac{k-1}{2}Ma^2}\frac{\mathrm{d}Ma}{Ma} \tag{1.4.21}$$

将式(1.4.21)代入式(1.4.20)，得

$$\frac{\mathrm{d}w}{w} = \frac{1}{1+\frac{k-1}{2}Ma^2} \frac{\mathrm{d}Ma}{Ma}$$

将上式代入式(1.4.19)即得到 Ma 的增量 $\mathrm{d}Ma$ 与气流折角 $\mathrm{d}\theta$ 之间的关系：

$$\mathrm{d}\theta = \frac{\sqrt{Ma^2-1}}{1+\frac{k-1}{2}Ma^2} \frac{\mathrm{d}Ma}{Ma} \tag{1.4.22}$$

上面讨论了超声速气流绕外钝角折转一个微小角度 $\mathrm{d}\theta$ 时的情形。下面讨论超声速气流绕外钝角折转一个角度 θ 时的情形。

如图 1.6 所示，速度为 Ma_1 的超声速气流绕外钝角 APB 流动时，在经过了第一道特性线以后，气流速度增加了，流动方向改变了，折转了 $\mathrm{d}\theta$。于是紧接着通过第二根、第三根特性线，以此类推，超声速气流经过了一系列的特性线后，折转了角 θ，使气流 Ma 增加到 Ma_2。最后一道特性线 PL 与壁面 PB 的角度 μ_2 由下式确定：

$$\sin\mu_2 = \frac{1}{Ma_2}$$

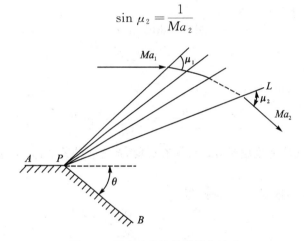

图 1.6 超声速气流绕外钝角流动

Ma_1, Ma_2 与折转角 θ 之间的关系可以由式(1.4.22)积分求得。由式(1.4.22)可得

$$\mathrm{d}\theta = \mathrm{d}Ma \frac{Ma^2-1}{Ma\sqrt{Ma^2-1}\left(1+\frac{k-1}{2}Ma^2\right)}$$

以 $\left(\frac{k+1}{2} - \frac{k-1}{2}\right)Ma^2$ 代替分子中的 Ma^2，可得

$$\mathrm{d}\theta = \mathrm{d}Ma\left[\frac{k+1}{2}\frac{Ma^2}{Ma\sqrt{Ma^2-1}\left(1+\frac{k-1}{2}Ma^2\right)}\right] - \frac{\mathrm{d}Ma}{Ma\sqrt{Ma^2-1}}$$

积分上式后得到

$$\theta = \sqrt{\frac{k+1}{k-1}} \arctan\sqrt{\frac{k+1}{k-1}(Ma_2^2-1)} - \arctan\sqrt{Ma_2^2-1} -$$
$$\sqrt{\frac{k+1}{k-1}} \arctan\sqrt{\frac{k+1}{k-1}(Ma_1^2-1)} + \arctan\sqrt{Ma_1^2-1} \tag{1.4.23}$$

若 $Ma_1=1$，则上式成为

$$\theta = \sqrt{\frac{k+1}{k-1}} \arctan \sqrt{\frac{k+1}{k-1}(Ma_2^2-1)} - \arctan \sqrt{Ma_2^2-1} - 220.455° \quad (1.4.24)$$

根据式(1.4.24)可以算出 Ma_2 与 θ 之间的关系，其值可查阅有关气体动力学函数表。超声速气流绕外钝角流动时通过无穷多特性线进行膨胀加速，这些特性线称为膨胀波。

1.4.6 应用气体动力学函数进行气流流动计算

在理想绝能流动中，气体总静参数的比值以及其他某些量纲为1的参数是 Ma 或 λ 的函数。找出它们之间的函数关系，并做出曲线或表格，对于今后计算是十分方便的。

在确定这些函数关系时，取 λ 作为自变量而不取 Ma 作为自变量，这是因为 λ 只在 0～2.45 范围内变化，而 Ma 则从零开始趋于无穷大，为了便于做图和列表，故取 λ 数作为自变量。

1. 量纲为 1 的气体状态参数 $\tau(\lambda), \pi(\lambda), \varepsilon(\lambda)$

$\tau(\lambda)$ 表示气体静温与总温之比，即

$$\tau(\lambda) = \frac{T}{T^*} = 1 - \frac{k-1}{k+1}\lambda^2$$

$\pi(\lambda)$ 表示气体静压与总压之比，即

$$\pi(\lambda) = \frac{p}{p^*} = \left(\frac{T}{T^*}\right)^{k/(k-1)} = \left(1 - \frac{k-1}{k+1}\lambda^2\right)^{k/(k-1)}$$

$\varepsilon(\lambda)$ 表示气体静密度与总密度之比，即

$$\varepsilon(\lambda) = \frac{\rho}{\rho^*} = \frac{\gamma}{\gamma^*} = \left(\frac{T}{T^*}\right)^{1/(k-1)} = \left(1 - \frac{k-1}{k+1}\lambda^2\right)^{1/(k-1)} =$$

$$\frac{\rho}{\rho^*} = \frac{p}{p^*}\frac{T^*}{T} = \frac{\pi(\lambda)}{\tau(\lambda)}$$

$\tau(\lambda), \pi(\lambda), \varepsilon(\lambda)$ 的具体数值可查有关气体动力学函数表。

2. 量纲为 1 的密流 $q(\lambda), y(\lambda)$

在计算中常常需要计算气体的流量，因而须将气体的流量写成速度系数 λ 的函数。
流经截面 A 的气体流量 $q_m = \rho w A$。式中

$$\rho = \rho^* \varepsilon(\lambda) = \frac{p^*}{RT^*}\varepsilon(\lambda), \qquad w = \lambda a_{cr} = \lambda\sqrt{2\frac{k}{k+1}RT^*}$$

将其代入流量公式，得

$$q_m = \frac{p^*}{RT^*}\sqrt{2\frac{k}{k+1}RT^*} \cdot A\lambda\varepsilon(\lambda) \quad (1.4.25)$$

式(1.4.25)将气体的流量表示为总温、总压和速度系数的函数。

选用一个与 $\lambda\varepsilon(\lambda)$ 成比例的气动函数 $q(\lambda)$，$q(\lambda)$ 表示如下：

$$q(\lambda) = \left(\frac{k+1}{2}\right)^{1/(k-1)} \cdot \lambda\varepsilon(\lambda) = \left(\frac{k+1}{2}\right)^{1/(k-1)} \cdot \lambda\left(1 - \frac{k-1}{k+1}\lambda^2\right)^{1/(k-1)} \quad (1.4.26)$$

$q(\lambda)$ 与 $\lambda\varepsilon(\lambda)$ 之间的比例系数选为 $((k+1)/2)^{1/(k-1)}$，其目的是使 $\lambda=1$ 时，$q(\lambda)$ 恰好等于1。于是流量公式可写为

$$q_m = \frac{p^*}{RT^*}\sqrt{2\frac{k}{k+1}RT^2} \cdot A\left(\frac{2}{k+1}\right)^{1/(k-1)} \cdot q(\lambda) =$$

$$\sqrt{\frac{k}{R}\left(\frac{2}{k+1}\right)^{(k+1)/(k-1)}} \frac{p^* A q(\lambda)}{\sqrt{T^*}} = m \frac{p^* A q(\lambda)}{\sqrt{T^*}} \qquad (1.4.27)$$

式中

$$m = \sqrt{\frac{k}{R}\left(\frac{2}{k+1}\right)^{(k+1)/(k-1)}}$$

对于空气,若 k 为常数,且 $k=1.40$,气体常数 $R=286.98$ J/(k·kg),则 $m=0.04042$。

对于航空燃气轮机中的燃气,若 k 为常数,且 $k=1.33$,气体常数 $R=287.17$ J/(k·kg),则 $m=0.03969$。

$q(\lambda)$ 的物理意义是量纲为 1 的密流,即每单位面积通过的流量与临界截面上每单位面积通过的流量之比,从式(1.4.27)推导得

$$q(\lambda) = \frac{A_{cr}}{A} = \frac{\rho w}{(\rho w)_{cr}} \qquad (1.4.28)$$

当 $\lambda=1$ 时,$q(\lambda)=1$,量纲为 1 的密流达到最大值,由此可以看出为什么在超声速喷管中临界截面处的面积最小。

$q(\lambda)$ 与 λ 的具体数值可查有关气体动力学函数表,也可按式(1.4.26)进行计算。计算中往往需要知道流量与给定截面上的静压 p 之间的关系,于是将式(1.4.27)中的总压 p^* 用静压 p 来代替,得

$$q_m = m \frac{p A q(\lambda)}{\sqrt{T^*}\pi(\lambda)} = m \frac{p A y(\lambda)}{\sqrt{T^*}} \qquad (1.4.29)$$

式中

$$y(\lambda) = \frac{q(\lambda)}{\pi(\lambda)} = \left(\frac{k+1}{2}\right)^{1/(k-1)} \frac{\lambda}{1-\frac{k-1}{k+1}\lambda^2} \qquad (1.4.30)$$

$y(\lambda)$ 与 λ 的具体数值可查有关气体动力学函数表,也可按式(1.4.30)进行计算。

习 题

(1) 某储气瓶中空气温度为 30 ℃,若空气从瓶中向外喷出时的速度为 300 m/s,试问喷射气流的静温是多少?

(2) 理想超声速喷管在某截面 1 上静压 $p_1=6\times10^5$ Pa,静温 $T_1=260$ K,空气流动速度系数 $\lambda=0.5$。若截面 2 处的静压为 3.25×10^5 Pa,求气体在截面 2 处的静温 T_2 和速度系数。

(3) 已知某亚声速进气道出口面积与进口面积之比为 2,进口处速度系数为 0.7,若空气在进气道中为理想绝热流动,求进气道出口处的速度系数。

(4) 题(3)中,若进口处总压为 1×10^5 Pa,试问出口处静压为多少?

(5) 某压气机出口处静压 $p_3=7.40\times10^5$ Pa,总温 $T_3^*=570$ K,压气机出口面积 $A_3=0.072$ m²,通过压气机的空气流量 $q_{ma}=45$ kg/s。求压气机出口总压 p_3^*。

思考题

(1) 若外界大气温度为 0 ℃,飞机飞行速度分别为 200 m/s、400 m/s、600 m/s,试问相对

于飞机来说,空气滞止温度为多少?飞机的飞行 Ma 是多少?

(2) 某炮弹射出速度为 1 600 m/s,周围大气温度为 15 ℃,若炮弹表面温度为气体相对炮弹的滞止温度,试问炮弹表面温度为多少?

(3) 某超声速风洞储气箱中气体温度为 20 ℃,若风洞工作段气流速度为 600 m/s,试问风洞工作段中气流静温为多少?

(4) 某超声速风洞储气箱中,压缩空气的温度为 15 ℃,试问风洞工作段气流速度是否能达到 800 m/s?风洞工作段气流的 Ma 是否能达到 3?为什么?

(5) 某超声速风洞储气箱中,压缩空气的压力为 $8×10^5$ Pa,温度为 15 ℃,风洞工作段气流 $Ma=2$。若气流为理想绝能流动,求风洞工作段气流的静温与静压。

(6) 某储气罐中,压缩空气的压力为 $8×10^5$ Pa,温度为 15 ℃,设计一个超声速喷管,从储气罐中放出空气,其流量为 0.1 kg/s,若为理想绝能流动,试问在下列各处喷管截面应为多大($Ma=0.2, Ma=0.8, Ma=1.0, Ma=1.5$)?

(7) 流入某亚声速进气道的气流总压 $p_1^*=101\ 325$ Pa,总温 $T_1^*=288$ K,进气道进口处速度系数 $\lambda_1=0.65$,进气道出口处静压 $p_2=0.915×10^5$ Pa。若为理想绝能流动,求进气道进口处的静压与静温,进气道出口处的速度系数与气流速度以及进气道进出口面积比。

(8) 某压气机进口处面积为 0.22 m^2,总压 $p_1^*=1.013\ 25×10^5$ Pa,总温 $T_1^*=288$ K,静压 $p_1=0.796×10^5$ Pa,求空气流量 q_{ma}。

(9) 通过某压气机的空气流量为 50 kg/s,在压气机出口处测得静压为 $12×10^5$ Pa,总温为 590 K,压气机出口处面积为 0.035 6 m^2,试求压气机出口总压。

1.5 附面层

1.5.1 什么是附面层

1. 气体的黏性

把气体作为理想气体时,认为气体没有黏性,气体流动时不产生摩擦力。实际上气体都是有黏性的,气体流动时只要有速度梯度就会产生摩擦力。气体流动时摩擦应力 τ 的大小决定于气体的黏性系数和流速法线方向的速度梯度,可写为

$$\tau = \mu \frac{\partial w}{\partial y}$$

式中,μ 是黏性系数,单位是 Pa·s,流体的黏性系数是随温度变化的。对于气体,温度越高黏性越大,对于液体(如水、滑油等)温度越高黏性越小。

对于空气,当温度为 273 K 时,黏性系数 $\mu_0=1.741×10^{-5}$ Pa·s。空气的黏性随温度变化的近似关系为

$$\frac{\mu}{\mu_0} = \left(\frac{T}{T_0}\right)^n$$

温度在 20~120 ℃,$n \approx 0.75$。温度在 300~400 ℃,$n \approx 0.65$。

2. 附面层定义

由于气体有黏性,气体沿固体壁面流动时,接近固体壁面的气流在摩擦力的作用下,越近

壁面的流层速度越低,直接接触壁面的那层气体速度为零。固体壁面附近受摩擦力作用而减速了的气流区域称为附面层。气流流速由当地外界流速逐渐转变到附面层内具有明确的速度梯度。为了给附面层划定一个界限,规定速度等于外界流速99%的地方作为附面层的界限,如图1.7和图1.8所示。

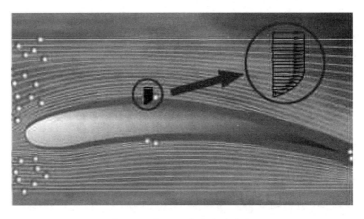

图1.7　附面层中速度分布图

确定了附面层界限后,可认为只要在附面层内考虑气体的黏性和摩擦力的影响,而在附面层以外,由于速度梯度极小,可以忽略气体黏性和摩擦力的影响。

1.5.2　层流附面层和紊流附面层

附面层分为层流附面层和紊流附面层。在层流附面层里,气体微团做有规则的分层流动。在紊流附面层里,气体微团除了随主流方向运动外,还沿法线方向做不规则运动。因此层流附面层和紊流附面层中沿壁面法线方向的速度分布规律是大不相同的。在紊流附面层中,气体微团沿法线方向做不规则运动,气体动能从外层向内层传递,这使紊流附面层中速度分布线比层流附面层更饱满些,如图1.8所示。

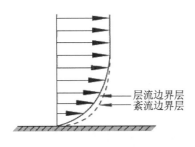

图1.8　层流附面层和紊流附面层中速度分布图

气流与壁面接触后,开始往往都是层流附面层,附面层的厚度很薄,随着气流沿壁面的流动,附面层逐渐增厚,到达某一截面时层流附面层开始转变成紊流附面层,附面层转变的区域称为转捩区。

在紊流附面层中贴近壁面的薄层仍然是层流流动,这部分附面层称为次层流附面层。

附面层由层流转变为紊流取决于相似准则雷诺数Re、壁面的粗糙度、流体原始紊流度等因素。相似准则雷诺数表征流体惯性力与黏性力之比,即

$$Re = \frac{w \rho L}{\mu}$$

式中,w是当地外界流速,ρ是气体密度,L是特征尺寸,μ是气体黏性系数。

1.5.3 附面层分离

由于黏性的作用,速度逐渐降低,附面层内气流到某一截面时,附面层内贴近壁面的一部分气体完全停滞下来,甚至产生倒流,于是附面层便离开了壁面,这种现象称为附面层分离,如图 1.9 所示。

与物体尺寸相比,附面层厚度是极小的。实验证明,附面层内静压在壁面法线方向上是不变的,其值等于当地外界静压。因此,附面层外的气流主流是加速流动还是减速扩压流动对附面层分离有很大影响。若是加速流动,附面层不易分离;若是减速流动,附面层内气流遇到前方较高的压力,容易产生倒流,附面层容易分离。

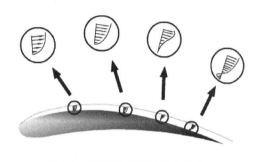

图 1.9 附面层中速度分布及分离

此外,层流附面层较紊流附面层容易分离。因为在紊流附面层中气体微团做不规则的运动,把外层动能传递给内层气流,使内层气流不易停滞和倒流。掌握了这个规则以后,有时为了防止附面层分离,可创造条件使层流附面层转为紊流附面层。

1.6 实际有摩擦的绝能流动

1.6.1 摩擦对绝能流动的影响

在 1.4 节中讨论了理想绝能流动。实际上气体在流动中总伴随着摩擦损失,例如在航空燃气轮机各部件的通道内(进气道、尾喷管、压气机叶栅、涡轮叶栅的通道内),气体的流动都会在零部件的壁面产生附面层或在气流中产生旋涡,这些现象都产生摩擦损失,使气体的流动成为有摩擦的绝能流动。摩擦对气流是一种阻力,使气流损失一部分机械功,这一部分机械功转化成摩擦热又夹在气流中间。

在理想绝能流动中气流总压 p^* 是不变的。但是在有摩擦的绝能流动中气流总压不断下降。

在有摩擦的绝能流动中,气流的总温是不变的,因为损失的机械功全部转化为摩擦热夹在气流中间,并没有向外界传递能量。

现在利用流量公式

$$q_m = m \frac{p^* A q(\lambda)}{\sqrt{T^*}}$$

分析有摩擦损失时的管内绝能流动。

可以看出,在理想绝能流动中,p^* 和 T^* 都是常数,量纲为 1 的密流 $q(\lambda)$ 仅仅随管子截面积 A 而变化。在实际有摩擦的绝能流动中,总温 T^* 是常数,而总压 p^* 沿气流不断降低。对 $q(\lambda)$ 的影响来说,总压 p^* 的下降起着与减小管子截面积 A 相同的作用。因此,亚声速气流在等截面管子中流动时,由于摩擦损失存在,气流加速。

有摩擦损失的气流在超声速喷管中流动时,使气流速度达到声速的临界截面,不在喷管几何截面最小处,而在其稍后的地方。在那里,喷管截面扩张与气流总压下降的作用正好相互抵消。

上面的分析是把气流作为均匀的流场,实际上,在管壁的附面层里气流流速缓慢,使管子有效流通面积减小。

1.6.2 计算用的系数

1. 总压恢复系数 σ

实际绝能流动的计算中,常常用总压恢复系数 σ 来表示流动中的损失。总压恢复系数是出口处的总压与进口处总压之比,即

$$\sigma = \frac{p_2^*}{p_1^*} \tag{1.6.1}$$

气流无论做加速流动或减速流动都可以用总压恢复系数表示流动损失,如航空燃气轮机中,气流在进气道、尾喷管、压气机叶栅和涡轮叶栅中的流动损失都可以用总压恢复系数表示。

2. 速度损失系数 ϕ

在实际绝能流动的计算中,用速度损失系数 ϕ 表示流动中的损失,一般只用于加速流动的情况,如在尾喷管或涡轮叶栅的计算中使用。速度损失系数是喷管出口处实际流速与理想流速之比,即

$$\phi = \frac{c_{2,r}}{c_{2,i}} = \frac{\lambda_{2,r}}{\lambda_{2,i}} \tag{1.6.2}$$

下面分析速度损失系数 ϕ 与总压恢复系数 σ 之间的关系。

喷管内为理想绝能流动时,喷管出口速度系数用下式求得:

$$\frac{p_2}{p_2^*} = \frac{p_2}{p_1^*} = \left(1 - \frac{k-1}{k+1}\lambda_{2,i}^2\right)^{k/(k-1)}$$

喷管内为实际绝能流动时,喷管出口速度系数用下式求得:

$$\frac{p_2}{p_2^*} = \frac{p_2}{p_1^* \sigma} = \left(1 - \frac{k-1}{k+1}\lambda_{2,r}^2\right)^{k/(k-1)} = \left(1 - \frac{k-1}{k+1}\phi^2\lambda_{2,i}^2\right)^{k/(k-1)}$$

上述两式中消去 p_2/p_1^* 后,得

$$\sigma = \left(\frac{1 - \frac{k-1}{k+1}\lambda_{2,i}^2}{1 - \frac{k-1}{k+1}\lambda_{2,i}^2\phi^2}\right)^{k/(k-1)} \tag{1.6.3}$$

式(1.6.3)表示总压恢复系数是速度系数 $\lambda_{2,i}$ 和速度损失系数 ϕ 的函数。可以看出,在相同的速度损失系数下,大的速度系数 $\lambda_{2,i}$ 对应大的总压损失。

3. 面积修正系数 ξ

附面层的存在使气流有效流通截面积减小,面积修正系数就是有效流通截面积 A_{eff} 与实际截面积 A_r 之比,即

$$\xi = \frac{A_{eff}}{A_r} \tag{1.6.4}$$

习 题

(1) 某进气道通过空气流量 50 kg/s,进口处总压 $p_0^* = 1\,033 \times 10^5$ Pa,总温 $T_0^* = 288$ K,

若进气道总压恢复系数 $\sigma_1=0.99$,进气道出口处面积修正系数 $\xi=0.98$,试问进气道实际出口面积多大时才能使进气道出口气流速度 $c_1=200$ m/s。

(2) 某涡轮喷气发动机尾喷管通过燃气流量为 70 kg/s,尾喷管进口处总压为 $p_1^*=2.52\times 10^5$ Pa,总温 $T_1^*=915$ K,尾喷管总压恢复系数 $\sigma_e=0.98$,若尾喷管出口处面积修正系数 $\xi=0.99$,尾喷管出口处速度系数 $\lambda_e=1.0$,试问尾喷管实际面积应为多大?

(3) 若在题(2)中,不给出尾喷管总压恢复系数 σ_e 的值,而给出尾喷管速度损失系数 $\phi_e=0.985$,则上题又应如何计算?

1.7 动量守恒定律在气体力学中的运用

1.7.1 概述

动量守恒定律是气体力学中常用的定律之一,它和能量方程、流量连续方程、气体状态方程一起可解决气体力学中的许多实际问题。譬如,动量守恒可用于对发动机进气道和尾喷管侧壁的受力分析,计算突然扩张流动中的总压损失,计算激波前后的气体参数,以及用于引射器的估算等。在这一节中,除了介绍一般的动量方程外,还介绍用气体动力学函数进行计算的方法。

1.7.2 动量方程

沿气体流动方向取微元流管,在微元流管中取微元气团进行分析,如图 1.10 所示。

在 dt 时间内通过微元流管的微元气团质量为 $\rho w \cdot dt \cdot dA$。

在一般情况下运用动量方程进行计算时,可以不计气流侧壁与周围气团或周围物体的摩擦力。于是,作用在流管中微元气团上的力仅仅是由流动方向上的压差所造成,其值为 $dp \cdot dA$。

根据动量定律,作用在微元气团上的力与时间的乘积应等于在这段时间里微元气团动量的变化,即

$$dp \cdot dA \cdot dt = -\rho w \cdot dt \cdot dA \cdot dw$$

或 $\qquad dp = -\rho w \cdot dw \qquad (1.7.1)$

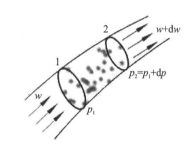

图 1.10 微元流管中的气体微团

式(1.7.1)是气体力学中动量方程的微分形式。积分该式可得

$$p + \rho w^2 = \text{const} \qquad (1.7.2)$$

或 $\qquad (p_2-p_1) = \rho_1 w_1^2 - \rho_2 w_2^2 \qquad (1.7.3)$

由于 $\rho w A = q_m$,式(1.7.2)又可写为

$$pA + q_m w = \text{const} \qquad (1.7.4)$$

或 $\qquad (p_2-p_1)A = q_m(w_1-w_2) \qquad (1.7.5)$

式(1.7.2)与式(1.7.4)是气体力学中动量方程的积分形式。

利用动量方程计算某些气体力学问题是十分方便的,因为恰当地规定流动周界以后,不必知道周界内流动的详细情形,在周界内气体的流动无论是理想流动或者是有摩擦损失的流动,

其计算结果都是正确的。

1.7.3 运用气体动力学函数计算动量

为了便于计算,将动量方程表示成速度系数 λ 的函数,列成表格,便于查用。

根据动量方程式(1.7.4)

$$pA + q_m w = \text{const}$$

在这里引入冲量这一概念,冲量是指气流在某一截面上每秒动量与压力之和,即上式的左边部分。冲量的单位是牛(N)。

下面将冲量写成速度系数 λ 的函数,由于 $\rho w A = q_m$,所以

$$pA + q_m w = \frac{p q_m}{\rho w} + q_m w \tag{1.7.6}$$

又由于

$$\frac{p}{\rho} = RT = RT^* \left(1 - \frac{k-1}{k+1}\lambda^2\right) = \frac{k+1}{2k} a_{cr}^2 \left(1 - \frac{k-1}{k+1}\lambda^2\right), \qquad w = \lambda a_{cr}$$

将以上两式代入式(1.7.6),得到冲量和速度系数 λ 之间的关系:

$$pA + q_m w = q_m \left[\frac{k+1}{2k} \frac{a_{cr}}{\lambda}\left(1 - \frac{k-1}{k+1}\lambda^2\right) + \lambda a_{cr}\right]$$

简化后成为

$$pA + q_m w = \frac{k+1}{2k} q_m a_{cr} Z(\lambda) \tag{1.7.7}$$

或

$$pA + q_m w = \sqrt{\frac{R(k+1)}{2k}} \sqrt{T^*} q_m Z(\lambda) \tag{1.7.8}$$

式(1.7.8)中 $Z(\lambda)$ 是速度系数 λ 的函数,即

$$Z(\lambda) = \lambda + \frac{1}{\lambda} \tag{1.7.9}$$

根据式(1.7.7)或式(1.7.8),利用气动函数 $Z(\lambda)$ 计算冲量时,需要知道气体流量 q_m。由 1.4 节已知,用气动函数量纲为 1 的密流 $q(\lambda)$ 和 $y(\lambda)$ 求流量的方法,为了进一步简化计算,在式(1.7.7)中直接用 $q(\lambda)$ 和 $y(\lambda)$ 代掉流量 q_m,这样可得用总压 p^* 或静压 p 表示的冲量公式。

$$pA + q_m w = \left(\frac{2}{k+1}\right)^{1/(k-1)} p^* A q(\lambda) Z(\lambda) \tag{1.7.10}$$

$$pA + q_m w = \left(\frac{2}{k+1}\right)^{1/(k-1)} p A y(\lambda) Z(\lambda) \tag{1.7.11}$$

式(1.7.10)与式(1.7.11)中出现了两个新的速度系数 λ 的函数,以 $f(\lambda)$ 和 $r(\lambda)$ 表示如下:

$$f(\lambda) = \left(\frac{2}{k+1}\right)^{1/(k-1)} q(\lambda) Z(\lambda) = (\lambda^2 + 1)\left(1 - \frac{k-1}{k+1}\lambda^2\right)^{1/(k-1)} \tag{1.7.12}$$

$$r(\lambda) = \left(\frac{k+1}{2}\right)^{1/(k-1)} \frac{1}{y(\lambda) Z(\lambda)} = \frac{1 - \frac{k-1}{k+1}\lambda^2}{\lambda^2 + 1} \tag{1.7.13}$$

在式(1.7.13)中把函数 $r(\lambda)$ 定为与 $y(\lambda)Z(\lambda)$ 成反比,其目的是为了计算和列表,因为 $y(\lambda)Z(\lambda)$ 随 λ 增大而迅速增大,当 $\lambda \to \lambda_{max}$ 时,它趋于无穷大,而 $r(\lambda)$ 则由 1 变到 0。

表示方法   冲量公式

总压 p^*
$$pA + q_m w = p^* A f(\lambda) \qquad (1.7.14)$$

静压 p
$$pA + q_m w = pA \frac{1}{\gamma(\lambda)} \qquad (1.7.15)$$

$f(\lambda)$ 和 $r(\lambda)$ 的具体数值可查有关气动函数表。

① 在 $0 < \lambda < 1.5$ 范围内,$f(\lambda)$ 变化很小,结合式(1.7.14)可以得到这样的结论:当总压 p^* 不变时,截面 A 上的气流冲量受速度变化的影响不大。

② 从式(1.7.14)和式(1.7.15)可以看出,当给定速度系 λ 以后,气流的冲量与温度无关。从物理意义上可以这样理解:给定 λ 后,气体流量 q_m 与绝对温度的平方根成反比,而流速 w 则与绝对温度的平方根成正比,所以温度的变化并不影响动量值 $q_m w$,同时温度的变化也不影响压力 pA,所以气流冲量与温度无关。

③ 在声速附近,$q(\lambda),Z(\lambda),f(\lambda)$ 三个函数变化都很缓慢。这时如用它们去确定 λ 的话,必然会引起较大的计算误差,所以最好改用 $y(\lambda)$ 或 $r(\lambda)$。

习 题

(1) 如图 1.11 所示,气流在扩张管内流动,截面 1 为进口,截面 2 为出口,并符合理想绝热条件。已知 $A_1 = 0.01 \text{ m}^2$,$A_2 = 0.05 \text{ m}^2$,$p_1^* = 7.85 \times 10^5 \text{ Pa}$,$T_1^* = 288 \text{ K}$,$q_m = 17.3 \text{ kg/s}$,求气体作用在管子内壁轴向力的合力 P_z。

(2) 空气在管子中流动时,遇到管子突然扩张,如图 1.12 所示,已知 $A_1 = 0.01 \text{ m}^2$,$A_2 = 0.05 \text{ m}^2$,$p_1^* = 7.85 \times 10^5 \text{ Pa}$,$T_1^* = 288 \text{ K}$,$q_{ma} = 17.3 \text{ kg/s}$,求气体在突然扩张处的总压损失。

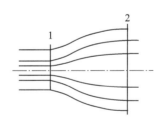
图 1.11 习题(1)用图

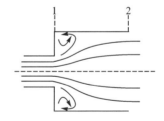
图 1.12 习题(2)用图

(3) 某截面积为 500 mm×500 mm 的风洞试验段中,有一个模型进行吹风试验,测得此模型阻力为 2 500 N。若试段进口总压 $p_1^* = 3.5 \times 10^5 \text{ Pa}$,总温 $T_1^* = 300 \text{ K}$,进口处速度系数 $\lambda_1 = 0.65$,试问气流经过试段后总压损失为多少?

1.8 激 波

1.8.1 概 述

在 1.4 节中讨论超声速气流绕外钝角流动时,已经知道这种超声速气流的加速流动是符合理想绝能条件的。超声速气流通过无穷多根特性线(或称为膨胀波)进行膨胀加速,超声速气流每经过一根特性线进行膨胀加速以后,气流速度 w 增大了,而当地声速 a 则由于静温下降而减小。因此,后一根特性线与气流速度方向之间的夹角 μ_2 比前一根特性线与气流速度方向之间的夹角 μ_1 要小。换句话说,后一根特性线的存在不会影响前面那根特性线。

然而,超声速气流做减速运动时,情况就完全不同了。例如,超声速气流绕内钝角做减速流动时,就不可能存在一系列的压缩波,因为超声速气流通过压缩波后,气流速度 w 减小,而当地声速 a 则由于静温上升而增大,后一根特性线与气流速度方向之间的夹角 μ_2 比前一根特性线与气流速度方向之间的夹角 μ_1 要大。换句话说,后一根特性线将赶到前一根特性线的前面去。以此类推,所有的特性线都要赶到最前面去,于是在最初产生的第一根特性线的前方形成一个强烈的压缩波,这个强烈的压缩波就叫做激波,如图 1.13 所示。

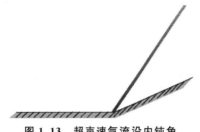

图 1.13 超声速气流沿内钝角流动时产生激波

超声速气流遇到高压区或遇到障碍物而减速时必定产生激波。例如,炮弹或飞机在空中做超声速飞行时,炮弹或飞机的前方就有激波产生。又如超声速气流在管内做减速流动时也往往会有激波产生。

激波是一层极薄的流动区域,其厚度与气体分子自由行程长度属同一个数量级,约为气体分子自由行程的数倍。在其中,气体分子间产生强烈的撞击,造成相当大的机械能损失,这部分损失的机械能在激波中转变为热能。气流通过激波后,流速和总压下降,静压和静温升高。气流通过激波是属于有摩擦损失的绝能流动,因而在激波前后总温不变。

1.8.2 正激波

超声速气流遇到高压区或钝头物体时所产生的激波,在钝头物体前方局部范围内,激波的波面与气体流动方向相垂直,这种激波称为正激波,如图 1.14 所示。

气流通过正激波时,速度方向不变,流管截面积不变,即 $A_1 = A_2$,如图 1.15 所示。

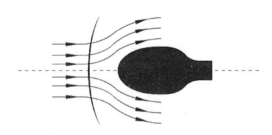

图 1.14 钝头物体前方的正激波

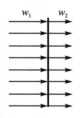

图 1.15 正激波

根据动量守恒定律,得
$$A(p_2 - p_1) = q_m(w_1 - w_2)$$
将上式改写为激波前后的气流冲量关系,可得
$$p_1 A + q_m w_1 = p_2 A + q_m w_2$$
上式表示正激波前后的气流冲量相等,根据冲量与速度之间的关系式(1.7.8),可得

$$\sqrt{\frac{R(k+1)}{2k}} \cdot \sqrt{T_1^*} \cdot q_m \cdot Z(\lambda_1) = \sqrt{\frac{R(k+1)}{2k}} \cdot \sqrt{T_2^*} \cdot q_m \cdot Z(\lambda_2) \quad (1.8.1)$$

由于激波前后的流量不变,气体总温不变,式(1.8.1)可简化为

$$Z(\lambda_1) = Z(\lambda_2) \quad (1.8.2)$$

如果不考虑 $\lambda_1 = \lambda_2$(因为这表示气体一切参数没有变化),那么由式(1.8.2)得

$$\lambda_1 \lambda_2 = 1 \quad (1.8.3)$$

由此可见,正激波总是使超声速气流变成亚声速气流,因为 $\lambda_1 > 1$,必然是 $\lambda_2 < 1$。波前速度系数 λ_1 越大,则波后速度系数 λ_2 越小,激波前后速度系数差别则越大,激波越强。反之波前速度系数越小,则波后速度系数越大,激波前后速度系数差别则越小,激波越弱。当 $\lambda_1 = 1$ 时,激波便不存在了。

知道正激波前后速度系数之间的关系后,便可以进一步利用气动函数求得气流通过正激波时的总压损失。

利用量纲为 1 的密流写出正激波前后的流量连续方程:

$$\frac{p_1^* A q(\lambda_1)}{\sqrt{T_1^*}} = \frac{p_2^* A q(\lambda_2)}{\sqrt{T_2^*}}$$

由于正激波前后流管截面积不变,气体总温不变,因此得到

$$\sigma_n = \frac{p_2^*}{p_1^*} = \frac{q(\lambda_1)}{q(\lambda_2)} = \frac{q(\lambda_1)}{q\left(\dfrac{1}{\lambda_1}\right)} \quad (1.8.4)$$

归纳起来,对于正激波的性质,应着重掌握以下 3 点:

① 正激波前后速度系数之间的关系,即 $\lambda_1 \lambda_2 = 1$。
② 正激波前后总温不变,即 $T_1^* = T_2^*$。
③ 气流通过正激波后总压恢复系数为

$$\sigma_n = \frac{p_2^*}{p_1^*} = \frac{q(\lambda_1)}{q(\lambda_2)} = \frac{q(\lambda_1)}{q\left(\dfrac{1}{\lambda_1}\right)}$$

掌握了这 3 个参数的变化规律后,正激波前后其他参数的变化都很容易求得了。

1.8.3 斜激波

当超声速气流遇到高压区,或者绕内钝角流动,或者遇到楔形物体时都会产生斜激波,如图 1.16 所示。

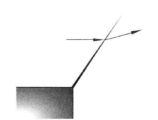
(a) 超声速气流进入高压区

(b) 超声速气流绕内钝角流动

(c) 超声速气流遇到楔形物体

图 1.16 超声速气流中的斜激波

如果在斜激波前气流速度为 w_1,与波面夹角为 β,波后气流速度为 w_2,并转折 δ 角,使波后气流与波面夹角为 γ,如图 1.17 所示,那么这 3 个角度之间的关系为

$$\gamma = \beta - \delta \tag{1.8.5}$$

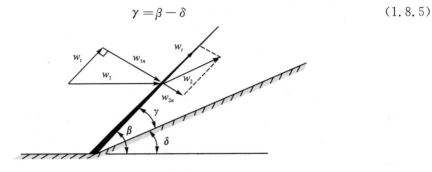

图 1.17 斜激波前后速度分量

将激波前后的速度都分解为与波面垂直以及与波面平行的两个分速度。由于沿激波方向没有压力差,所以平行于激波的分速度通过激波后速度大小不变,即

$$w_{1t} = w_{2t} = w_t \tag{1.8.6}$$

由于压差方向与激波波面垂直,因此垂直于激波波面的气流法向分速度通过激波后速度减小了。

有了上述斜激波的基本概念后,就可以根据流量连续方程、动量方程和能量方程等来推导斜激波前后气流参数之间的关系。

值得注意的是,推导斜激波前后气流参数之间的关系不能像推导正激波前后气流参数之间的关系那样利用速度系数 λ 和各种气动函数。因为推导斜激波前后气流参数之间的关系须要分析气流分速度的变化,由于气流分速度不能反映静压、静温等气体参数的大小,所以气流分速度(w_t 或 w_n)与临界声速 a_{cr} 之比是没有意义的,用气流分速度表示的速度系数进行计算会造成错误。只有对激波前后的实际速度才可以用速度系数表示,并用气动函数进行计算。

垂直于波面的气流通过波面时,流管截面积相等,因此流量方程可写为

$$\rho_1 w_{1n} = \rho_2 w_{2n} \tag{1.8.7}$$

垂直于波面的气流分速度通过波面时的动量方程为

$$p_2 - p_1 = \rho w_{1n}(w_{1n} - w_{2n})$$

或

$$p_1 + \rho_1 w_{1n}^2 = p_2 + \rho_2 w_{2n}^2 \tag{1.8.8}$$

气流通过斜激波是绝能流动,气流总温不变,即

$$T_1^* = T_2^* = T^*$$

激波前后能量方程可写为

$$h_1^* = h_2^* = h^*$$

或

$$h^* = h_1 + \frac{w_1^2}{2} = h_2 + \frac{w_2^2}{2}$$

或

$$\frac{a_{cr}^2}{2} \frac{k+1}{k-1} = \frac{k}{k-1} \frac{p_1}{\rho_1} + \frac{w_1^2}{2} = \frac{k}{k-1} \frac{p_2}{\rho_2} + \frac{w_2^2}{2} \tag{1.8.9}$$

根据式(1.8.7)与式(1.8.8),可得

$$\frac{p_1}{\rho_1} + w_{1n}^2 = \frac{w_{1n}}{w_{2n}}\left(\frac{p_2}{\rho_2} + w_{2n}^2\right) \tag{1.8.10}$$

根据式(1.8.9),可得

$$\frac{p_1}{\rho_1} = \frac{k-1}{2k}\left(a_{cr}^2 \frac{k+1}{k-1} - w_{1n}^2 - w_t^2\right) \tag{1.8.11}$$

及

$$\frac{p_2}{\rho_2} = \frac{k-1}{2k}\left(a_{cr}^2 \frac{k+1}{k-1} - w_{2n}^2 - w_t^2\right) \tag{1.8.12}$$

将式(1.8.10)与式(1.8.11)代入式(1.8.10),得

$$a_{cr}^2 + w_{1n}^2 - \frac{k-1}{k+1}w_t^2 = \frac{w_{1n}}{w_{2n}}\left(a_{cr}^2 + w_{2n}^2 - \frac{k-1}{k+1}w_t^2\right) \tag{1.8.13}$$

简化后得

$$w_{1n}^2 w_{2n}^2 = a_{cr}^2 - \frac{k-1}{k+1}w_t^2 \tag{1.8.14}$$

式(1.8.14)是气流通过斜激波时激波前后两个法向分速度与切向分速度之间的关系,这个公式是斜激波的基本公式,用它可以推导斜激波前后其他参数之间的关系。推导结果如下(推导过程从略):

$$Ma_2^2 = \frac{Ma_1^2 + \dfrac{2}{k-1}}{\dfrac{2k}{k-1}Ma_1^2\sin^2\beta - 1} + \frac{Ma_1^2\sin^2\beta}{\dfrac{k-1}{2}Ma_1^2\sin^2\beta + 1} \tag{1.8.15}$$

或

$$\lambda_2^2 = \lambda_1^2\cos^2\beta + \frac{1 - \dfrac{k-1}{k+1}\lambda_1^2\cos^2\beta}{\lambda_1^2\sin^2\beta} \tag{1.8.16}$$

$$\frac{p_2}{p_1} = \frac{2k}{k+1}\left(Ma_1^2\sin^2\beta - \frac{k-1}{2k}\right) = \frac{\dfrac{k-1}{k+1}\lambda_1^2\left[1 + \dfrac{4k}{(k-1)^2}\sin^2\beta\right] - 1}{\dfrac{k+1}{k-1}\lambda_1^2} \tag{1.8.17}$$

$$\frac{\rho_2}{\rho_1} = \frac{2}{k+1}\left(\frac{1}{Ma_1^2\sin^2\beta} + \frac{k-1}{2}\right) = \frac{\lambda_1^2\sin^2\beta}{1 - \dfrac{k-1}{k+1}\lambda_1^2\cos^2\beta} \tag{1.8.18}$$

$$\frac{\tan(\beta-\delta)}{\tan\beta} = \frac{k-1}{k+1}\left(1 + \frac{2}{k-1}\frac{1}{Ma_1^2\sin^2\beta}\right) \tag{1.8.19}$$

或

$$\tan\delta = \frac{Ma_1^2\sin^2\beta - 1}{\left[Ma_1^2\left(\dfrac{k+1}{2} - \sin^2\beta\right) + 1\right]\tan\beta} \tag{1.8.20}$$

有了上述关系式后,再根据气体状态方程,可以求出斜激波前后的静温比。从上述公式所求得的斜激波前后静压和速度参数可以计算斜激波前后的总压。

在不同的波前 Ma_1 下,对应一系列的斜激波波角 β,用上述公式计算所得的结果可参见有关气动函数表。

下面对超声速气流绕内钝角流动时的物理现象做简要介绍。

先分析波前 Ma_1 不变,仅仅变化楔角 δ 时的情形。

当 $\delta=0$ 时,根据式(1.8.19)得

$$\sin \beta = \frac{1}{Ma_1}$$

斜激波减弱成为微弱扰动的特性线,这时气流通过特性线后其速度大小和方向都不改变,如图 1.18 所示。

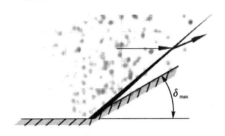

图 1.18 斜激波前 Ma_1 不变,楔角 δ 变化时,激波随之变化的情形

当楔角增大时,对应于每一个 δ,可以从公式求得两个解,其中一个解得到的波角 β 较小,波后 Ma_2 大于 1;另一个解得到的波角 β 较大,波后 Ma_2 小于 1。实践证明,在一定的楔角 δ 下,波角 β 较大,波后为亚声流的情况是不稳定的,因而是不存在的。可以这样解释,如果有这样的激波存在,当激波后压力有微小的波动,譬如,波后压力有所降低时,波后 Ma_2 则有所增大,气流折角也增大,这就要求楔角随之增大。但是楔角的大小是不变的,于是波后的压力将进一步降低,如此发展下去直到波后气流速度达到超声速范围,激波波角 β 变为该楔角 δ 下相对较小的那种情况时才稳定下来,这时候波后压力再有波动,气流折角的变化与前面所述恰恰相反,由于楔角的大小不变,将使波后压力趋向于恢复到原来的数值。如果超声速气流遇到高压区而产生斜激波,由于没有楔角的影响,斜激波波角的大小根据高压区压力值而定。

随着楔角 δ 的增大,两个求解得到的 β 值互相接近,即波后为超声速的较小的波角 β 逐渐增大,而波后为亚声速的较大的波角 β 逐渐减小。当楔角 δ 增大到某一数值 δ_{max} 时,从公式只能得到一个解,这时波后 Ma_2 略小于声速。

如果再进一步增大楔角 δ,那么斜激波就无法存在了。激波脱体前移,在楔角的前方形成一个弓形的脱体激波,在楔角前方局部范围内激波波面与波前气流方向垂直,可以认为是正激波。

上述现象也可以从另一个角度来说明,即当波前 Ma_1 不变时,激波波角 β 从微弱扰动传播角 $\arcsin(1/Ma_1)$ 增大到 90° 的过程中,气流折角 δ 和波后 Ma_2 是这样变化的。

随着激波波角 β 的增加,波后 Ma_2 总是减小的,在一定的范围内波后 Ma_2 仍大于 1,当 β 进一步增大时,波后 Ma_2 就小于 1,当 β 增大到 90° 时,激波就成为正激波了。

气流折角 δ 随着激波波角 β 的增加开始是增加的,当气流折角 δ 增大到某一数值时达到极大值,这时波后 Ma_2 略小于 1。进一步增加激波波角 β,气流折角 δ 将随之减小。

在楔角 δ 不变时,斜激波波角 β 随波前 Ma_1 变化的情况是,Ma_1 越大,斜激波波角 β 则越小;相反 Ma_1 越小,斜激波波角 β 则越大。当 Ma_1 小于某一数值后,斜激波就无法存在而成为脱体的弓形波了。

根据上述分析可见,斜激波的波角 β 与波前 Ma_1 及楔角 δ 二者都有关系。正如式(1.8.19)所表示的那样。

对于正激波可以用波前 Ma_1 或 λ_1 来判断正激波的强度,Ma_1 或 λ_1 越大,则正激波越强。斜激波的强度除了与波前 Ma_1 有关,还应与斜激波波角 β 有关。

根据斜激波只有法向分速度发生变化的性质,可以用波前法向分速度 w_{1n} 与当地声速 a_1 之比来衡量斜激波的强度,即

$$\frac{w_{1n}}{a_1} = \frac{w_1 \sin \beta}{a_1} = Ma_1 \sin \beta$$

必须注意,不能用 w_{1n} 与 a_{cr} 来衡量斜激波的强度,因为 w_{1n} 和 a_{cr} 相同时,对于不同的 w_1,当地声速 a_1 是不同的。

1.8.4 圆锥激波

超声速气流与圆锥体对称相遇时,在圆锥体前面形成一个锥形激波,因为激波极薄,所以二者的锥顶可以认为是相连接的,如图 1.19 所示。

对于锥形激波的局部波角来说,前节中用来计算二元斜激波的公式和表格都可以用来计算圆锥激波波前后的参数,但是算出来的波后参数仅仅是紧靠着波面的气流参数。

锥形流动与二元流动有一个很大的差别,即在二元流动中,波后流体沿着楔形物体表面平行流动时,流管的面积不变;而在三元锥形流动中,流体的流通面积随着锥体直径的增大而增大。因此,锥形激波后面气流方向与锥体表面不平行,气流通过激波时的折角 δ 小于锥体的半锥角 δ_{cons},即 $\delta < \delta_{cons}$,如图 1.20 所示。

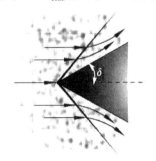

图 1.19 圆锥激波

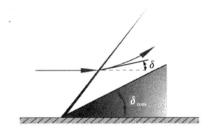

图 1.20 锥形激波后气流折角小于锥体半角

综上所述,气流通过锥形激波时,气流折角与二元斜激波相同,然而气流流动方向逐渐改变,气流折角增加,且逐渐趋近于圆锥体的半锥角 δ_{cons}。

紧贴圆锥激波前后气流参数的计算与二元斜激波的计算方法大致相同,所不同的是,在同一个斜激波波角后面,圆锥体的顶角大于二元流动中楔形物体的顶角。因此在分析圆锥激波问题时,可设想有一个与圆锥体顶角相当的二元楔形物体的顶角,该二元楔形物体能产生与圆锥体同样波角的斜激波。

图 1.21 所示为不同 Ma_1 下,能产生斜激波的半锥角和楔角顶角极大值。

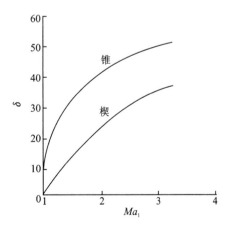

图 1.21 不同 Ma_1 下,能产生斜激波的半锥角和楔角顶角极大值

习 题

已知正激波前 $\lambda_1 = 1.84$, $p_1^* = 7.55 \times 10^5$ Pa, $T_1^* = 295$ K, 求正激波后的静压 p 与静温 T。

1.9 热力学定律

1.9.1 概 述

对热力学第一定律和第二定律的概念,本章前面的内容已经有所涉及,在这一节里简要的归纳,并介绍卡诺循环和状态参数熵的概念。

1.9.2 热力学第一定律

热力学第一定律为,各种能量形式(热能、机械功、位能)可以相互转变、传递,但不能创造、不会消失。在某一个孤立体系内,全部的能量是一定的,也称为能量守恒。

1.9.3 热力学第二定律

热力学第二定律为,在热动力机械中,工质从热源所得的热量,不可能全部转变为机械功,而只能将其中的一部分热量转变为机械功,其余的热量必须通过工质释放给某一个冷源。

转变的机械功与工质得到的热量之比称为热效率。热源与冷源之间运行的理想卡诺循环效率是任何热机可能达到的热效率的极限。

1.9.4 理想卡诺循环

理想卡诺循环由下列 4 个过程组成,如图 1.22 所示。理想卡诺循环各过程及对应的曲线如表 1-4 所列。

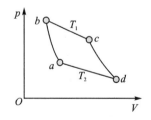

图 1.22 理想卡诺循环 p-V 图

表 1-4 理想卡诺循环各过程及对应的曲线

理想卡诺循环 4 过程	理想卡诺循环图所示曲线
理想绝热压缩过程	图 1.21 中线 ab
理想等温膨胀过程	图 1.21 中线 bc
理想绝热膨胀过程	图 1.21 中线 cd
理想等温压缩过程	图 1.21 中线 da

卡诺循环的热效率为

$$\eta_t = 1 - \frac{Q_2}{Q_1} = 1 - \frac{RT_2 \ln \dfrac{V_d}{V_a}}{RT_1 \ln \dfrac{V_c}{V_b}} = 1 - \frac{T_2}{T_1} \tag{1.9.1}$$

研究理想卡诺循环得出的一些热力学上十分重要的结论:

(1) 理想卡诺循环的热效率只随热源温度和冷源温度而定。

(2) 在温度条件相同时,任何理想循环的热效率不可能大于理想卡诺循环的热效率。

(3) 在 T_1、T_2 两温度间按理想卡诺循环工作的发动机必须有 $(1-\eta_t)$ 热量从热源传给冷源,才能使 η_t 热量转变为机械功。

1.9.5 熵

在研究理想卡诺循环时还发现,在两条绝热线 ab 和 cd 之间,气体状态由其中一条绝热线等温变化到另一条绝热线,所需的热与气体的温度成正比。因为等温热力过程在这两条绝热线之间等温变化时,它们的容积比或压力比总是相等的,因此可得

$$\frac{Q_1}{T_1} = \frac{Q_2}{T_2}$$

对于其他任意的卡诺循环,可以用一系列绝热线将任意的理想循环分割成一系列中间循环,以等温线代替中间循环两端的线,就得到一系列相应的卡诺循环,即

第 1 个循环
$$\frac{\Delta Q_1'}{T_1'} + \frac{\Delta Q_2'}{T_2'} = 0$$

第 2 个循环
$$\frac{\Delta Q_1''}{T_1''} + \frac{\Delta Q_2''}{T_2''} = 0$$

$$\vdots \qquad \qquad \vdots$$

第 n 个循环
$$\frac{\Delta Q_1^n}{T_1^n} + \frac{\Delta Q_2^n}{T_2^n} = 0$$

各个循环相加得

$$\sum_1^n \frac{\Delta Q_1}{T_1} + \sum_1^n \frac{\Delta Q_2}{T_2} = 0 \qquad (1.9.2)$$

式(1.9.2)是对图 1.23 所绘的由一系列卡诺循环所组成的锯齿形循环而言,当 $n \to \infty$ 时,上述等式对任意理想循环也是正确的。所以对任意理想循环,有

$$\sum_1^n \frac{\Delta Q_1}{T_1} + \sum_1^n \frac{\Delta Q_2}{T_2} = 0, \qquad n \to \infty$$

或

$$\sum_1^n \left(\frac{\Delta Q_1}{T_1} + \frac{\Delta Q_2}{T_2} \right) = 0, \qquad n \to \infty$$

即

$$\oint \frac{\mathrm{d}Q}{T} = 0 \qquad (1.9.3)$$

式(1.9.3)由克劳休斯在 1854 年推得。

如图 1.24 所示,如果点 1、2 为任意循环上的两点,即给定的两个气体状态,a、b 为气体状态变化时通过的点,那么

$$\oint \frac{\mathrm{d}Q}{T} = \int_{1a2} \frac{\mathrm{d}Q}{T} + \int_{2b1} \frac{\mathrm{d}Q}{T} = \int_{1a2} \frac{\mathrm{d}Q}{T} - \int_{1b2} \frac{\mathrm{d}Q}{T} = 0$$

或

$$\int_{1a2} \frac{\mathrm{d}Q}{T} = \int_{1b2} \frac{\mathrm{d}Q}{T} \qquad (1.9.4)$$

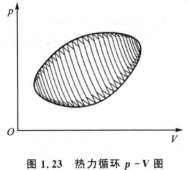

图 1.23 热力循环 p - V 图

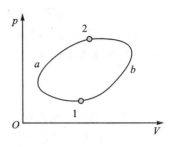

图 1.24 任意循环上的两点

式(1.9.4)说明,当气体状态 1 和状态 2 给定后,无论气体状态的变化经过了怎样的过程,$\int_1^2 \frac{dQ}{T}$ 就确定了。

上述分析还可以用以下关系式证明:

$$\int_1^2 \frac{dQ}{T} = \int_1^2 \frac{c_V dT + p dV}{T} = \int_1^2 \frac{c_V dT}{T} + \int_1^2 R \frac{dV}{V} = c_V \ln \frac{T_2}{T_1} + R \ln \frac{V_2}{V_1} \quad (1.9.5)$$

同样,由式(1.9.5)可见,当气体状态 1 和状态 2 给定以后,积分 $\int_1^2 \frac{dQ}{T}$ 就确定了。

一切气体状态参数 p, V, T, u, h 都具有这样的性质,即气体状态给定以后,气体的状态参数就确定了,不管它是经过怎样的变化过程达到这个状态的。dQ/T 正具有这样的性质,因此可把 dQ/T 看做某个气体状态参数的全微分,并将这个气体参数称为"熵"(entropy),用 S 表示,于是得

$$dS = \frac{dQ}{T} \quad (1.9.6)$$

以及

$$\Delta S = S_2 - S_1 = \int_1^2 \frac{dQ}{T} \quad (1.9.7)$$

式中,S_1 为气体在状态 1 时的熵值,S_2 为气体在状态 2 时的熵值。

综上所述,在分析理想卡诺循环的过程中,熵是气体的单值函数,可以作为气体的状态参数。

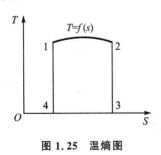

图 1.25 温熵图

图 1.25 所示为温熵图。绘制温熵图是状态参数熵的一种重要应用,将气体状态变化过程中温度 T 随熵值 S 的变化关系做成曲线,纵坐标为温度 T,横坐标为熵值 S。在此 T-S 图上,以过程曲线、横坐标轴以及通过过程曲线两端点与纵坐标相平行的两垂线为周界的面积代表过程中对气体的加热量或放热量,即

$$Q = \int_1^2 T dS$$

式中,T 总是正值,若 $dS > 0$,则 $dQ > 0$,是对气体加热;若 $dS < 0$,则 $dQ < 0$,气体放热。

对于有摩擦损失存在的实际过程,dQ 除了外界加入气流的热量外,还包括由于摩擦损失

存在使机械能转变的摩擦热,即
$$dQ = dQ_{ex} + dQ_f$$
对于一个理想的绝热压缩或膨胀过程,没有外界热量交换,其过程应是等熵的。因此往往把理想绝热过程称为等熵绝热过程。

1.10 相似理论

1.10.1 概述

在燃气轮机及其各个部件的性能研究中,相似理论具有重要的地位。应用相似理论,可以把燃气轮机或各个单独部件在特定条件下实验的结果推广到与它相似的其他条件中去。最常用的是,将燃气轮机的产品出厂试验性能转换为国际标准海平面大气条件下的性能,以便进行性能对比检验。此外,可以将燃气轮机及其各个部件的特性曲线用相似参数绘制成通用特性曲线,这样的通用特性曲线是将特定条件下的实验结果推广到与它相似的其他条件的重要工具。应用相似理论经过特殊的计算处理,可以将航空燃气轮机的地面试车数据换算为高度-速度特性,以节省大量的飞行实验费用。

对于地面燃气轮机,为了对不同大气条件下和不同的进排气系统损失情况下试验的性能数据进行检验和评定,也需要用相似理论将性能数据换算到标准大气条件下的工作数据。

在实验工作中,应用相似理论可以将试验件的尺寸缩小或放大,用相似模型进行实验。用缩小尺寸的模型进行实验,可以节省设备和试验件的生产费用,并节省实验所需要的能源和动力。

在设计工作中,若需要将某一产品放大或缩小,并保持与原产品相同的循环参数和部件效率,只需用相似理论对产品进行相似放大或缩小。

1.10.2 燃气轮机中气体定常流动的相似问题

燃气轮机中的气流是可压缩黏性流体。一般在定常流动情况下研究燃气轮机或某个单独部件的性能时,需要应用相似理论。因此,本节只讨论可压缩黏性气体定常流动的相似问题。

气流流过几何形状成一定比例的相似物体时,各同类物理量在任何对应点上都有相同的比例,这样的流动称为相似流动。相似流动必须满足两个条件:

(1) 对变量做相似变换时(所有变量均用与它成比例的量代替),基本方程组具有不变性。

(2) 单值条件相似,单值条件相似包括3点:

① 空间(几何)相似:
$$\frac{l_2}{l_1} = c_l \tag{1.10.1}$$

② 物理条件相似:流场性质相似,同类物理参数在对应点具有相同的比例。

③ 边界条件相似:周围环境参数具有相同的比例,以及周围流场中物理量场的相似。

燃气轮机中可压缩黏性气体做定常运动时,单位体积流体的运动微分方程为

$$\rho(u \nabla u) = \rho g - \nabla p + \mu \nabla^2 u + \frac{\mu}{3} \nabla (\nabla u) \tag{1.10.2}$$

方程等号左边为惯性力,等号右边第 1 项为重力,第 2 项为压力,第 3 项、第 4 项是由于黏性而引起的摩擦力。对于两个相似流动,如果式(1.10.2)是流动 1 的运动方程,则流动 2 的运动方程中各同类物理量在几何对应点上均与式(1.10.2)中成一定的比例,即

$$\frac{x_2}{x_1}=\frac{y_2}{y_1}=\frac{z_2}{z_1}=\frac{l_2}{l_1}=c_l, \quad \frac{u_2}{u_1}=c_u, \quad \frac{\rho_2}{\rho_1}=c_\rho, \quad \frac{g_2}{g_1}=c_g, \quad \frac{p_2}{p_1}=c_p, \quad \frac{\mu_2}{\mu_1}=c_\mu$$

(1.10.3)

其中,$c_l, c_u, c_\rho, c_g, c_\mu$ 为各对应物理量的量纲为 1 的比例系数。于是,气流 2 的运动微分方程为

$$\frac{c_\rho c_u^2}{c_l}\rho(u\nabla u)=c_\rho c_g \rho g - \frac{c_p}{c_l}\nabla p + \frac{c_\mu c_u}{c_l^2}\mu\nabla^2 u + \frac{c_\mu c_u}{c_l^2}\frac{\mu}{3}\nabla(\nabla u) \quad (1.10.4)$$

由流动相似的必要条件,对变量做相似变换时,基本方程组具有不变性。因此,方程中各项比例系数组合应相等,即

$$\underbrace{\frac{c_\rho c_u^2}{c_l}}_{①}=\underbrace{c_\rho c_g}_{②}=\underbrace{\frac{c_p}{c_l}}_{③}=\underbrace{\frac{c_\mu c_u}{c_l^2}}_{④}$$

用上式中②、③分别除以①,①除以④,得

$$\frac{c_l c_g}{c_u^2}=1, \quad \frac{c_p}{c_\rho c_u^2}=1, \quad \frac{c_\rho c_l c_u}{c_\mu}=1 \quad (1.10.5)$$

由方程组(1.10.3)和(1.10.5),得到在几何对应点上

$$\frac{gl}{u^2}=Fr \quad (1.10.6)$$

$$\frac{p}{\rho u^2}=Eu \quad (1.10.7)$$

$$\frac{\rho u l}{\mu}=Re \quad (1.10.8)$$

反之,物理量的量纲为 1 的组合的不变性又是物理现象相似的判据,这样的量纲为 1 的组合称为相似准则。式(1.10.6)、式(1.10.7)和式(1.10.8)中的无量纲组合就是可压缩黏性定常流动的相似准则。相似准则及其公式、物理意义如表 1-5 所列。

表 1-5 相似准则及其公式、物理意义

准则	公式	物理意义
弗劳德准则	$\frac{gl}{u^2}=Fr$	重力与惯性力之比
欧拉准则	$\frac{p}{\rho u^2}=Eu$	压力与惯性力之比
雷诺准则	$\frac{\rho u l}{\mu}=Re$	惯性力与黏性力之比

当气流速度大到可与当地声速比较时,常用马赫准则代替欧拉准则。将声速 $a=\sqrt{kp/\rho}$ 代入式(1.10.7),得

$$\frac{ku^2}{a^2}=\text{unvariable} \quad (1.10.9)$$

如果相似流动的比热比 k 相同,则式(1.10.9)即可写为

$$\frac{u}{a} = Ma \tag{1.10.10}$$

式中,$u/a = Ma$ 为马赫准则,其值称为马赫数,即速度与当地声速之比。

由单值条件给定的已知量组成的相似准则称为已定相似准则,包括待定量的相似准则称为待定相似准则。已定相似准则的不变性是相似的必要条件,待定相似准则的不变性是相似的结果,待定相似准则是已定相似准则的函数,这样的函数关系式称为准则方程。已定相似准则不变和单值条件相似是物理现象相似的必要和充分条件。

用相似理论研究燃气轮机或其中某个部件的工作时,由于重力的影响与惯性力的影响相比可以忽略,因此弗劳德准则的变化对相似性的影响可以略去不计。一般情况下,当雷诺数大于某一定值(称为临界雷诺数)时,惯性力远大于黏性力,黏性力的影响可以略去不计,这时雷诺数的变化不影响流动的相似性。这种现象称为雷诺数的自动模化。因此,在雷诺数自动模化区内,判断燃气轮机或其中某个独立部件的相似工作时,只须考虑单值条件相似和由单值条件组成的马赫准则的不变性。

1.10.3 燃气轮机各部件的相似工作

燃气轮机各部件的气流通道有两类:一类是不动的(相对于发动机)通道,如进气道、尾喷管、压气机和涡轮的静子等;另一类是旋转通道,如压气机和涡轮的转子。

容易证明,对于几何相似的不动通道,在雷诺数自动模化、弗劳德准则变化的影响可略去不计并且无激波存在的条件下,只要任意一个对应截面的 Ma 相等,其他对应截面的 Ma 也相等,于是所有对应截面的同类物理量之比均保持不变。因此,不动通道流动相似的已定相似准则是任意一个对应截面的 Ma。对于几何相似的旋转通道,已定相似准则是某一对应截面的相对速度马赫数 Ma_w 和某对应点的圆周速度马赫数 Ma_u。

1. 进气道和尾喷管的相似工作

航空燃气轮机的进气道和尾喷管都属于不动通道。

对于几何相似的亚声速进气道,只要进口处马赫数 Ma_1 或出口处马赫数 Ma_2 相等,进气道内部的工作状态就相似。在相似状态下工作时,虽然各对应截面的物理量值不同,但它们与进口处的同类物理量的量纲为 1 的比值,即

$$\frac{T_2}{T_1}, \quad \frac{T_2^*}{T_1^*}, \quad \frac{p_2}{p_1}, \quad \frac{p_2^*}{p_1^*} = \sigma_i$$

均保持不变。

为了比较明显地反映进入燃气轮机空气流量的大小,常用进气道出口处的流量气动函数 $q(\lambda_2)$ 或流量相似参数 $q_{\mathrm{ma}}\sqrt{T_2^*}/p_2^*$ 来代替进气道出口处的 Ma_2,以此作为相似工作的判据,即

流量气动函数为

$$q(\lambda_2) = \left(\frac{k+1}{2}\right)^{1/(k-1)} \lambda_2 \left(1 + \frac{k-1}{k+1}\lambda_2^2\right)^{1/(k-1)} \tag{1.10.11}$$

由于速度系数

$$\lambda_2 = \frac{\dfrac{k+1}{2}Ma_2^2}{1+\dfrac{k-1}{2}Ma_2^2}$$

所以流量气动函数 $q(\lambda_2)$ 是 Ma_2 的函数，即 $q(\lambda_2)=f_1(Ma_2)$。

流量相似参数为

$$\frac{q_{ma}\sqrt{T_2^*}}{p_2^*} = A_2 m q(\lambda_2) \tag{1.10.12}$$

式中

$$m = \sqrt{\frac{k}{R}\left(\frac{2}{k+1}\right)^{(k+1)/(k-1)}}$$

对于几何形状相同的进气道，当比热比 k 和气体常数 R 不变时，流量相似参数是 Ma_2 的函数，即

$$\frac{q_{ma}\sqrt{T_2^*}}{p_2^*} = f_2(Ma_2)$$

因此，进气道出口处 $q(\lambda_2)$ 或 $q_{ma}\sqrt{T_2^*}/p_2^*$ 不变，也就是 Ma_2 不变。进气道就处于相似工作状态。

对于几何相似而大小不等的进气道，由于式(1.10.12)中包含面积，因此用流量相似参数确定相似状态时，不能忽略几何相似的比例系数 c_l。如果绘制特性图的进气道的参数用下角标 d 表示，则当所研究的进气道与特性图上某状态满足

$$\frac{q_{ma}\sqrt{T_2^*}}{p_2^* c_l^2} = \left(\frac{q_{ma}\sqrt{T_2^*}}{p_2^*}\right)_d \tag{1.10.13}$$

时，两个进气道的工作状态相似。式中，$c_l = L/L_d$。

航空燃气轮机做超声速飞行时，进气道流场内同时存在超声速流动区和亚声速流动区，二者之间往往存在激波，如图 1.26 所示。由于激波的位置和形状与流场前后的压比有关，因此只用亚声速区或超声速区某一个对应截面的 Ma 相等不能确定激波的位置和形状，也就不能确定整个进气道流场是否相似。为此，需增加一个已定相似准则。除超声区某一截面的 Ma（如进气道远前方的 Ma_0）外，还需有进气道出口处的 Ma_2（或 λ_2，或 $q(\lambda_2)$，或 $q_{ma}\sqrt{T_2^*}/p_2^*$）

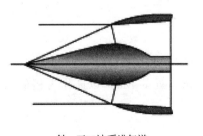
一斜一正二波系进气道

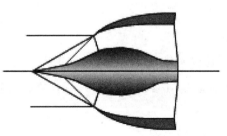
二斜一正三波系进气道

图 1.26 超声进气道

作为超声速进气道相似工作的判据。对于几何相似的进气道，Ma_0 相等对应超声速区流场相似，而 Ma_1 相等对应亚声速区流场相似。又因激波后的 Ma'' 是激波前 Ma' 的函数，Ma_0 和 Ma_1 对应相等意味着 Ma' 和 Ma'' 对应相等，这时激波的位置和形状也相似。因此，Ma_0 和 Ma_1 相等时，整个进气道流场也相似。

也可以用进气道远前方的 Ma_0 和进气道流场前后的压比 p_2^*/p_0 作为几何相似的超声速流场相似的判据。因为只要 p_2^*/p_0 相等，超声和亚声速区之间的激波位置和形状就相似。

尾喷管与进气道相类似，当尾喷管内只是亚声速气流时，可以用尾喷管进口或出口的 Ma 来表征流动相似状态。由于尾喷管进口总压 p_7^* 与尾喷管出口静压反压 p_0 之比 p_7^*/p_0 决定了尾喷管内的亚声速流场及各对应截面的 Ma，因此也可以用尾喷管前后压比 p_7^*/p_0 相等作为流动相似的判据。

当同时存在超声速区和亚声速区时，应由两个分别在亚声速区和超声速区的对应截面处的 Ma 相等（或用 p_7^*/p_0 相等代替其中之一）来表征流动相似状态。然而，由于存在超声速区，尾喷管喉道处的 Ma 必定为 1，喉道前的亚声速区流动必定相似。因此，当同时存在超声速区和亚声速区时，尾喷管的已定相似准则也只需一个，用 p_7^*/p_0 或尾喷管出口 Ma 相等就可以判定尾喷管处于相似工作状态。

在尚未确定有无超声速区存在的情况下，只能使用 p_7^*/p_0 作为相似状态的判据，因为同一个小于 1 的出口 Ma 可以对应尾喷管内只有亚声流动和存在超声速区的两种情况，而这两种情况下的 p_7^*/p_0 是不相等的，所以用出口 Ma 相等无法判定两者是否属于同一种流动情况。因此，尾喷管的相似状态一般用 p_7^*/p_0 来判定。

2. 压气机的相似工作

压气机由静子和转子组成。几何相似的压气机，气流为亚声速流动时，静子部分的已定相似准则是进口处的 Ma_1；转子部分的已定相似准则是转子进口处的相对速度 Ma_{w_1} 和进口处工作轮叶尖处圆周速度 Ma_{u_1}，Ma_{u_1} 是转子叶尖切线速度 u_1 与当地声速 a_1 之比，即 $Ma_{u_1}=u_1/a_1$。然而由图 1.27 压气机的速度三角形可以得出

$$w_2^2 = c_2^2 + u_2^2 - 2c_2 u_2 \cos \alpha_2$$

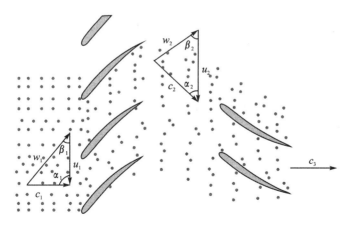

图 1.27　压气机速度三角形

等号两边同除以当地声速的平方，得

$$Ma_{w_2}^2 = Ma_{c_2}^2 + Ma_{u_2}^2 - 2Ma_{c_2}Ma_{u_2}\cos\alpha_2$$

当压气机静子叶栅（或进口导流叶栅）进口处 Ma_1 不变时，导流叶栅出口处的 Ma_{c_1} 和 α_1 都不变；由上图可见，当 Ma_{c_1}、α_1 和 Ma_{u_1} 不变时，Ma_{w_1} 也不变。因此整个压气机的已定相似准则是 Ma_1 和 Ma_{u_1}。只要 Ma_1 和 Ma_{u_1} 不变，几何相似的压气机内的流动就相似。

压气机在相似状态下工作时，各截面的物理量与入口处的同类物理量的量纲为 1 的比值，如 $\pi_c^* = p_3^*/p_2^*$，$\pi_c = p_3/p_2$，T_3^*/T_2^*，T_3/T_2 以及压气机效率 η_c^* 和比功相似参数 w_c/T_2^* 等均保持不变。

在给定的环境条件下，压气机的工作状态由两个参数确定：
① 转速 n 或工作轮叶尖切线速度 u；
② 通过压气机的空气质量流量 q_{ma}。

参数 $n/\sqrt{T_2^*}$ 和 $q_{ma}\sqrt{T_2^*}/p_2^*$ 不变也就是相似准则 Ma_1 和 Ma_{u_1} 不变，压气机就处于相似工作状态。

通过压气机的空气质量流量等于进气道出口的空气质量流量。在 1.4 节中已经得到空气质量流量相似参数 $q_{ma}\sqrt{T_2^*}/p_2^*$ 进气道出口（压气机进口）处 λ_2 或 Ma_2 的函数。

压气机转子的转速 n 为

$$n = \frac{60u}{\pi D_2} = \frac{60}{\pi D_2}a_2 Ma_{u_2} = \frac{60\sqrt{kR}}{\pi D_2}\sqrt{T_2}Ma_{u_2}$$

式中，D_2 为压气机进口处直径；n 为压气机转速，其单位是 r/min。

将

$$\frac{T_2^*}{T_2} = 1 + \frac{k-1}{2}Ma_2^2$$

代入上式，即得

$$\frac{n}{\sqrt{T_2^*}} = \frac{60}{\pi D_2}\left(\frac{kR}{1+\frac{k-1}{2}Ma_2}\right)^{1/2}Ma_{u_2} \quad (1.10.14)$$

由式(1.10.14)可见，对于同一个压气机，或几何形状和大小相同的压气机，$n/\sqrt{T_2^*}$ 只是 Ma_2 和 Ma_{u_2} 的函数。

通常，以转速相似参数 $n/\sqrt{T_2^*}$ 和质量流量相似参数 $q_{ma}\sqrt{T_2^*}/p_2^*$ 代替 Ma_1 和 Ma_{u_1} 作为同一台压气机或几何形状相同的压气机相似工作状态的判据。这是因为压气机特性实验时，控制压气机工作状态的是转速和流量，所以用转速相似参数 $n/\sqrt{T_2^*}$ 和质量流量相似参数 $q_{ma}\sqrt{T_2^*}/p_2^*$ 绘制压气机特性曲线比较便于使用。压气机特性曲线如图 1.28 所示，图中每一点代表一个相似工作状态。

对于几何形状相同的压气机，当气流是亚声速流动时，其相似工作状态由下述两个相似参数决定，即

转速相似参数 $\quad\quad\quad\quad\quad n/\sqrt{T_2^*}$

质量流量相似参数 $\quad\quad\quad q_{ma}\sqrt{T_2^*}/p_2^*$

压气机处于相似工作状态时，各对应截面和对应位置的 Ma（如 Ma_1、Ma_{u_1}）以及各性能

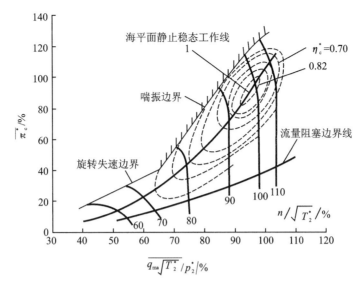

图 1.28 压气机特性曲线

相似参数，如

$$\pi_c = \frac{p_3}{p_2}, \quad \pi_c^* = \frac{p_3^*}{p_2^*}, \quad \frac{T_3}{T_2}, \quad \frac{T_3^*}{T_2^*}, \quad \frac{w_c}{T_2^*}, \quad \eta_c^*$$

等均保持不变。因此在特定条件下绘制的压气机特性图可以推广到各相似状态下使用。

对于两台大小不等但几何相似的压气机，因为式(1.10.12)和式(1.10.14)中的面积 A_2 和直径 D_2 不等，所以确定相似状态的相似参数中应包含表示几何相似的比例系数 c_l。如果绘制特性曲线图 1.28 的压气机用下标 d 表示，那么当所研究的压气机与特性曲线上某一个工作状态满足

$$\left.\begin{array}{r} \dfrac{n c_l}{\sqrt{T_2^*}} = \left(\dfrac{n}{\sqrt{T_2^*}}\right)_d \\[2mm] \dfrac{q_{ma}\sqrt{T_2^*}}{p_2^* c_l^2} = \left(\dfrac{q_{ma}\sqrt{T_2^*}}{p_2^*}\right)_d \end{array}\right\} \quad (1.10.15)$$

时，两台压气机的工作状态相似。

当压气机的叶栅通道中存在超声速区时，与上节中讨论进气道和尾喷管相似，由于激波位置和形状与压气机前后的压比 p_3^*/p_2^* 有关，因此确定相似状态时应增加已定相似准则 p_3^*/p_2^*（或压气机出口 Ma_3）。判定压气机相似工作状态的相似参数应为 $n/\sqrt{T_2^*}$ 和 p_3^*/p_2^*。

当压气机在较高的某转速相似参数下工作，并存在超声速区时，压气机进口 Ma 与流量相似参数保持不变。压气机特性图上的等 $n/\sqrt{T_2^*}$ 线成为与纵坐标相平行的垂直线，如图 1.28 中高转速低增压比部分所示。在这种情况下，只能用 $n/\sqrt{T_2^*}$ 和增压比 $\pi_c^* = p_3^*/p_2^*$ 来确定压气机的相似工作状态。

从图 1.28 还可以看出，在大部分转速相似参数范围内，压气机在亚声速或跨声速范围内工作，确定相似工作状态的相似参数既可以是 $n/\sqrt{T_2^*}$ 和 π_c^*，也可以是 $n/\sqrt{T_2^*}$ 和 $q_{ma}\sqrt{T_2^*}/p_2^*$。

但是当压气机在低转速范围内工作时,或对于离心式压气机,其等转速相似参数线的一部分几乎与横坐标相平行,流量相似参数 $q_{ma}\sqrt{T_2^*}/p_2^*$ 在较大范围内变化时增压比 $\pi_c^* = p_3^*/p_2^*$ 几乎很少变化。因此,给定 $n/\sqrt{T_2^*}$ 和 π_c^* 无法确定压气机的相似工作状态,要确定压气机的相似工作状态,除给定转速相似参数外,还可以从 $q_{ma}\sqrt{T_2^*}/p_2^*$,$q_{ma}\sqrt{T_3^*}/p_3^*$,Ma_2 或 Ma_3 中任选一个。

3. 涡轮的相似工作

涡轮的临界雷诺数为 $3.5 \times 10^4 \sim 4.0 \times 10^4$,在大部分工作条件下,涡轮中气流的雷诺数一般为 $6.0 \times 10^4 \sim 8.0 \times 10^4$。在自动模化区,可以不考虑雷诺数的影响。与压气机类似,几何相似的涡轮在亚声流情况下,当进口 Ma_4 以及工作轮切线速度 u 的 Ma_u 相等时,涡轮就处于相似工作状态。

在给定涡轮进口气流参数 T_4^*,p_4^* 的条件下,涡轮的工作状态由两个参数确定,即

① 转速 n 或工作轮叶尖切线速度 u;

② 通过涡轮的燃气流量 q_{mg},或涡轮膨胀比 π_t^*。

当涡轮膨胀比 π_t^* 增大到一定程度后,可能使涡轮导向器最小截面处于临界或超临界状态。在这种情况下,同时存在亚声速区和超声速区,激波的位置和形状与涡轮膨胀比 π_t^* 有关,而通过涡轮的燃气流量 q_{mg} 却保持不变。

为了在亚声流动和有超声流场存在的两种情况都适用,通常用下述两个相似参数来确定涡轮的相似工作状态,即

① 转速相似参数 $n/\sqrt{T_2^*}$;

② 涡轮膨胀比 π_t^*。

涡轮处于相似工作状态时,各对应截面和对应位置的马赫数(如 Ma_4,Ma_u)以及各相似准则和性能相似参数,如

$$\pi_t^* = \frac{p_4^*}{p_5^*}, \quad \frac{T_4}{T_5}, \quad \frac{T_4^*}{T_5^*}, \quad \frac{q_{mg}\sqrt{T_4^*}}{p_4^*}, \quad \frac{w_t}{T_4^*}, \quad \eta_t^*$$

等均保持不变。

1.10.4 燃气轮机的相似工作

燃气轮机是由许多部件组成的,除上述部件外,还有燃烧室等。这些部件均处于相似工作状态是整台燃气轮机处于相似工作状态的充要条件。然而,由于燃气轮机工作中各部件存在相互制约的关系,各部件相似参数之间存在一定的定量关系,因此判断全台燃气轮机相似工作状态的相似准则和相似参数可以大大减少。

对于几何形状相同的燃气轮机,稳态(定常)工作的相似工作状态只需两个参数确定,即

① 绝对运动 Ma;

② 相对运动 Ma_u,一般情况下用转速相似参数 $n/\sqrt{T_2^*}$ 表示。

绝对运动 Ma 是指航空燃气轮机的飞行马赫数 Ma_0 相等。地面燃气轮机或航空燃气轮机在地面静止条件下工作时,$Ma_0 = 0$。在这种情况下,只需由转速相似参数 $n/\sqrt{T_2^*}$ 就可以

判定其所处的相似工作状态。

思考题

（1）为什么燃气轮机各部件的相似准则中往往只考虑马赫准则？

（2）为什么在判断部件相似状态工作时，可以用某一截面的流量相似参数（如 $q_{ma}\sqrt{T_2^*}/p_2^*$）相等来代替 Ma 相等？

（3）在研究进气道相似工作状态时，若同时存在亚声速区和超声速区，为什么要分别用亚声速和超声速的一个截面的 Ma 相等这样两个条件来判断流动相似？而在研究尾喷管相似工作状态时，同样存在亚声速区和超声速区却只需一个 Ma 相等的条件来判断相似？

（4）为什么对超声压气机在高转速相似参数下工作时不能用 $n/\sqrt{T_2^*}$ 和 $q_{ma}\sqrt{T_2^*}/p_2^*$ 来判断其相似工作状态？

（5）为什么在地面静止条件下工作的航空燃气轮机，只需用转速相似参数即可判断其相似工作状态？

第 2 章 航空燃气轮机的工作原理

2.1 航空燃气轮机概述

涡轮喷气发动机是航空燃气轮机中最简单的一种。涡轮喷气发动机工作时,连续不断地吸入空气,空气在发动机中经过压缩、燃烧和膨胀等过程产生高温高压燃气并从尾喷管喷出,流过发动机的气体动量增加,使发动机产生反作用推力,如图 2.1 所示。

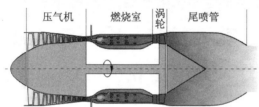

气流流经
单轴涡轮喷气发动机

图 2.1 单轴涡轮喷气发动机

涡轮喷气发动机作为一个热机,它将燃料的热能转变为机械能。涡轮喷气发动机同时又作为一个推进器,利用发动机产生的机械能使发动机本身获得推力,如图 2.2 所示。

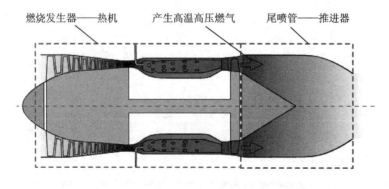

图 2.2 表示热机和推进器的单轴涡轮喷气发动机

涡轮喷气发动机作为热机,它和工程中常见的活塞式发动机一样,都是以空气和燃气作为工作介质。它们的相同之处为,均以空气和燃气作为工作介质;都是先把空气吸进发动机,经过压缩增加空气的压力,经过燃烧增加气体的温度,然后使燃气膨胀做功。燃气在膨胀过程中所做的功要比空气在压缩过程中所消耗的功大得多。这是因为燃气在高温下膨胀,有一部分富余的膨胀功可以被利用。它们的不同之处为,进入活塞式发动机的空气不是连续的,而进入燃气轮机的空气是连续的。活塞式发动机是等容燃烧,即在活塞式发动机中喷油燃烧是在一个密闭的固定空间里;而燃气轮机则是等压燃烧,即燃气轮机在前后畅通的流动过程中喷油燃烧,若不计流动损失,则燃烧前后压力不变。

图 2.3 所示为涡轮喷气发动机的简图,图中标出了发动机各部件名称和各个截面的符号。

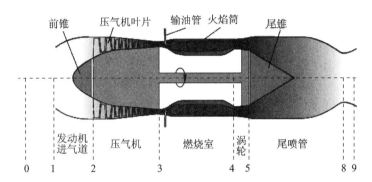

0—远前方;1—发动机进气道入口;2—压气机入口;3—燃烧室入口;
4—涡轮入口;5—尾喷管入口;8—尾喷管临界截面;9—尾喷管出口

图 2.3 涡轮喷气发动机各部分名称

对于单轴和双轴涡轮喷气发动机的尾喷管,若为收敛性喷管,其出口截面 9 在临界或超临界状态下成为临界截面,故也可以标注为 8。

思考题

作为热机,燃气轮机与活塞式发动机有何相同和不同之处?

2.2 航空燃气轮机的分类

2.2.1 概述

用于飞机的航空燃气轮机有:涡轮喷气发动机,简称涡喷发动机;涡轮风扇发动机,简称涡扇发动机;涡轮螺桨发动机,简称涡桨发动机。用于直升机的航空燃气轮机为涡轮轴发动机,简称涡轴发动机。作为燃气轮机,它们都有一个共同的部分,即燃气发生器。顾名思义,燃气发生器为各类燃气轮机生产可转化为机械功的高温高压燃气。由于航空燃气轮机对高温高压燃气的使用方法不同,因此航空燃气轮机分为了不同类型。燃气发生器有单轴(如图 2.4 所示)和双轴(如图 2.5 所示)之分。

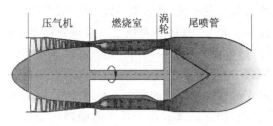
图 2.4 单轴涡轮喷气发动机

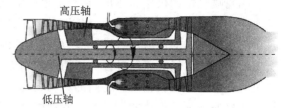
图 2.5 双轴涡轮喷气发动机

2.2.2 各类航空燃气轮机简图

1. 涡轮喷气发动机

涡轮喷气发动机是最简单的一种航空燃气轮机,它在燃气发生器出口处安装了尾喷管,将高温高压燃气的能量通过尾喷管(推进器)转变为燃气的动能,使发动机产生反作用推力。

对于军用歼击机所用的涡轮喷气发动机,为了能在飞机起飞和投入战斗时,在短时间内进一步增加发动机的推力,在涡轮后面再喷入燃油进行燃烧,为此在涡轮与尾喷管之间设置加力燃烧室,成为加力涡轮喷气发动机,如图 2.6 所示。

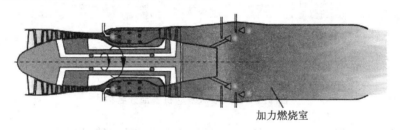
图 2.6 加力涡轮喷气发动机

2. 涡轮螺桨发动机

在燃气发生器出口增加动力涡轮,涡轮螺桨发动机将燃气发生器产生的可用功大部分或全部从动力涡轮轴上输出,通过减速器驱动飞机的螺桨产生拉力;可用功的少部分作为燃气的动能从尾喷管喷出,产生较小的反作用推力,当喷射速度与飞行速度相等时,反作用推力为零。显然,飞机的螺桨是发动机的主要推进器。涡轮螺桨发动机如图 2.7 所示。

飞行高度低、飞行速度慢是涡轮螺桨发动机的主要缺点。装有涡轮螺桨发动机的飞机其飞行高度不超过 5 000 m,飞行速度一般不超过 700 km/h。飞行速度慢是由螺桨特性决定的。

3. 涡轮风扇发动机

为了克服涡轮螺桨发动机的缺点,提高飞机的飞行速度和高度,20 世纪 50 年代中期开始发展涡轮风扇发动机,涡轮风扇发动机如图 2.8 所示。

涡轮风扇发动机有内外两个涵道,在内涵燃气发生器出口增加动力涡轮,将燃气发生器产生的一部分或大部分可用功通过动力涡轮传递给外涵通道中的压气机。大多数情况下,外涵压气机叶片是将内涵压气机叶片向外延伸,习惯上将内外涵共用的压气机称为风扇。在外涵道中的风扇叶片、尾喷管和内涵尾喷管是涡轮风扇发动机的推进器。

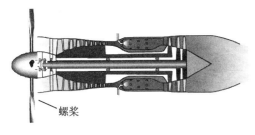
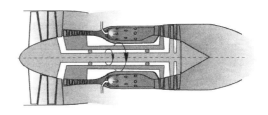

图 2.7 涡轮螺桨发动机　　　　　　　图 2.8 涡轮风扇发动机

外涵空气流量与内涵空气流量之比,称为涵道比,用 B 表示。目前民用客机都采用大涵道比的涡轮风扇发动机(如图 2.9 所示),而军用歼击机所用的涡轮风扇发动机则为带有加力燃烧室的小涵道比涡轮风扇发动机(如图 2.10 所示)。

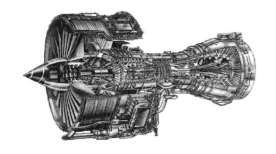

图 2.9 民用大涵道比涡轮风扇发动机　　　图 2.10 军用小涵道比涡轮风扇发动机

4. 涡轮轴发动机

涡轮轴发动机用于直升机,如图 2.11 所示,与涡桨发动机类似,它是将燃气发生器产生的可用功几乎全部从动力涡轮轴上输出,带动直升机的旋翼和尾桨。

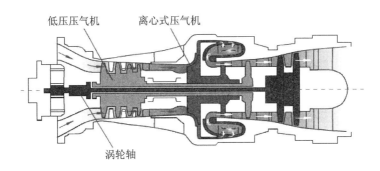

图 2.11 涡轮轴发动机

2.2.3 各类发动机截面划分

若单轴和双轴涡轮喷气发动机的尾喷管为收敛性喷管,其出口截面 9 在临界或超临界状态下成为临界截面,故也可以标注为 8。双轴发动机的截面划分如图 2.12 所示。

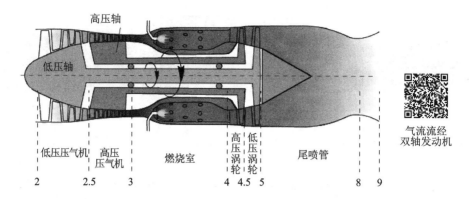

2—压气机入口;2.5—低压压气机出口;3—燃烧室入口;4—涡轮入口;
4.5—高压涡轮出口;5—尾喷管入口;8—尾喷管临界截面;9—尾喷管出口

图 2.12　双轴发动机截面划分

对于涡扇发动机,其内涵截面标注方法与涡喷发动机相同;其外涵截面标注方法在相应截面后加 2,如风扇压气机出口截面 3 写为截面 32,尾喷管出口截面 9 写为截面 92。涡扇发动机外涵截面划分如图 2.13 所示。

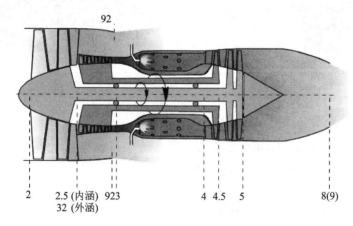

2—压气机入口;2.5(内涵)—低压压气机出口;32(外涵)—外涵风扇出口;3—燃烧室入口;
4—涡轮入口;4.5—高压涡轮出口;5—尾喷管入口;8—尾喷管临界截面;92—外涵尾喷管出口

图 2.13　涡扇发动机截面划分

对于带有加力燃烧室的涡喷或混排涡扇发动机,加力燃烧室入口截面为 6,加力燃烧室出口截面为 7,如图 2.14 所示。

思考题

(1) 何谓涵道比?如外涵空气流量为 80 kg/s,而内涵空气流量为 40 kg/s,其涵道比是多少?

(2) 下列哪个发动机不能用作飞机发动机的航空燃气轮机?
A. 涡扇发动机　　B. 涡桨发动机　　C. 涡轮轴发动机　　D. 涡喷发动机

(3) 能用于飞机发动机的几种航空燃气轮机其区别何在?

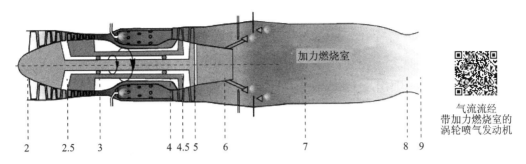

2—压气机入口;2.5—低压压气机出口;3—燃烧室入口;4—涡轮入口;4.5—高压涡轮出口;
5—尾喷管入口;6—加力燃烧室入口;7—加力燃烧室出口;8—尾喷管临界截面;9—尾喷管出口

图 2.14 带加力燃烧室的涡轮喷气发动机

2.3 航空燃气轮机的热机部分——燃气发生器

2.3.1 概 述

燃气发生器是各类燃气轮机的热机部分。它包括了压气机、燃烧室和带动压气机的那一部分涡轮。如果涡轮的功率大于压气机所需的功率,因而还可带动其他设备。若将这个涡轮分为两个功率较小的涡轮,将其中一个恰好为带动压气机所需要的涡轮,归入燃气发生器部分。燃气发生器和其他热机一样,都是利用工作物质(简称工质)重复地进行某些工作,同时不断地吸热做功。为了便于分析研究,需要简化燃气发生器的实际工作过程,并假设为某一部分气体的反复循环运作,以便对循环过程进行理论分析。循环过程的理论分析在提高燃气发生器设计状态的性能和研究变工况性能等方面都是必不可少的。自燃气轮机问世以来,通过对其循环理论的分析研究,人们掌握了使燃气发生器具有良好性能的方法,并提出了一系列提高性能的途径。

2.3.2 燃气轮机的理想循环分析

1. 理想循环

循环过程做如下两点假设后称为理想循环:

① 工质是空气,可视为理想气体。整个工作过程中,空气的比热为常数,不随气体的温度和压力而变化。

② 整个工作过程中没有流动损失,压缩过程与膨胀过程绝热等熵,燃烧前后压力不变,没有热损失(排热过程除外)和机械损失。

理想燃气轮机循环由布雷顿(Brayton)于 1872 年提出,它由绝热压缩、等压加热、绝热膨胀、等压放热 4 个过程组成。

图 2.15 给出了燃气轮机循环布置,图中 C 为压气机,B 为燃烧室,T 为涡轮。图 2.16 给出了理想燃气轮机循环的 p-V 图和 T-S 图(图中 1、2、3、4 不代表发动机的工作截面)。

2. 衡量燃气发生器性能的指标

衡量燃气发生器性能的优劣有两个指标:

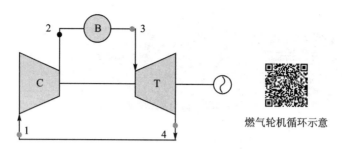

图 2.15 燃气轮机循环布置图

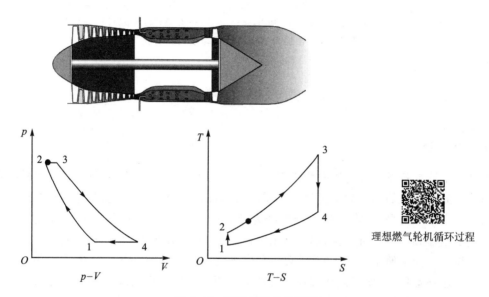

图 2.16 理想燃气轮机循环

① 热效率 $\eta_{t,i}$(thermo efficiency),即加入每千克空气的热量中所能产生的可用功与所加热量之比。

② 比功 w(specific work),即单位质量空气所做的功。

3. 表示理想燃气轮机循环工作状态的参数

表示理想燃气轮机循环工作状态的重要参数有两个:

① 增压比 π:压气机出口静压与周围大气压力之比。其中包括飞机进气道的冲压增压和压气机的加功增压。

② 加热比 Δ:燃烧室出口温度与外界大气温度之比。

4. 理想燃气轮机循环分析

单位质量工质在各个过程中吸热和做功都可以用能量方程进行计算,定常流的能量方程为

$$q + \frac{1}{2}v_0^2 + h_0 = w + \frac{1}{2}v^2 + h \tag{2.3.1}$$

式中,q 为工质在过程中的吸热量;v_0,v 为过程进口和出口处的流速;h_0,h 为工质在进口和出口处的静焓;w 为工质对叶轮机(压气机或涡轮)所做的机械功。

(1) 绝热压缩过程(1~2)

绝热压缩过程中工质吸热为 0,即

$$q_{12}=0 \tag{2.3.2}$$

该过程中对单位质量工质做的机械功可由能量方程求得。

对于航空燃气轮机,绝热压缩过程分两个阶段完成,第一阶段是迎面高速气流在进气道中的绝能流动,使工质减速增压,可由下式表示:

$$h_1' - h_1 = \frac{1}{2}v_1^2 - \frac{1}{2}v_1'^2$$

式中,h_1',v_1' 为进气道出口,即压气机进口处的静焓和流速;h_1,v_1 为进气道进口处的静焓和流速。

在进气道中,动能减小,静焓增加,对工质做的压缩功为

$$w_{c1,i} = \frac{1}{2}v_1^2 - \frac{1}{2}v_1'^2 = h_1' - h_1$$

第二阶段在压气机中完成,压气机对工质做功为

$$w_{c2,i} = -w_{1',2} = h_2 - h_1'$$

式中,$w_{1',2}$ 为工质对压气机做功。

在整个绝热压缩过程中,对单位质量工质所做的总机械功为

$$w_{c,i} = w_{c1,i} + w_{c2,i} = h_2 - h_1 = c_p(T_2 - T_1)$$

由绝热过程 $T_2 = T_1(P_2/P_1)^{(k-1)/k}$,上式可改写为

$$w_{c,i} = c_p T_1 [\pi^{(k-1)/k} - 1] \tag{2.3.3}$$

式中,π 为全压缩过程增压比。

(2) 等压加热过程(2~3)

等压加热过程是在燃烧室内完成的,工质通过燃烧室与外界没有机械功的传递,工质的流速变化也可忽略不计,因此工质所做的机械功为零,即 $w_{23}=0$。工质吸热 q_{23} 为

$$q_{23} = h_3 - h_2 = c_p(T_3 - T_2) = c_p T_1(\Delta - \pi^{(k-1)/k}) \tag{2.3.4}$$

式中,$\Delta = T_3/T_1$ 为循环的加热比。

(3) 绝热膨胀过程(3~4)

绝热膨胀过程中工质吸热为零,即 $q_{34}=0$。该过程中单位质量工质所做机械功的情况与绝热压缩过程相似,可由能量方程求得。

对于航空燃气轮机,绝热膨胀分为两个阶段。第一阶段在涡轮中完成,涡轮从单位质量工质中获得的机械功用 w_3 表示,为

$$w_3 = h_3 - h_3'$$

w_3 应等于压气机所需的对单位质量工质所做的功。式中,h_3' 为涡轮出口处的静焓。绝热膨胀的第二阶段在尾喷管(或动力涡轮)中完成,在尾喷管中为绝能流动,而在动力涡轮中则为绝热流动。在尾喷管中单位质量工质所做的机械功转变为气体本身的动能增量。这阶段中单位质量工质所做的机械功 w_4 为

$$w_4 = \frac{1}{2}v_4^2 - \frac{1}{2}v_3'^2 = h_3' - h_4$$

式中,h_4 为尾喷管出口处的静焓,v_4 为尾喷管出口处的流速。

整个绝热膨胀过程中,单位质量工质所做的机械功应为

$$w_{t,i} = w_3 + w_4 = h_3 - h_4, \qquad w_{t,i} = c_p(T_3 - T_4)$$

由绝热过程方程 $T_3/T_4=(p_3/p_4)^{(k-1)/k}$ 及 $p_1=p_4, p_2=p_3$，上式可写为

$$w_{t,i}=c_p T_3\left(1-\frac{1}{\pi^{(k-1)/k}}\right)=c_p T_1 \Delta\left(1-\frac{1}{\pi^{(k-1)/k}}\right) \tag{2.3.5}$$

（4）等压放热过程（4～1）

等压放热过程是向大气放热过程。与等压加热过程相似，工质与外界没有机械功传递，工质的流速变化也可忽略不计，因此工质所做机械功为零，即 $w_{41}=0$。该过程中，工质向外界放热为

$$q_{41}=h_4-h_1=c_p(T_4-T_1)=c_p T_1\left(\frac{\Delta}{\pi^{(k-1)/k}}-1\right) \tag{2.3.6}$$

（5）理想燃气轮机循环的比功 w_i 和热效率 $\eta_{t,i}$

由上述分析可知，燃烧过程加热量 q_1 为

$$q_1=q_{23}=c_p(T_3-T_2)=c_p T_1(\Delta-\pi^{(k-1)/k}) \tag{2.3.7}$$

向低温热源（周围大气）排放热量 q_2 为

$$q_2=q_{41}=c_p(T_4-T_1)=c_p T_1\left(\frac{\Delta}{\pi^{(k-1)/k}}-1\right)$$

因此，理想燃气轮机循环的比功为

$$w_i=q_1-q_2=c_p(T_3-T_2)-c_p(T_4-T_1)= \\ c_p T_1\left[\Delta\left(1-\frac{1}{\pi^{(k-1)/k}}\right)-(\pi^{(k-1)/k}-1)\right] \tag{2.3.8a}$$

或者说理想燃气轮机的比功是绝热膨胀过程的膨胀功 $w_{t,i}$ 与绝热压缩过程的压缩功 $w_{c,i}$ 之差，即

$$w_i=w_{t,i}-w_{c,i}=c_p(T_3-T_4)-c_p(T_2-T_1)= \\ c_p T_1\left[\Delta\left(1-\frac{1}{\pi^{(k-1)/k}}\right)-(\pi^{(k-1)/k}-1)\right] \tag{2.3.8b}$$

可以看出，式（2.3.8a）与式（2.3.8b）完全相同。

理想燃气轮机循环的热效率为

$$\eta_{t,i}=\frac{w_i}{q_1}=1-\frac{q_2}{q_1}=1-\frac{1}{\pi^{(k-1)/k}} \tag{2.3.9}$$

由式（2.3.9）可见，理想燃气轮机的热效率 $\eta_{t,i}$ 只与增压比 π 有关，$\eta_{t,i}$ 随 π 的增大而增加，与燃烧过程加热量 q_1 无关。

然而理想燃气轮机的加热量 q_1 和比功 w_i 不仅与增压比 π 有关还与加热比 Δ 有关。当大气温度和增压比 π 一定时，加热量 q_1 和比功 w_i 随加热比 Δ 的提高而增大。图 2.17 和图 2.18 分别给出了不同加热比下，加热量和比功随增压比的变化关系。

由于材料耐热程度的限制，T_4 和加热比 Δ 不允许超过规定的数值，在加热比 Δ 一定的条件下，由图 2.18 可以看出，随着 π 从 1 开始提高，比功从零开始增大，达极大值 $w_{i,\max}$ 后又下降。使比功达极大值的增压比称为最佳增压比（或称最有利增压比），记为 $\pi_{\mathrm{opt,i}}$。当增压比增加到使膨胀功 $w_{t,i}$ 等于压缩功 $w_{c,i}$ 时，比功下降到零，这时相对应的增压比称为最大增压比，记为 $\pi_{\max,i}$。令式（2.3.8b）等于零，即可得到最大增压比表达式

$$q_{12}=0 \tag{2.3.10}$$

由式(2.3.7)可以看出，循环达最大增压比时，$T_3=T_2$，加热量也为零。

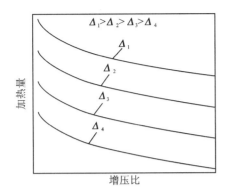

图 2.17 Δ 对 $q_1 \sim \pi$ 关系的影响

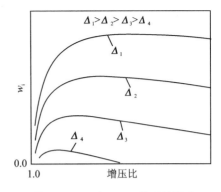

图 2.18 Δ 对 $w_i \sim \pi$ 关系的影响

最佳增压比可以通过对式(2.3.8b)求极值的方法得到，由

$$\frac{\partial w_i}{\partial \pi} = c_p T_1 \frac{k-1}{k}(\Delta \pi_{\mathrm{opt},i}^{(1-2k)/k} - \pi_{\mathrm{opt},i}^{-1/k}) = 0 \tag{2.3.11}$$

化简后便得到

$$\pi_{\mathrm{opt},i} = \Delta^{k/2(k-1)} \tag{2.3.12}$$

由式(2.3.8)可以得到与最佳增压比相对应的比功极大值，即

$$w_{\mathrm{max},i} = c_p T_1 (\sqrt{\Delta}-1)^2 \tag{2.3.13}$$

显然，加热比 Δ 是影响最佳增压比和最大增压比的唯一因素。在理想燃气轮机循环中，$\pi_{\mathrm{opt},i} = \pi_{\mathrm{max},i}^{1/2}$。图 2.20 给出了最佳增压比和比功极大值随加热比的变化关系。

通过理想燃气轮机循环分析，可以得到以下 3 个重要的结论：

① 理想燃气轮机的热效率 $\eta_{t,i}$ 只与增压比 π 有关，$\eta_{t,i}$ 随 π 增大而单调增加，与燃烧过程加热量 q_1 或加热比 Δ 无关（见图 2.19）。

② 在加热比 Δ 一定的条件下，有一个使比功达极大值的增压比，称为最佳增压比（或称最有利增压比），记为 $\pi_{\mathrm{opt},i}$。最佳增压比随加热比的增加而增大。

③ 在增压比相同的条件下，比功随加热比增大而增加（见图 2.18）。

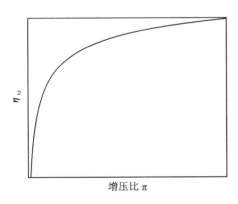

图 2.19 理想燃气轮机的 $\eta_{t,i}$ 随 π 的变化关系

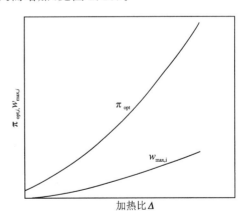

图 2.20 $\pi_{\mathrm{opt},i}$ 和 $w_{\mathrm{max},i}$ 随 Δ 的变化关系

值得注意的是,在循环分析中,状态参数应该用静参数而不能用总参数(滞止参数)表示。这是因为,如果绝热压缩和绝热膨胀过程中用总参数表示,那么在压缩功和膨胀功中就无法计入与工质动能变化相对应的机械功,也就是无法计入进气道和尾喷管中由于动能变化而引起的压缩或膨胀过程。或者说,用总参数无法表示流动气体动能变化而产生的气体微团的压缩或膨胀。

2.3.3 燃气轮机的实际循环分析

在理想燃气轮机循环分析中,认为压缩与膨胀过程都是等熵的,没有考虑流动损失,并且认为整个循环过程中比热不变。在实际燃气轮机中,气体的比热随着气体的成分和温度不断地发生变化,而且各个工作过程都存在着流动损失。因此为了便于工程参考和应用,必须进行考虑损失存在的实际循环分析。

所谓流动损失,是指气流在流动过程中由于存在附面层、紊流流动或激波,流动气流在静压不变的条件下降低了流速或者说降低了气流总压。在绝能流动中,气流总温不变。存在流动损失的绝热流动过程是熵增过程。

在实际循环分析中,用多变过程代替等熵过程来考虑流动损失的影响,即在不同的过程中采用各过程的平均比热进行分析计算。这样的处理只能作为定性的分析,推导所得的公式可以作为对燃气轮机进行定性分析时的参考,实际工作中需要进行方案论证和设计参数选择时,应当采用以后提供的更为准确的热力计算方法。

为便于计算,实际循环分析在理想循环分析的基础上做如下处理:

(1) 在压缩和膨胀两个绝热过程中,由于存在流动损失,过程中熵增加。因此,将等熵绝热过程改为多变过程,用多变指数 n 代替等熵绝热指数 k。压缩过程多变指数 n 大于等熵绝热指数 k,而膨胀过程多变指数 n' 小于等熵绝热指数 k。

在总的压缩过程中,由于存在流动损失,过程中熵增加。因此,将压缩过程由等熵绝热过程改为多变过程,用多变指数 n 代替等熵绝热指数 k。压缩过程多变指数大于等熵绝热指数。

另一种常用的表示压缩过程流动损失的参数是绝热压缩效率 η_c。压缩过程多变指数 n 与绝热压缩效率 η_c 之间的关系如下:

$$\eta_c = \frac{\pi_c^{(k-1)/k} - 1}{\pi_c^{(n-1)/n} - 1} \tag{2.3.14}$$

用多变指数可以较好地反映压缩过程的流动损失情况。在相同的多变指数条件下,随着增压比的提高,绝热压缩效率降低。图 2.21 给出了不同多变指数下,绝热压缩效率随增压比的变化情况。

在总的绝热膨胀过程中,由于存在流动损失,该过程也是熵增过程。因此将总膨胀过程由绝热等熵过程改为多变过程,用多变指数 n' 代替等熵绝热指数 k'。膨胀过程多变指数 n' 小于等熵绝热指数 k'。

还有一种常用的表示膨胀过程流动损失的参数是绝热膨胀效率 η_e。绝热膨胀过程多变指数 n' 与绝热膨胀效率 η_e 之间的关系如下:

$$\eta_e = \frac{1 - \dfrac{1}{\pi_e^{(n'-1)/n'}}}{1 - \dfrac{1}{\pi_e^{(k'-1)/k'}}} \tag{2.3.15}$$

在相同的多变指数条件下,随着膨胀比的提高,绝热膨胀效率增加。图 2.22 给出了不同多变指数下,绝热膨胀效率随膨胀比的变化情况。

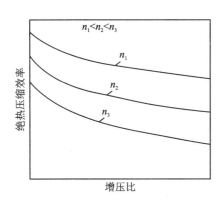

图 2.21 n 对 $\eta_c \sim \pi_c$ 变化关系的影响

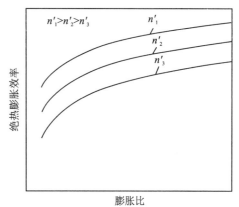

图 2.22 n 对 $\eta_e \sim \pi_e$ 变化关系的影响

(2) 把燃烧室中的压力损失归入总的膨胀过程,而燃烧过程仍看做等压加热过程。

经上述处理后,实际简单燃气轮机循环成为由两个多变过程(1—2,3—4)和两个等压过程(2—3,4—1)组成的循环。

通过对实际燃气轮机循环的分析,可以得到以下 4 个重要结论:

(1) 实际循环的热效率不仅与增压比有关,而且与循环加热比 Δ 有关。

(2) 实际循环的热效率随增压比增加,并不是单调增大,而是有一个极大值,使热效率达极大值的增压比称为最经济增压比。

(3) 在加热比 Δ 一定的条件下,有一个使比功达极大值的增压比,称为最佳增压比(或称最有利增压比),记为 π_{opt}。实际循环的最佳增压比 π_{opt} 小于理想循环的最佳增压比 $\pi_{opt,i}$。各增压比下,实际循环的比功都小于理想循环的比功。

(4) 在实际循环中,随着循环加热比 Δ 的加大,损失所占加热量的比例相对减少,因此,加热比愈大,实际循环的热效率愈高,实际循环的最佳增压比和最经济增压比也愈高。

实际燃气轮机循环的比功和热效率可推导如下:

在总压缩过程(1—2)中,由多变过程方程得到 $T_2 = T_1 \pi^{(n-1)/n}$,加给单位质量工质的功为

$$w_c = c_p(T_2 - T_1) = c_p T_1(\pi^{(n-1)/n} - 1) \tag{2.3.16}$$

在总膨胀过程(3—4)中,由多变过程方程得 $T_4 = T_3 / \pi^{(n'-1)/n'}$,单位质量工质所做的功为

$$w_t = c'_p(T_3 - T_4) = c'_p T_3 \left(1 - \frac{1}{\pi^{(n'-1)/n'}}\right) \tag{2.3.17}$$

式中,c'_p 为膨胀过程中燃气的平均定压比热。

等压加热过程(2—3)中,单位质量工质在燃烧室中吸收的热量为

$$q_1 = c_p''(T_3 - T_2) = c_p'' T_3 (\Delta - \pi^{(n-1)/n}) \tag{2.3.18}$$

由上述各式可得，实际燃气轮机循环的比功为

$$w = w_t - w_c = c_p'(T_3 - T_4) - c_p'(T_2 - T_1) =$$
$$T_1 \left[c_p' \Delta \left(1 - \frac{1}{\pi^{(n'-1)/n'}}\right) - c_p (\pi^{(n-1)/n} - 1) \right] \tag{2.3.19}$$

热效率为

$$\eta_t = \frac{w}{q_1} = \frac{\left[c_p' \Delta \left(1 - \frac{1}{\pi^{(n'-1)/n'}}\right) - c_p (\pi^{(n-1)/n} - 1) \right]}{c_p''(\Delta - \pi^{(n-1)/n})} \tag{2.3.20}$$

图 2.23 给出了加热比 $\Delta = 5$ 时，实际燃气轮机加热量、比功和热效率随增压比的变化关系。由图可见，在 Δ 和 π 相同的条件下，流动损失使实际循环的加热量 q_1、比功 w 和热效率 η_t 均小于理想燃气轮机循环。加热量减小是因为压缩过程中流动损失产生的摩擦热使 T_3 升高。而在增压比较低的范围内，实际循环加热量较大是由于实际比热 c_p' 较大。

由图 2.23 还可以看出，在 Δ 不变的条件下，加热量 q_1 和比功 w 随 π 的变化规律与理想燃气轮机循环相似，但是最佳增压比和最大增压比都小于理想燃气轮机循环。

实际燃气轮机循环的最佳增压比可由式(2.3.19)求得，由

$$\frac{\partial w}{\partial \pi} = T \left(c_p' \Delta \frac{n'-1}{n'} \pi_{opt}^{(1-2n')/n'} - c_p \frac{n-1}{n} \pi_{opt}^{-1/n} \right) = 0$$

整理便得实际燃气轮机循环的最佳增压比

$$\pi_{opt} = \left(\frac{c_p'}{c_p} \frac{n'-1}{n'} \frac{n}{n-1} \Delta \right)^{\frac{1}{2-\frac{1}{n'}-\frac{1}{n}}} \tag{2.3.21}$$

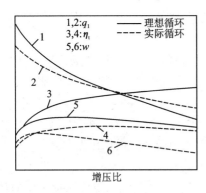

图 2.23 q_1、w 和 η_t 随增压比的变化关系

由式(2.3.21)可见，最佳增压比不仅与加热比 Δ 有关，还与反映流动损失的多变指数 n 和 n' 有关。将式(2.3.21)与式(2.3.12)比较，可以看到，由于 $n > k$，$n' < k$，因此 $\pi_{opt} < \pi_{opt,i}$。流动损失使最佳增压比和最大增压比降低。图 2.23 中 η_t 随 π 的变化规律明显与理想燃气轮机不同。理想燃气轮机循环的热效率 $\eta_{t,i}$ 随 π 升高而单调上升，实际燃气轮机循环的热效率随 π 变化中有一极大值 $\eta_{t,max}$。这也是流动损失影响所致。由式(2.3.20)可见，热效率 η_t 不仅与 π 有关，还与 n 和 n' 有关。$\pi = 1$ 时，$\eta_t = 0$，随着 π 的提高，由于 $\Delta > 1$ 而 $n > n'$，这两个因素共同影响，使 η_t 先上升，达极大值后又下降，直到 $\pi = \pi_{max}$。

图 2.24 和图 2.25 分别给出了不同加热比 Δ 下，比功和热效率随增压比的变化关系。图 2.26 给出了 π_{eco} 和 π_{opt} 随加热比的变化。可以看出，当加热比 Δ 相同时，$\pi_{eco} > \pi_{opt}$，而且随着加热比 Δ 的提高 π_{eco} 迅速提高，其增长率 $\partial \pi_{eco}/\partial \Delta$ 大于 π_{opt} 的增长率 $\partial \pi_{opt}/\partial \Delta$。

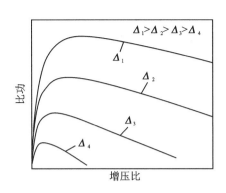

图 2.24 Δ 对 $w\sim\pi_c$ 的变化关系的影响

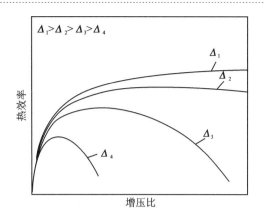

图 2.25 Δ 对 $\eta_c\sim\pi_c$ 的变化关系影响

由式(2.3.8b)和式(2.3.19)可见,理想和实际燃气轮机循环中比功都与加热比有关,在给定增压比的条件下提高加热比,二者的绝热压缩功都保持不变,而膨胀功都随加热比的提高而单调增加。因此,两种循环的比功均随加热比的提高而增加。然而由于实际燃气轮机循环中有流动损失,使膨胀过程多变指数 n' 小于理想绝热指数 k,因此实际循环比功随加热比的增长速率 $\partial w/\partial \Delta$ 小于理想循环的 $\partial w_i/\partial \Delta$。反之,当加热比减小到一定程度后,加热量转化的机械功只够用于带动压气机和克服流动损失,循环的输出比功下降为零。这时实际循环的加热比即为给定增压比下的最小加热比 $\Delta_{\min}$,其值由式(2.3.19)得到,即

$$\Delta_{\min} = \frac{c_p(\pi^{(k-1)/k} - 1)}{c'_p\left(1 - \dfrac{1}{\pi^{(k'-1)/k'}}\right)}$$

增压比越高,所对应的最小加热比也越高,图 2.27 给出了最小加热比 $\Delta_{\min}$ 随增压比 π 的变化关系。由图 2.25 可以看出,在给定增压比的条件下,加热比越大,热效率越高,但是由于材料耐热性的限制,加热比不能无限提高。另外,当加热比减小到最小加热比 $\Delta_{\min}$ 时,热效率降为零,因此加热比又不能低于最小加热比 $\Delta_{\min}$。

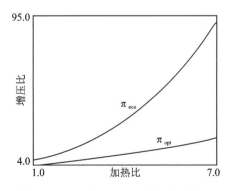

图 2.26 Δ 对 $\pi_{opt}\sim\pi_{eco}$ 变化关系影响

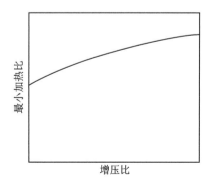

图 2.27 $\Delta_{\min}$ 随 π 的变化关系

实际燃气轮机循环的比功 w 和热效率 η_t 不仅与增压比 π 和加热比 Δ 有关,而且还与压缩过程和膨胀过程的效率或多变指数有密切的关系。表 2.1 给出了某台实际燃气轮机在 $\Delta=5$, $\pi=10$, $\eta_c=0.85$, $\eta_e=0.90$ 的条件下工作时,当上述给定参数分别增加 1% 时,比功 w 和热

效率 η_t 的变化率。由表 2.1 可以看出,提高绝热过程效率特别是膨胀过程的效率,对增加比功和热效率是十分明显的。

表 2.1 给定参数分别增加 1% 时,性能参数变化百分比

给定参数	性能参数	
	$w/\%$	$\eta_t/\%$
η_c 增加 1%(相当于 n 减小 0.331%)	0.94	0.94
η_e 增加 1%(相当于 n' 减小 0.359%)	1.95	1.95
Δ 增加 1%	1.95	0.69
π_c 增加 1%(同时使 n 减小 0.007 2%)	-0.16	-0.16

综上所述,实际燃气轮机循环中,由于加热比 Δ 越大,循环的比功和热效率就越高,所以设计燃气轮机时,应在材料耐热性许可的情况下,尽量提高加热比。在加热比选定的条件下,增压比等于最佳增压比时比功最大,而增压比等于最经济增压比时热效率最高。为了降低燃气轮机的耗油率,同时又能使其输出较大的功率,在设计燃气轮机时,设计增压比一般要大于最佳增压比而低于最经济增压比。在 20 世纪 60 年代,各国投产的燃气轮机设计增压比一般在 6~18 范围内,加热比在 4 左右。目前,由于材料耐热程度的提高和冷却方法的改善,涡轮前燃气温度设计值不断提高,加热比设计值已达 5.5 以上,增压比的设计值已达 30 以上。

2.3.4 压气机最佳增压比和最经济增压比

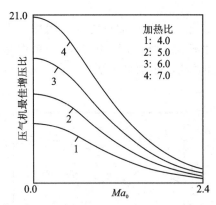

图 2.28 压气机最佳增压比 $\pi_{opt,i}$ 随飞行 Ma_0 和加热比 Δ 的变化关系

理想燃气轮机和实际燃气轮机循环所指的压缩过程包括了气流在进气道中的减速增压和气流在压气机中的加功增压两个部分,即

$$\pi = \pi_i \cdot \pi_c$$

式中,π 为总增压比,π_i 为气流通过进气道的增压比,π_c 为气流通过压气机的增压比。

前面所得到的最佳增压比和最经济增压比是指气流通过进气道和压气机时的总增压比。气流通过进气道的增压比随着飞行 Ma_0 的增加而加大,因此,飞行 Ma_0 愈大,最佳和最经济压气机增压比愈低(见图 2.28)。

2.3.5 双轴式结构的燃气发生器

燃气发生器采用双轴式结构主要是为了使压气机在非设计工况下能正常工作并提高工作效率,同时避免发生压气机喘振。图 2.29 为双轴式燃气发生器示意图。归纳起来,与单轴燃气发生器相比,双轴燃气发生器具有如下优点:

① 双轴燃气发生器可以使压气机在更广阔的转速范围内稳定工作,是防止压气机喘振的有效措施之一。

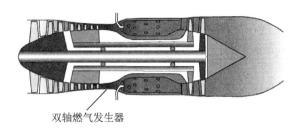

图 2.29　双轴式燃气发生器

② 双轴燃气发生器在低转速下具有较高的压气机效率,因而可使燃气发生器在较低的涡轮前温度下工作。由于涡轮前温度较低而且压气机不易产生喘振,在加速时可以喷入更多的燃油,使双轴燃气轮机具有良好的加速性能。

③ 由于双轴燃气发生器在非设计工况下具有较高的压气机效率,因此双轴燃气发生器在非设计工况下的耗油率比单轴燃气发生器低。

④ 双轴燃气发生器起动时,起动机只需带动一个转子,与同样参数的单轴燃气发生器相比,双轴燃气发生器可以采用较小功率的起动机。

有的双轴燃气发生器同时采用可调导流叶片或压气机中间级放气的结构,也有的燃气发生器采用三轴式结构,其工作原理与双轴燃气发生器相同。

2.3.6　核心机

人们习惯将燃气轮机的高压转子部分称为核心机,核心机可以作为燃气发生器。图 2.30 所示为核心机的示意图。但是在双轴燃气轮机中的核心机(高压转子)并不是它的燃气发生器,双轴燃气轮机的燃气发生器部分还应该包括低压转子中的低压压气机和带动低压压气机的那一部分低压涡轮。因此,核心机与燃气发生器是两个不同的概念。

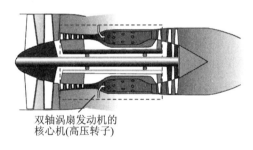

图 2.30　核心机

2.3.7　发展高性能的核心机和燃气发生器的重要意义

原则上讲,如果能发展一台采用高循环参数、高新技术装备的高性能核心机,则可发展一系列的发动机,包括涡轮喷气发动机、涡轮风扇发动机、涡轮螺旋桨发动机、涡轮轴发动机以及地面及舰船用的动力。另外,按相似理论放大、缩小,可以将核心机尺寸加大或缩小,以改变发动机的推力或功率大小。因此,一些著名的航空发动机公司在 20 世纪 60 年代中期均开展了高性能核心机和燃气发生器的研制工作,并取得了良好的效果。我国也正在努力发展高性能核心机和燃气发生器。

习 题

(1) 发动机的热效率表示作为一个热机将热能转变为机械能的程度,发动机的主要损失有哪些?

(2) 为什么进行循环分析时必须使用静参数?

(3) 关于理想涡轮喷气发动机循环的最佳增压比,以下哪项是正确的说法?

A. 由于压比越高热效率越高,因此不存在最佳增压比

B. 在最佳增压比处,热效率最高

C. 在一定的加热比条件下,加热量 q_1 达到极大值

D. 最佳增压比是加热比的函数

(4) 为什么其他条件不变时,实际发动机的最经济增压比大于最佳增压比?

(5) 选择涡轮喷气发动机设计参数时,为了尽可能提高单位推力,应该采取哪些措施?

(6) 选择涡轮喷气发动机设计参数时,如何尽可能地降低耗油率?

思考题

(1) 燃气轮机的哪些部分称为燃气发生器?

(2) 为什么要对燃气轮机进行循环分析?

(3) 燃气轮机进行理想循环分析时,需要做哪些假设?

(4) 理想燃气轮机循环由哪几个过程组成?请画出其 p-V 图和 T-S 图。

(5) 作为热机,评定其性能的指标有哪些?

(6) 在进气道和压气机中,气流是如何增压的?两者增压过程有何不同?

(7) 何为循环加热比?循环加热比的大小对循环性能有何影响?

(8) 何为循环增压比?循环增压比在航空燃气轮机的哪些部件中完成?其大小对循环性能有何影响?

(9) 何为理想燃气轮机循环的最佳增压比和最大增压比?二者相互间在数值上有何联系?二者的数值与加热比有何联系?

(10) 在循环分析中,为什么状态参数必须使用静参数?

(11) 在理想循环基础上,做哪些处理后才能进行实际循环分析?

(12) 在实际循环的绝热压缩和绝热膨胀过程中,如何反映过程中的流动损失?

(13) 在实际循环的绝热过程中,为什么用多变指数而不用绝热过程效率 η 反映流动损失?多变指数与绝热效率有什么关系?

(14) 在加热比相同的条件下,实际循环的最佳增压比与理想循环的最佳增压比有何差别?谁的数值较大?

(15) 为什么只有在实际循环中才有最经济增压比?在相同的加热比条件下,最经济增压比与最佳增压比相比,谁的数值较大?

(16) 试述最小加热比的物理意义,最小加热比在理想循环的情况如何?

(17) 从循环分析的角度看,要设计一台高性能的燃气轮机,应如何选择设计参数?

(18) 燃气轮机的核心机与燃气轮机的燃气发生器在概念上有何区别?

2.4 涡轮喷气发动机的推力计算

2.4.1 概述

涡轮喷气发动机的推力是发动机内外气体在各个部件表面上作用力的合力。气体在各个部件上作用力的轴向分力并不都是与推力方向相同的。例如,涡轮与尾喷管受到的是向后的轴向力(推力),而压气机部件受到的是向前的轴向力(它比推力大得多)。图 2.31 所示为某涡轮喷气发动机各部件所受轴向力的情况。

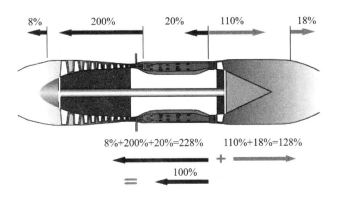

图 2.31 某涡轮喷气发动机各部件所受轴向力的情况

事实上,用计算各部件轴向力合力的方法来计算发动机的推力是十分困难的。这是因为发动机各个部件的形状十分复杂,无法确切地知道部件表面上各处的气体压力和黏力。因此,计算发动机推力时,把发动机看成一个整体,通过计算发动机进口和出口气流动量的变化来确定发动机的推力,如图 2.32 所示。

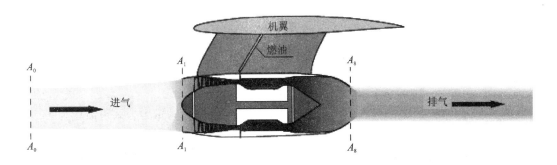

图 2.32 处于机翼下短舱内的发动机示意图

2.4.2 发动机推力公式的推导

运用动量方程推导发动机推力公式时,须做如下假设:
(1) 流量系数 ϕ_0 等于 1,即 $\phi_0 = A_0/A_1 = 1$,其中 A_0 为发动机远前方气流截面积,A_1 为进气道进口截面积。

(2) 发动机外表面受均匀压力，且等于外界大气压力 p_0。

(3) 气体流经发动机外表面时，没有摩擦阻力。

根据以上假设条件可画出计算发动机推力用的简图，如图 2.33 所示。

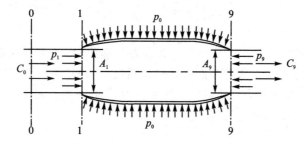

图 2.33　计算发动机推力用的简图

用 F_{in} 表示发动机内表面对气流的作用力，根据动量定理，周界上作用于气体的力应等于每秒流出和流进发动机气体的动量差，即

$$F_{in} + p_1 A_1 - p_9 A_9 = q_{mg} c_9 - q_{ma} c_1 \tag{2.4.1}$$

根据假设(1)，$\phi_0 = A_0/A_1 = 1$，可得

$$p_1 A_1 + q_{ma} c_1 = p_0 A_0 + q_{ma} c_0$$

于是式(2.4.1)可改写为

$$F_{in} + p_0 A_0 - p_9 A_9 = q_{mg} c_9 - q_{ma} c_0$$

或

$$F_{in} = q_{mg} c_9 - q_{ma} c_0 + p_9 A_9 - p_0 A_0 \tag{2.4.2}$$

作用在发动机外表面的力用 F_{out} 表示，可得

$$F_{out} = (A_0 - A_9) p_0 \tag{2.4.3}$$

根据发动机推力的定义，发动机推力是作用在发动机内外表面所有力的合力，因此得

$$F = F_{in} + F_{out}$$

$$F = q_{mg} c_9 - q_{ma} c_0 + A_9 (p_9 - p_0) \tag{2.4.4}$$

由于

$$\frac{q_{mg}}{q_{ma}} = \frac{q_{ma} + q_{mf}}{q_{ma}} = 1 + f$$

于是式(2.4.4)又可写为

$$F = q_{ma}(1+f) c_9 - q_{ma} c_0 + A_9 (p_9 - p_0) \tag{2.4.5}$$

f 的取值范围为 0.015~0.020，在近似计算中可以忽略不计，这样，推力公式可简化为

$$F = q_{ma}(c_9 - c_0) + A_9 (p_9 - p_0) \tag{2.4.6}$$

当燃气在尾喷管内完全膨胀时，$p_9 = p_0$，推力公式可进一步简化为下列简单形式：

$$F = q_{ma}(c_9 - c_0) \tag{2.4.7}$$

式中，$c_9 - c_0$ 为每千克空气通过发动机时所产生的推力，称为单位推力，用 F_s 表示，即

$$F_s = c_9 - c_0$$

以上几个公式是计算涡轮喷气发动机推力的基本公式。

2.4.3　用气动函数表示的推力公式的推导

为了计算简便，推力公式(2.4.5)可以用气动函数来表示。

在气体动力学中,介绍过冲量函数,即
$$f(\lambda) = \frac{p + \rho c^2}{p^*}$$
或
$$q_{ma}c + Ap = p^* A f(\lambda)$$
将上式代入推力公式(2.4.5),可得
$$F = p_9^* A_9 f(\lambda_9) - p_0 A_9 - q_{ma} c_0 = A_9[p_9^* f(\lambda_9) - p_0] - q_{ma} c_0 \qquad (2.4.8)$$
当发动机在地面工作时,$c_0 = 0$,推力公式可简化为
$$F = A_9[p_9^* f(\lambda_9) - p_0] \qquad (2.4.9)$$
在地面静止的条件下用上式计算发动机的推力是十分方便的,此时不必再去测量通过发动机的空气流量和尾喷管出口处的静压。在大多数情况下,尾喷管出口处于临界状态,$\lambda = 1$,$f(1) = 1.2591$。因此,常用式(2.4.9)进行计算。

2.4.4 有效推力 F_{ef}

在推导上述推力公式时,曾经做了3点假设,但是发动机在实际工作时,这些假设有时与实际情况不符,因而使得按上述公式计算的推力与实际推力有别。为了纠正这些误差,针对3个假设条件,考虑相应的3种阻力,从上述推力公式的计算结果 F_{cal} 中扣除这3种阻力便得到发动机的实际推力,称为发动机的有效推力,以 F_{ef} 表示。这3种阻力是附加阻力 D_a、波阻 D_s、外表摩擦阻力 D_f,即

有效推力 F_{ef} = 计算推力 F_{cal} − 附加阻力 D_a − 波阻 D_s − 外表摩擦阻力 D_f

下面分别说明这三种阻力。

1. 附加阻力 D_a

推导推力公式时,曾经假设流量系数等于1。$\phi_0 = A_0/A_1 = 1$。实际上,在飞行过程中,流量系数 ϕ_0 往往不等于1,ϕ_0 可能大于1,也可能小于1。在亚声速飞行时,ϕ_0 的大小决定于飞行速度 c_0 和进气道进口处(1截面处)气流速度 c_1 的大小,而进气道进口处气流速度 c_1 是由发动机的工作状态决定的。当飞行速度 c_0 低于进气道进口处气流速度 c_1 时,ϕ_0 大于1;当飞行速度 c_0 大于进气道进口处气流速度 c_1 时,ϕ_0 小于1;只有当飞行速度 c_0 恰恰等于进气道进口处气流速度 c_1 时,才能使 ϕ_0 等于1。在超声速飞行时,ϕ_0 的大小则取决于进气道前激波的情况。当流量系数 $\phi \neq 1$ 时,应该从截面1开始来计算发动机的推力。若仍从截面0开始计算发动机的推力,会误将发动机前方的气流流管壁当成进气道的一部分而计算其受到向前的力(无论是 $\phi < 1$ 或是 $\phi > 1$),这部分多算进去的推力应作为附加阻力从推力计算值中扣去。附加阻力的计算如下:
$$D_a = A_1(p_1 - p_0) - q_{ma}(c_0 - c_1) \qquad (2.4.10)$$
当流量系数 $\phi < 1$ 时,如图2.34所示,应该从截面1开始计算发动机的推力。若按截面0计算,推力公式应为
$$F = q_{mg} c_9 - q_{ma} c_0 + A_9(p_9 - p_0)$$
若按截面1计算,则推力公式应为
$$F' = q_{mg} c_9 - q_{ma} c_1 + A_9(p_9 - p_0) - A_1(p_1 - p_0)$$
因此附加阻力应为

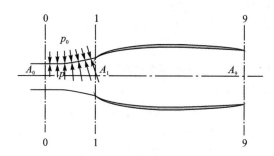

图 2.34 当流量系数 $\phi<1$ 时，发动机进气道前方气流流动情况

$$D_a = F - F' = A_1(p_1 - p_0) - q_{ma}(c_0 - c_1)$$

为什么按截面 0 计算发动机的推力会造成错误呢？这是因为在截面 0 与截面 1 之间气流的流管是扩张形的，亚声速气流沿着扩张形流管流动，压力增加。在实际流场里，流管壁内外压力相等，对发动机也不起作用。但是做了"发动机外表面受均匀压力，且等于外界大气压力"的假设，并从截面 0 开始计算推力，这就似乎在截面 0 与截面 1 之间用一个薄铁皮进气道来代替流管管壁，其外壁为均匀大气压，而内壁压力则逐渐增加，似乎有一个轴向力作用在这铁皮进气道上，这就是按截面 0 计算发动机推力时多算进去的那一部分，也就是附加阻力。用这个观点对发动机进口前的气流进行分析也可以得到附加阻力公式

$$D_a = \int_{A_0}^{A_1}(p - p_0)\mathrm{d}A = \int_{A_0}^{A_1} p\,\mathrm{d}A - p_0(A_1 - A_0) \tag{2.4.11}$$

对扩张形流管内的气流应用动量方程

$$\int_{A_0}^{A_1} p\,\mathrm{d}A + p_0 A_0 + q_{ma} c_0 = p_1 A_1 + q_{ma} c_1$$

或

$$\int_{A_0}^{A_1} p\,\mathrm{d}A = p_1 A_1 - p_0 A_0 + q_{ma}(c_0 - c_1)$$

将上式代入式(2.4.11)，并整理之，得附加阻力公式

$$D_a = A_1(p_1 - p_0) - q_{ma}(c_0 - c_1)$$

即式(2.4.10)。

当流量系数 $\phi>1$ 时，如图 2.35 所示，发动机前方具有收敛形流管，这时可以用同样的方法推导得到与式(2.4.10)完全相同的附加阻力公式。

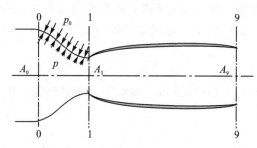

图 2.35 当流量系数 $\phi>1$ 时，发动机进气道前方气流流动情况

以上分析说明，附加阻力是由于做了"发动机外表面受均匀压力，且等于外界大气压力"的

假设,并从截面 0 开始计算推力而产生的计算错误,实际上并不存在这种阻力。

2. 波阻 D_s

推导推力公式时,曾经假设发动机外壁受均匀大气压力 p_0,在亚声速飞行时与实际情况差别不大。然而在超声速飞行时,由于发动机短舱外存在激波,使发动机外表面压力大于周围大气压力 p_0。发动机外表面上压力 p 和周围大气压力 p_0 之差 $(p-p_0)$ 在发动机轴向投影的总和叫做发动机的波阻,以 D_s 表示,即

$$D_s = \int_{A_1}^{A_0}(p-p_0)\mathrm{d}A$$

波阻的大小与飞机的飞行速度、发动机短舱的外形、发动机在飞机上的安装情况以及与尾喷管喷出的高速燃气流的干扰有很大的关系,一般需要用实验的方法来确定。

3. 外表摩擦阻力

发动机短舱外表摩擦阻力的大小与短舱的外形以及飞行 Ma 和 Re 有关,也须用实验的方法来确定。

在后面的章节里,并不使用发动机的有效推力,仍然采用在 3 个假设条件下计算的推力公式是因为附加阻力、波阻和外表摩擦阻力三者的大小与发动机短舱的形状、发动机在飞机上的安装位置以及飞机的飞行条件等有密切的关系。因此,在不联系到某架具体的飞机而单独讨论发动机推力时,不考虑这些阻力。

习 题

(1) 某涡轮喷气发动机在地面试车台工作,已知 $A_9=1\ 520\ \mathrm{cm}^2$,$p_0=101\ 322\ \mathrm{Pa}$,$p_9=135\ 822\ \mathrm{Pa}$,$c_9=538\ \mathrm{m/s}$,$q_{mg}=50.7\ \mathrm{kg/s}$,求发动机的推力。

(2) 某装有收敛形尾喷管的涡轮喷气发动机,其尾喷管出口面积 $A_9=1\ 520\ \mathrm{cm}^2$,在地面试车台工作时,测出周围大气压力 $p_0=101\ 322\ \mathrm{Pa}$,尾喷管出口总压 $p_9^*=250\ 418\ \mathrm{Pa}$,求发动机的推力。

(3) 某单轴涡轮喷气发动机,测得其尾喷管出口直径为 0.558 m。发动机在地面标准大气条件下工作时,测得其尾喷管出口总压为 200 397 Pa,总温为 899 K。求发动机的推力。

(4) 与习题(3)条件相同,用气动函数法计算发动机的推力。

思考题

(1) 涡轮喷气发动机中,哪些部件受向前的轴向力,哪些部件受向后的轴向力?气流在尾喷管中加速流动,为什么尾喷管所受的气动力却是向后的?

(2) 使用推力公式 $F=q_{ma}(c_9-c_0)$ 时,做了哪些假设?

(3) 用气动函数 $f(\lambda)$ 计算发动机的推力有何方便之处?

(4) 有效推力是否是发动机在工作时的实际推力?为什么在计算和评定发动机性能时不使用有效推力?

(5) 什么叫附加阻力?

(6) 从推力公式 $F=q_{ma}(c_9-c_0)+A_9(p_9-p_0)$ 可以看出( )。

A. 上式正确地反映了作用在发动机内外表面作用力的合力

B. 上式中忽略了燃油流量

C. 上式中已经考虑了发动机的附加阻力
D. 上式中假定燃气在尾喷管中完全膨胀

(7) 附加阻力是(　　)。

A. 由于假设发动机外壁受均匀大气压 p 而产生的计算误差
B. 由于发动机短舱外表粗糙而产生的一种阻力
C. 由于假设流量系数 $\phi_0=1$ 而产生的计算误差
D. 实际上存在的一种阻力，可以用正确的计算方法加以修正

2.5 航空燃气轮机的推进器部分
——尾喷管、螺桨、风扇和喷管

2.5.1 概　述

航空燃气轮机的推进器部分由尾喷管、螺桨、风扇和喷管等构成。作为推进器，要求把燃气发生器所产生的可用功 w 转换成尽可能大的推进功，或者说获得尽可能大的推力。

与燃气发生器相同，可在功相等的条件下，将可用功分配给更大量的气体，并得到更大的推力。

通过燃气发生器，每千克空气产生的可用功（比功 w）的表达方法是以该气体在尾喷管中等熵膨胀至外界大气压后的动能增量表示，即

$$w = \frac{c_9^2 - c_0^2}{2}$$

根据物理学原理，如果每千克空气的可用功不仅使其本身的动能增加，而且能将能量传递给更多的空气使空气的动能也增加，尽管气流喷射的速度较低，但其具有较大的喷射质量。可以证明，在可用功相同的条件下，流量较大的喷射流可以获得较大的推力。证明如下：

$$q_{ma} \frac{c_9^2 - c_0^2}{2} = q_{ma,g} \frac{c_{9,g}^2 - c_0^2}{2} \tag{2.5.1}$$

式中，q_{ma} 为较小的气体流量，$q_{ma,g}$ 为较大的气体流量，c_0 为飞行速度，c_9 为较小流量的气体喷射速度，$c_{9,g}$ 为较大流量的气体喷射速度。

现在比较流量较大的喷射流与流量较小的喷射流产生的推力。流量小的喷射流其推力为

$$F_s = q_{ma}(c_9 - c_0) \tag{2.5.2}$$

流量大的喷射流其推力为

$$F_{s,g} = q_{ma,g}(c_{9,g} - c_0) \tag{2.5.3}$$

将式(2.5.2)和式(2.5.3)代入式(2.5.1)，可得

$$\frac{F_{s,g}}{F_s} = \frac{c_9 + c_0}{c_{9,g} + c_0}$$

由于 $c_{9,g} < c_9$，因此

$$\frac{F_{s,g}}{F_s} = \frac{c_9 + c_0}{c_{9,g} + c_0} > 1 \tag{2.5.4}$$

由此证明，推进器为了使发动机获得更大的推力，可将可用功分配给流量大的喷射流。在

运输机和旅客机上采用涡轮螺桨发动机或大涵道比的涡轮风扇发动机就是根据这个原理。图 2.36 所示为 3 种发动机空气流量和推力的比较。

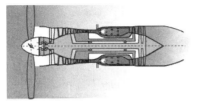
(a) 螺桨发动机

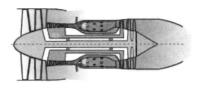
(b) 涡扇发动机

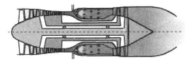
(c) 涡喷发动机

空气流量：(a)>(b)>(c)，推力：(a)>(b)>(c)

图 2.36　3 种发动机的空气流量和推力的比较

2.5.2　发动机的推进效率

发动机推进效率是衡量将可用功转变为飞机前进的推进功的程度。飞机前进的推进功等于发动机推力与飞机前进距离的乘积，每千克空气通过发动机时每秒钟所做的推进功用 w_p 表示，即

$$w_p = F_s \cdot c_0$$

发动机的可用功除了一部分转变为发动机的推进功外，其余部分则作为排出气体的动能（相对于地面坐标系）散失在周围大气中，可用下式表示：

$$w = w_p + E_k, \qquad E_k = \frac{(c_9 - c_0)^2}{2}$$

式中，E_k 为 1 kg 气体相对于地面坐标系的动能。图 2.37 所示为航空发动机的推进功和动能损失示意。

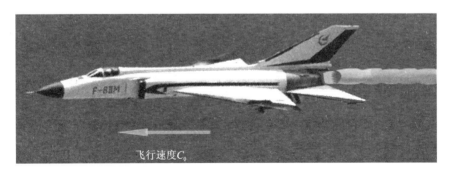

图 2.37　推进功和动能损失

当气体在尾喷管内完全膨胀并忽略燃料质量时，可用功的转变可写成下列恒等式：

$$\frac{c_9^2 - c_0^2}{2} = F_s c_0 + \frac{(c_9 - c_0)^2}{2} = (c_9 - c_0)c_0 + \frac{(c_9 - c_0)^2}{2}$$

发动机推进效率可用下式表示：

$$\eta_p = \frac{w_p}{w} = \frac{(c_9-c_0)c_0}{\dfrac{c_9^2-c_0^2}{2}} = \frac{2}{1+\dfrac{c_9}{c_0}}$$

发动机的推进效率随飞行速度 c_0 变化，并可在很大范围内变动，当 $c_0/c_9=0.4\sim0.6$ 时，发动机的推进效率通常不超过 $55\%\sim75\%$。

从加大发动机单位推力的观点看，希望 (c_9-c_0) 愈大愈好；但是从减小动能损失以增加发动机推进效率的观点看，希望 (c_9-c_0) 愈小愈好，但不可能没有动能损失，若没有动能损失，必须使 $c_9=c_0$，那就不可能产生推力。

既要增大发动机的推力，又要保持较高的推进效率，最佳的方案是用加大喷射气流质量，降低喷射气流速度。这种方法既增大了推力，又提高了推进效率。这就是采用涡轮螺桨发动机或大涵道比的涡轮风扇发动机的根本原因。

当发动机在地面处于静止状态工作时，$c_0=0$，这时发动机的可用功都作为排气动能损失掉了，发动机的推进功为零，推进效率亦等于零。

2.5.3 螺旋桨的发展

涡轮螺桨发动机可以将可用功通过螺旋桨传递给大量的气体，因而在地面起飞和低速飞行时涡轮螺桨发动机具有较高的推进效率。但是，20 世纪 60 年代初它逐渐被涡轮风扇发动机代替，这是因为螺旋桨不适宜在高亚声速条件下飞行使用。20 世纪 70 年代世界能源危机中，一些国家开展了称为桨扇的新型螺桨的研究，它由两个旋转方向相反的螺桨一起工作，桨叶较多，叶片较宽，弯曲而后掠呈马刀形，可适应于高亚声速飞行。桨扇的直径比涡扇发动机的风扇直径大，因而可以有更高的推进效率，耗油率比涡轮风扇发动机更低。后来由于颤振与噪声问题未获解决，而能源危机有所缓解，桨扇的研制工作暂停了。仅俄罗斯于 1994 年研制的 D-27 桨扇发动机试飞成功。图 2.38 所示为装有 D-27 桨扇发动机的 AN-70 飞机。

图 2.38 装有 D-27 桨扇发动机的 AN-70 飞机

习 题

(1) 当某涡轮喷气发动机飞行速度为 900 km/h 时，尾喷管中燃气完全膨胀，尾喷管出口燃气喷射速度为 600 m/s。在忽略燃油流量的条件下，试求通过该发动机的每千克空气的可用功、推进功、排气动能损失以及发动机的推进效率。

(2) 将习题(1)中的涡轮喷气发动机改为涵道比为 1 的涡轮风扇发动机，其飞行速度和燃气发生器的可用功相同,忽略能量传递过程中的各种损失,可用功均匀分配给内外涵气流,试求出通过该发动机的推进功和排气动能损失以及发动机的推进效率。

思考题

(1) 为什么将涡轮喷气发动机改为涡轮螺桨发动机或涡轮风扇发动机能提高发动机的推进效率?

(2) 提高发动机的推进效率有什么好处?

(3) 若发动机尾喷管的气流喷射速度为飞行速度的两倍,问当时发动机的推进效率有多大?

(4) 为了提高发动机的推进效率,应该(　　)。

A. 在一定的排气喷射速度下降低飞机的飞行速度

B. 相应地提高发动机的热效率

C. 飞机的飞行速度和排气的喷射速度二者应同时提高

D. 将发动机更换为大涵道比的涡轮风扇发动机或涡轮螺桨发动机

2.6　航空燃气轮机的性能指标

航空燃气轮机作为热机和推进器的综合体,评述其性能的指标主要有:推力、单位推力、耗油率和总效率、推重比、单位迎面推力。

2.6.1　推力 F(或功率 P)

发动机推力的大小直接决定了飞机的主要性能。推力的单位是 N 或 daN(拾牛)。现有航空燃气轮机的推力从数百至一万多 daN。但是,仅仅知道发动机推力的大小,还不能说明发动机性能的优劣,因为它并没有表明发动机的尺寸有多大,质量是多少,也不知道消耗了多少燃油才能产生这样大的推力。因此必须引入以下单位性能参数,才便于比较。

2.6.2　单位推力 F_s

发动机推力与通过发动机的空气质量流量之比称为发动机的单位推力(specific thrust),其单位为 daN·s/kg。单位推力是航空燃气轮机最重要的性能参数之一。因为较大的单位推力可以用较小的空气流量获得同样的推力。这意味着可以有较小的发动机尺寸和发动机质量。目前,涡轮喷气发动机在地面最大状态工作时的单位推力为 60～75 daN·s/kg。

2.6.3　单位燃油消耗率 sfc 和总效率

耗油率 sfc(specific fuel consumption)的定义是每小时产生 1 N(或 1 daN)推力所消耗的燃油量,其单位为 kg/(h·N)(或 kg/(h·daN))。它是发动机在一定飞行速度下的经济性指标。

$$\text{sfc} = \frac{3\,600 q_{mf}}{F} \quad (2.6.1)$$

式中,q_{mf} 为发动机的燃油流量,单位是 kg/s。

耗油率是决定飞机的航程和续航时间的重要参数。涡轮喷气发动机在地面静止时的耗油率为 0.8~1.0 kg/(h·daN)，涡轮风扇发动机已降到 0.5~0.6 kg/(h·daN)，甚至更低。

如果以油气比代替燃油流量，那么式(2.6.1)可写为

$$\mathrm{sfc} = \frac{3\,600 f}{F_s}$$

航空燃气轮机作为热机和推进器的组合体，可以用总效率(total efficiency)η_0来衡量它的经济性。总效率η_0表示加入发动机的燃料完全燃烧所放出的热量有多少转变为发动机的推进功。发动机总效率应等于发动机热效率和发动机推进效率的乘积。因此，总效率η_0可以用下式表示：

$$\eta_0 = \eta_t \cdot \eta_p = \frac{F_s c_0}{q_0} = \frac{(c_9 - c_0)c_0}{q_0}$$

涡轮喷气发动机在飞行时的总效率通常在 20%~30%。

根据单位燃油消耗率 sfc 和发动机总效率的公式得

$$\mathrm{sfc} = \frac{3\,600 f}{F_s} = \frac{3\,600 q_0}{H_u F_s}, \qquad \eta_0 = \frac{F_s c_0}{q_0}$$

从两式中消去 F_s，即可得到耗率 sfc 和发动机总效率的关系，即

$$\eta_0 = \frac{3\,600 c_0}{H_u \mathrm{sfc}} = \frac{3\,600 a_0}{H_u} \cdot \frac{Ma_0}{\mathrm{sfc}}$$

从上式可以看出，航空燃气轮机的总效率不仅与耗油率 sfc 有关，而且与飞机的飞行速度直接相关。在地面静止状态下，发动机的总效率等于零。由于经常需要在地面静止状态下评定发动机的经济性，因此，往往把耗油率作为评定发动机经济性的指标。

2.6.4 推重比

发动机的推力和发动机重量之比称为发动机的推重比(thrust weight ratio)。它直接影响飞机的质量和有效载荷，因此它对于飞机的最大平飞速度、升限、爬升速度等机动性能都有直接的影响。由于军用歼击机的机动性能极为重要，因此，要求有尽可能高的推重比。对于垂直起落飞机用的发动机，推重比这一指标更为重要。目前，涡轮喷气发动机在地面时的推重比为 3.5~4.0，加力涡轮喷气发动机的推重比为 5.0~6.0，加力小涵道比涡轮风扇发动机的推重比已达到并超过 8.0，用于垂直起落的升力发动机的推重比已达 16 以上。

2.6.5 单位迎面推力

单位迎面推力(thrust per front area)是发动机的推力和发动机的迎风面积之比。迎风面积是指发动机的最大截面面积。当发动机安装在单独的发动机短舱里时，迎风面积的大小决定了发动机短舱外部阻力的大小。单位迎面推力的单位是 N/m^2 或 daN/m^2。目前，涡轮喷气发动机的单位迎面推力为 8 000~10 000 daN/m^2。

在全面比较发动机的性能时，除以上原理方面的性能参数外，还应考虑发动机的使用性能：

① 发动机的启动要迅速可靠，无论在不同大气条件下的地面起动，还是在空中停车后起动，都要求起动成功率高。

② 发动机的加速性要好，通常从慢车状态的转速增加到最大转速(或最大推力)所需要的时间作为发动机加速性的指标，加速所需要的时间愈短，加速性愈好。目前涡轮喷气发动机的

加速性时间为 5~18 s。

③ 发动机的工作要可靠,在各种飞行条件下,都能按照飞行员的操纵,安全可靠地工作,不会造成压气机喘振、燃烧室熄火或机件损坏等故障。

④ 发动机要寿命长,噪声低,维护使用简便,容易加工制造,生产成本低。

思考题

衡量航空燃气轮机性能的指标有哪些?

2.7 航空燃气轮机的能量转变和效率

航空燃气轮机在工作过程中将燃料的化学能最终转变为推动飞机前进的推进功。在这个过程中存在哪些损失,怎样才能减少能量转变过程中的损失以提高发动机的经济性?

2.7.1 航空燃气轮机热效率

航空燃气轮机作为一个热机,将燃料的化学能转变为机械能,又称为可用功。热效率表示燃料的化学能转变为可用功的量。

为了讨论方便,讨论单位质量空气流量中能量的变化,并且在燃气中忽略燃料的质量。

加入 1 kg 气体的燃料所具有的化学能量以 q_0 表示,即

$$q_0 = f \cdot H_u \tag{2.7.1}$$

式中,H_u 为燃料热值。

通过发动机的每千克空气的可用功用 w 表示,其值等于通过发动机 1 kg 气体的动能增量,即

$$w = \frac{c_9^2 - c_0^2}{2}$$

发动机的热效率 η_t 可以用下式表示:

$$\eta_t = \frac{w}{q_0} = \frac{c_9^2 - c_0^2}{2q_0} \tag{2.7.2}$$

对于现代涡轮喷气发动机,其热效率为 25%~40%。

燃料的化学能,除了一部分转变为可用功之外,其他的能量到哪里去了呢?

首先,在燃烧室中燃烧时,不可能将燃料中所储存的化学能完全释放出来,得不到理想的发热量 q_0,1 kg 空气流量在燃烧室中实际得到的热量为 q_1,那么

$$q_1 = q_0 \zeta_b \tag{2.7.3}$$

式中,ζ_b 为燃烧室放热系数,其值一般为 0.96~0.99。

在循环分析中,不考虑燃料不完全燃烧而造成的损失,而是从燃烧室中实际得到的热量 q_1 开始计算热效率。

此外,燃烧室所放出的热量 q_1,除了一部分转变为可用功(气流动能增量)外,其余的热量随着喷出的气体散失在周围大气中,若用 q_2 表示这部分散失在周围大气中的热量,则

$$q_2 = c_p' T_9 - c_p T_0$$

式中,c_p' 为燃气的定压比热。q_2 占燃料所含化学能的 60%~75%。

2.7.2 发动机推进效率

航空燃气轮机作为一个推进器,将可用功转变为飞机前进的推进功。在前面已经讨论过推进效率 η_p,η_p 可用下式表示:

$$\eta_p = \frac{w_p}{w} = \frac{(c_9-c_0)c_0}{\dfrac{c_9^2-c_0^2}{2}} = \frac{2}{1+\dfrac{c_9}{c_0}} \tag{2.7.4}$$

2.7.3 发动机总效率

航空燃气轮机作为热机和推进器的组合体,用总效率来衡量它的经济性。总效率 η_0 表示加入发动机的燃料完全燃烧所放出的热量转变为发动机的推进功的量。发动机总效率应等于发动机热效率和发动机推进效率的乘积。因此,总效率 η_0 可以用下式表示:

$$\eta_0 = \eta_t \cdot \eta_p = \frac{F_s c_0}{q_0} = \frac{(c_9-c_0)c_0}{q_0} \tag{2.7.5}$$

涡轮喷气发动机在飞行时的总效率通常为 20%~30%。

在工程设计计算和商业贸易经营中很少用上述 3 种效率来衡量发动机的经济性,而经常用耗油率来作为衡量发动机经济性的指标。

第 3 章 压气机、涡轮和进气道

3.1 压气机

航空燃气轮机的压气机有离心式和轴流式两大类。目前,大多数航空燃气轮机都采用轴流式压气机,只有小功率、小流量的涡轴和涡桨发动机上才采用离心式压气机。然而在 20 世纪 40 年代末和 50 年代初,涡轮喷气发动机也曾采用过离心式压气机。

3.1.1 离心式压气机

图 3.1 所示为早期涡轮喷气发动机上的一个双面进气离心式压气机,它由进气系统、叶轮、扩压器和集气管等 4 部分组成。压气机通过中间轴与涡轮连接。为了增加进气量,可采用双面进气的叶轮,这也有利于平衡作用在轴承上的轴向力。

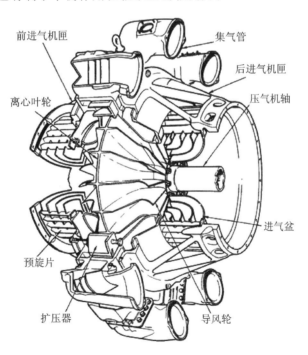

图 3.1 离心式压气机

为迎合气流相对运动的速度方向,叶轮的进口部分做成向旋转方向前弯。工作轮叶片之间呈径向辐射状的通道,气流通过工作轮增加速度和压力。

气流从工作叶轮流出后,进入扩压器。扩压器与叶轮之间有较大的缝隙,气流在缝隙中也起扩压作用,故该扩压器也称缝隙扩压器。从扩压器出来的气流进入集气管进一步减速扩压,然后进入燃烧室。

离心式压气机的优点是结构简单,工作可靠,性能比较稳定;缺点是效率较低,迎风面积大。因此,从 20 世纪 50 年代以后,除小型涡轴、涡桨发动机外,不再使用离心式压气机。但是,离心式压气机与轴流压气机配合作为压气机的最后一级,在小型涡轴、涡桨发动机上使用,有其独特的优点。小型涡轴、涡桨发动机的压气机流量小,高压部分的轴流压气机叶片短小,叶端间隙相对较大,压气机效率低、级压比也低,与轴流压气机相比,采用离心式压气机效率低的问题也不突出,而且可以得到相对较高的增压比。因此,这些年来离心式压气机也得到很大的发展。

图 3.2 所示为离心式压气机工作叶轮,其中之一为单面进气的叶轮。研究中的离心式压气机的增压比可达 12 以上。

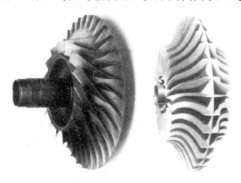

图 3.2 离心式压气机工作叶轮

3.1.2 轴流式压气机

通过压气机的空气基本上沿轴向流动,故称该种压气机为轴流压气机,如图 3.3 所示。轴流压气机主要由转子和静子两部分组成。转子又称工作轮,静子又称导流器。轴流压气机的转子和静子如图 3.4 所示。一排转子叶片和一排静子叶片组成轴流压气机的一个级。在某些压气机第一级前面装有预旋导流叶片,其目的是使气流在进入第一级时获得所需要的流场分布。空气通过轴流压气机时不断受到压缩,空气比容减小、密度增加。因而,轴流压气机的通道截面积逐级减小,呈收敛形,压气机出口截面积比进口截面积要小得多。

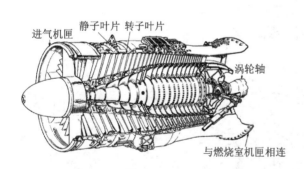

图 3.3 轴流压气机结构图

图 3.4 轴流压气机的转子和静子

研究压气机级的工作原理时,划分截面如图 3.5 所示。在 a 处进入压气机级的气流束沿线 ab 通过压气机。以线 ab 为母线绕压气机轴旋转所切割的压气机级称为基元级。为分析方便,假设基元级是圆柱形的,并将基元级在平面上展开,如图 3.6 所示。在平面上展开的基元级叶栅又称为平面叶栅。

为了能明确表示基元级叶栅的几何形状及其与气流的相对运动关系,规定了基元级叶栅基本参数的表示方法。

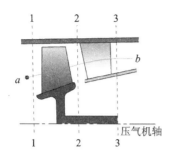

图 3.5 压气机级的截面划分

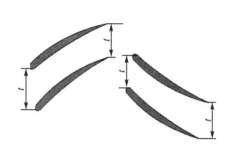

图 3.6 基元级展开图

1. 叶型的几何参数

叶型的几何参数如图 3.7 所示。叶型中直径最大的内切圆的直径为 $C_{\max}$,其圆心到叶型前缘的距离为 e,用相对值表示为

$$\overline{C_{\max}}=C_{\max}/b, \qquad \overline{e}=e/b$$

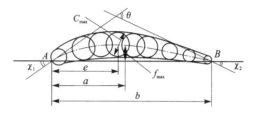

图 3.7 叶型的几何参数

2. 叶栅的几何参数

叶栅的几何参数如图 3.8 所示。在叶型几何参数确定的情况下,有了叶型安装角 β 和栅距 t,便确定了叶栅的几何参数。在工程实践中,往往应用叶栅稠度 τ、几何进口角 β_{1K} 和几何出口角 β_{2K} 来表示。

3. 气流与叶栅相对关系的几何参数

气流与叶栅相对关系的几何参数如图 3.9 所示。

(1)流入角 β_1 和流出角 β_2 分别表示流入叶栅的气流和流出叶栅的气流与叶栅额线的夹角。

(2)攻角 i 表示流入叶栅的气流方向与叶型中弧线前缘切线之间的夹角。

(3)落后角 δ 表示流出叶栅的气流方向与叶型中弧线后缘切线之间的夹角。

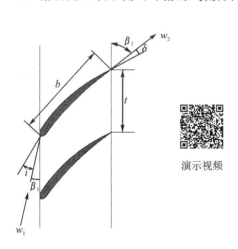

图 3.8 叶栅的几何参数

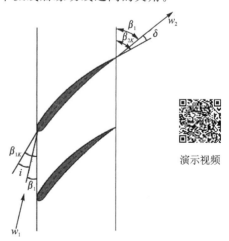

图 3.9 气流与叶栅相对关系的几何参数

3.1.3 轴流式压气机基元级加功增压原理以及提高压气机基元级增压比的重要性及其途径

气流通过基元级时,转子叶片给气流做功加压,使气流在基元级出口处总压和总温都比进口处高。

图 3.10 给出了空气流经基元级时的速度变化情况。气流相对于压气机静子的运动速度为绝对速度,用 c 表示。气流相对于压气机转子的运动速度为相对速度,用 w 表示。

图 3.11 所示为工作轮与气体的相对运动。压气机工作时,气流以速度 c_1 流向压气机级,工作轮前缘以切线速度 u_1 运动着,因此气流相对于工作轮前缘的相对速度为 w_1。气流进入工作轮后,沿工作轮叶栅通道流动。叶栅通道是扩张形的,气流在通道内减速扩压,气体的静压 p、静温 T 和静焓 h 相应增高,同时气流通过工作轮叶栅改变流动方向,使 $\beta_2 > \beta_1$。

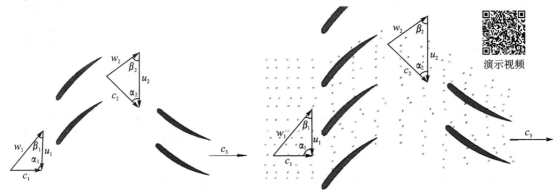

图 3.10 空气流经基元级时速度的变化   图 3.11 工作轮与气体相对运动图

气流以相对速度 w_2 流出工作轮尾缘,由于工作轮尾缘以切线速度 u_2 运动着,因此气流相对于压气机静子的绝对速度为 c_2。虽然工作轮出口的相对速度 w_2 小于工作轮进口相对速度 w_1,但是工作轮出口的绝对速度 c_2 却大于工作轮进口的绝对速度 c_1。

假若工作轮与导流器之间的间隙很小,可以认为导流器进口速度与工作轮出口绝对速度 c_2 相等。空气在导流器叶栅中的流动情况与工作轮中相似,导流器叶栅通道也是扩张形的,气流减速,气体静压 p 在导流器中进一步增高,静温 T 和静焓 h 也相应增高。气流通过导流器叶栅改变流动方向,使导流器出口气流方向基本上转为轴向(如图 3.11 中 c_3 所示),为气流进入下一级压气机做好准备。

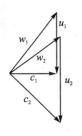

图 3.12 基元级的速度三角形

气体在工作轮中得到切线方向的加速度,其加速度方向与工作轮运动方向一致。这说明是工作轮叶栅对气流做了机械功。将工作轮出口气流与进口气流相比较,不仅气流的动能 $c^2/2$ 增加了,而且静焓 h 也增加了。

气流流经基元级时的速度变化如图 3.12 所示,该图称为基元级的速度三角形。

压气机基元级对空气所做的功可以用下列几种方法进行计算:

(1) 用能量方程推导压气机压缩功

根据能量方程式,在绝热的条件下,外界加入气体的功等于气体静焓增量及动能增量之和,即

$$l = l_2 - l_1 = h_2 - h_1 + \frac{c_2^2 - c_1^2}{2} \tag{3.1.1a}$$

式中,$l_1 = h_2^* - h_1^*$

从气流在工作轮叶栅中做相对运动的角度看,气体静焓增加是由于相对运动速度减小以及在旋转坐标系中气流所处半径变化所致,即

$$h_2 - h_1 = \frac{w_1^2 - w_2^2}{2} + \frac{u_2^2 - u_1^2}{2} \tag{3.1.1b}$$

将式(3.1.1b)代入式(3.1.1a),可得

$$l = \frac{w_1^2 - w_2^2}{2} + \frac{c_2^2 - c_1^2}{2} + \frac{u_2^2 - u_1^2}{2} \tag{3.1.1}$$

(2) 用动量方程推导压气机压缩功

单位质量气体流经工作轮时,在工作轮上的作用力为 p。可以将作用力 p 分解为轴向分力 p_a 和切向分力 p_u,如图 3.13 所示。工作轮相对于发动机只有旋转运动而没有轴向运动,因此只有切向分力 p_u 对气体做功,轴向分力 p_a 不对气体做功。若在工作轮进口处单位质量气体对工作轮转轴的动量矩为 $c_{1u}r_1$,在工作轮出口处单位质量气体对工作轮转轴的动量矩为 $c_{2u}r_2$,则单位质量气体流经工作轮时,作用在工作轮上的力矩为 $M = c_{2u}r_2 - c_{1u}r_1$。单位时间内工作轮加于单位质量气体的功为

$$l = M\omega = (c_{2u}r_2 - c_{1u}r_1)\omega = c_{2u}u_2 - c_{1u}u_1 \tag{3.1.2}$$

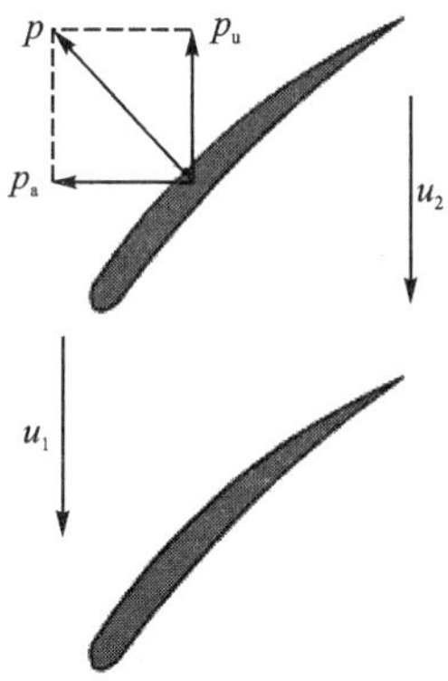

图 3.13 气体在工作轮上作用的力

式(3.1.1)与式(3.1.2)是分别从能量方程和动量方程推导得来的,形式上也不一样,但两者是完全相等的。

在设计压气机的过程中,就是用这两个公式来计算压气机基元级叶栅对气流所做的压缩功,由此得出基元级可能达到的增压比。

在做压气机实验时,往往不用这两个公式来计算压气机功,这是因为压气机进出口气流的流速很难准确测量,而且流速沿叶高变化很大。因此,在实验时可以用以下两种方法中的一种来测量压气机的功:

① 通过测量压气机轴的扭矩和转速来计算压气机功;
② 压气机实验时通过测量压气机进出口气流的总温 T_1^* 和 T_2^*,然后用

$$l = h_2^* - h_1^* = c_p(T_2^* - T_1^*) \tag{3.1.3}$$

计算压气机功。用式(3.1.3)计算时,无论压气机效率高低,其结果总是正确的。

为了降低燃气轮机的耗油率,压气机的增压比需要不断提高;为了减轻燃气轮机的质量,须尽量减少压气机的级数。于是提高压气机各级增压比就显得十分重要了。只有增加压气机基元级对单位质量气体所做的功,才能提高压气机基元级的增压比。式(3.1.2)可以改写为

$$l = c_{2u}u_2 - c_{1u}u_1 = u_1(c_{2u} - c_{1u}) + (u_2 - u_1)c_{2u} =$$
$$u_1 \Delta c_u + c_{2u} \Delta u \tag{3.1.4}$$

式中,$\Delta c_u = c_{2u} - c_{1u}$,$\Delta u = u_2 - u_1$。

从上式可以看出,增加压气机基元级的切线速度可以增加加功量。但是切线速度的增加,一方面受叶轮强度的限制;另一方面受基元级进口相对运动速度 w_1 的限制,w_1 过大会使基元级效率降低。另外,使 $u_2 > u_1$ 可以增加压气机基元级的加功量。具有径向流动的压气机级就具有这种性质,如图 3.14 所示。离心式压气机就是一个特殊的例子。增加 c_{2u} 或 Δc_u,可以增大压气机基元级的加功量。这就需要加大叶栅叶型的弯度,压气机叶栅通道是扩张形通道,增大叶型弯度容易产生气流分离。

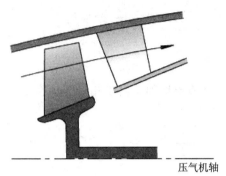

图 3.14 具有径向流动的压气机级

目前实际使用的轴流压气机级增压比一般为 1.15～1.35。为了进一步提高轴流压气机级增压比,可以采用超声级或跨声级压气机。

3.1.4 流动损失和基元级效率

下列各种流动损失使一部分机械能转变为热能,并且使整个流场的参数分布发生变化。

(1) 激波损失

在跨声速叶栅中,局部会有激波产生,造成总压损失,这种损失称为激波损失,如图 3.15 所示。

(2) 叶型损失

气流在叶栅中流动时,叶型表面会形成附面层,由此产生的摩擦损失称为叶型损失,附面层分离时该损失更大。图 3.16 所示为叶型损失。

图 3.15 激波损失

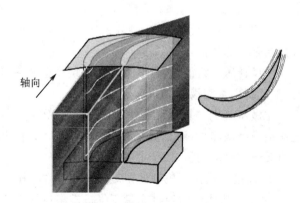

图 3.16 叶型损失

(3) 端面损失

由叶型通道内壁和外壁形成附面层而引起的摩擦损失称为端面损失。图 3.17 所示为端面损失。

（4）二次流动损失

由于叶栅通道中叶型凹部的压力高于叶背部的压力，一部分气体通过外壁和内壁附面层从叶凹部流向叶背部，这种在附面层内发生气体潜流而引起的损失称为二次流动损失，如图 3.18 所示。

（5）径向间隙损失

由于工作轮叶片和外壁之间有径向间隙，一小部分气体通过径向间隙泄漏，由此产生的损失称为径向间隙损失，如图 3.19 所示。该损失会使压气机效率降低。

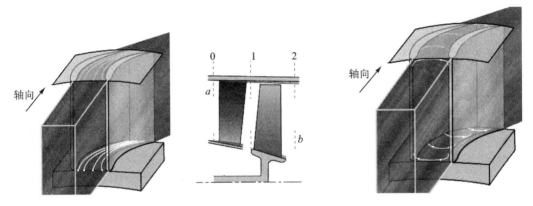

图 3.17　端面损失　　　　　　　　图 3.18　二次流动损失

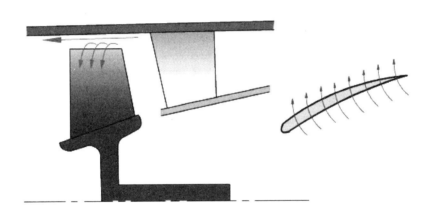

图 3.19　径向间隙损失

在有流动损失存在的情况下，压气机工作轮加给气体的机械功不能完全用于压缩气体，所以，在增压比相同的条件下，理想绝热压缩功小于实际过程的压缩功。因此，压气机基元级效率的定义是，获得相同的总压增压比，理想绝热压缩功与实际压缩功之比，即

$$\eta_c = \frac{T_1^*(\pi_c^{*(k-1)/k} - 1)}{T_2^* - T_1^*} \tag{3.1.5}$$

整台压气机效率的定义与基元级效率的定义是相同的。进行压气机实验时，测得压气机前后的总压和总温，就可以利用式(3.1.5)计算压气机效率。一般情况下，基元级压气机效率为 0.82～0.90。

3.1.5 超声级和跨声级压气机

如果压气机的某一级沿叶高各基元级进口相对速度 w_1 都是超声速,那该基元级就称为超声速级。一般情况是叶片在靠近叶尖的部分,由于轮缘切线速度 u 比较高,基元级进口相对速度 w_1 为超声速,而靠近叶根的部分基元级进口相对速度 w_1 仍然是亚超声速。这样的压气机级称为跨声速级。很多压气机的进口第一级属于跨声速级。

为分析简单,认为超声基元级叶栅的通道是直通道,叶型的形状如平板状,气流以超声速的相对速度 w_1 进入工作轮叶栅,流入角 $i=0$。只要在工作轮叶栅出口处有足够的静压反压,那么流向工作轮的超声速气流就会在叶栅通道中或者在叶栅前缘产生激波。气流通过激波后速度降低、静压增加,在超声工作轮叶栅出口处气流相对速度为 w_2。w_2 与 w_1 相比,方向虽然没有变化,但是速度减小了,如图 3.20 所示。

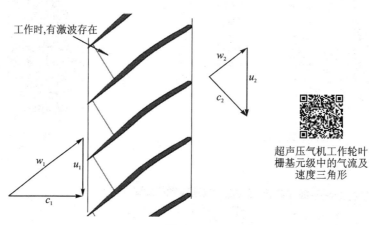

图 3.20 超声压气机工作轮叶栅基元级

从图 3.20 中超声工作轮叶栅出口处速度三角形可以看出,由于出口处气流相对速度 w_2 减小,使工作轮叶栅出口气流绝对速度 c_2 具有与工作轮旋转方向相同的切线分速度 c_{2u},这说明超声工作轮叶栅已经对气体做了功。

关于超声速叶栅通道和叶型的形状有几点需要说明。

(1) 为了减少流动损失,超声叶栅前缘较为尖薄,叶型剖面在满足强度要求的前提下也较薄。

(2) 超声叶栅通道几乎接近直通道,但不能因此减短叶型弦长、减小叶栅稠度。因为气流通过激波减速增压需要有一定的弦长和稠度。

(3) 有时候为了改善超声基元级的流动损失,或者为了改善压气机工作轮后沿叶高的流场参数分布,超声基元级的加功量可以适当减小,因此在超声基元级中有时需要使气流转折一个负的角度,即 $\beta_2 < \beta_1$,如图 3.21 所示。

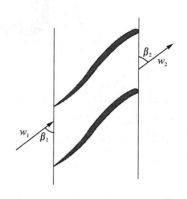

图 3.21 超声基元级工作轮叶栅

超声压气机基元级工作时,必须在基元级出口建立一定的静压反压,如果没有足够的静压反压,气流将高速通过超声基元级叶栅,产生很大的流动损失,达不到增压的目的。

3.1.6 压气机基元级沿叶高的变化

从基元级速度三角形分析中可以看到,工作轮叶栅出口气流的绝对速度具有切线方向的分速度 c,因此工作轮后的气流是一个强大的旋转流场,在空气的旋转流场中,气流参数沿叶高方向变化很大,这是由下述两个根本矛盾所引起的:

(1) 工作轮基元级的切线速度 u 沿叶高不相等,使得工作轮对气流所做的功沿叶高不相等。

(2) 工作轮后空气旋转流场中,必然产生径向压力差,半径越大,静压越高,使气体微团产生向心加速度。

由于上述原因,基元级叶栅形状和气流流入角沿叶高不相同,因此轴流压气机的工作轮叶片和导流器叶片呈扭曲状,如图 3.22 所示。

图 3.22 压气机工作叶片

3.1.7 轴流式压气机基元级叶片的攻角和落后角

压气机工作时,气流进入叶片的流入角 β_1 一般情况下与叶片的几何进口角 β_{1K} 不一致,它们的差值称为攻角,用 i 表示,即

$$i = \beta_{1K} - \beta_1$$

气流流出叶片的流出角 β_2 一般情况下与叶片的几何出口角 β_{2K} 不一致,它们的差值称为落后角,用 δ 表示,即

$$\delta = \beta_{2K} - \beta_2$$

落后角的存在是因为气流不可能完全按照叶片结构确定的几何出口角方向流动。在设计压气机叶片时必须考虑落后角对气流方向的影响,以保证所设计的叶片能得到所需要的速度三角形。

在压气机工作范围内,落后角的变化很小,而攻角的变化却很大。从速度三角形可得到

$$i = \beta_{1K} - \arctan\frac{c_{1a}}{u}$$

当压气机转速一定,如果压气机出口反压降低,进入压气机的空气流量增加,使速度 c 上升时,攻角 i 下降,反压下降到一定程度后,可以使攻角为负值。当攻角负值过大,气流会从叶盆处分离,叶片通道被分离区所占,进入压气机的空气流量不再增加。

当压气机转速一定,如果压气机出口反压增加,进入压气机的空气流量减少,使速度 c 下降时,攻角 i 增大。攻角过大时,气流从叶背分离,称为失速。失速可使压气机效率明显下降,甚至会使压气机工作不稳定(旋转失速和喘振)。图 3.23 所示为流量变化时气流分离情况。

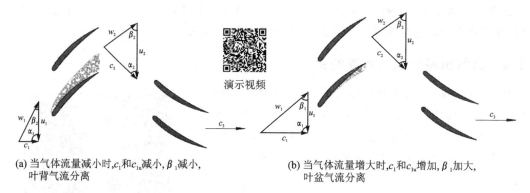

(a) 当气体流量减小时，c_1和c_{1u}减小，β_1减小，叶背气流分离

(b) 当气体流量增大时，c_1和c_{1u}增加，β_1加大，叶盆气流分离

图 3.23　流量变化时气流分离情况

3.1.8　轴流式压气机旋转失速和喘振以及防止喘振发生的方法

压气机某一级出现失速时，失速区并不是沿整个环面同时发生，而是在部分叶片中某个部位上首先发生，而且失速区不是固定在这些叶片上。失速区相对于工作轮叶栅向与旋转方向相反的方向移动。如果在地面上观察时，失速区附着在压气机工作轮上以较低的转速、相同的方向旋转运动，故称为旋转失速。

失速区移动的原因是由于失速区堵塞了通道的一部分，使一部分气流向切线方向的前后分流，导致失速区后面叶片的正攻角加大，失速区前面叶片及失速区叶片的攻角减小。于是失速区的叶片便解除了失速状态，而失速区后面的叶片产生了失速。于是失速区就向叶片旋转相反的方向移动，如图 3.24 所示。

阀门关小，流量减少，攻角加大，产生分离。

图 3.24　旋转分离示意图

在叶轮环面上，失速区可以不止一个。当出口反压增加时，往往先产生一个失速区，随着出口反压进一步增加，进口速度c_a进一步下降，会产生两个、三个甚至更多的失速区。

对于多级轴流压气机，在下面两种情况下容易发生喘振：

（1）在一定转速下工作时，若出口反压增大，使空气流量降低到一定程度时，就会出现喘振。这是因为当空气流量降低时，各级叶片的气流攻角增加，容易产生气流分离和堵塞。

（2）当发动机偏离设计工作状况而降低转速时容易发生喘振。这是因为多级轴流压气机气流通道截面积沿轴向逐级减小，其面积变化程度是由压气机的设计增压比决定的。当压气机转速降低时，增压比随之降低，于是通道截面积的变化与降低的增压比不相适应，出口面积显得太小，而进口面积显得太大，造成多级轴流压气机前几级轴向流速低、攻角大，后几级轴向流速高、攻角小。这就使得多级轴流压气机在低转速时前几级容易发生大攻角气流分离、堵塞和喘振。由此可以看出,对于设计增压比较低的多级轴流压气机,进出口截面积的变化较小,不容易发生喘振。一般情况下,设计增压比小于 4 的压气机很少会发生喘振。

喘振发生时会出现强烈的不稳定工作现象,即流过压气机的气流沿压气机的轴线方向产生低频高振幅的强烈振荡,压气机出口平均压力急剧下降,出口总压、流量、流速产生大幅度脉动,并伴随有强烈放炮声。图 3.25 所示为压气机喘振示意图。

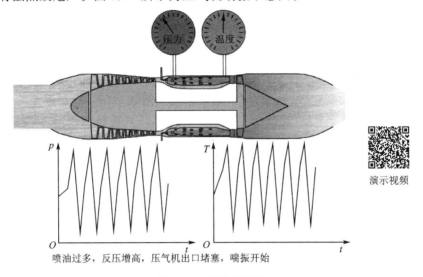

图 3.25 喘振示意图

喘振的作用机理是,当多级轴流压气机中某些级产生旋转失速并进一步发展时,压气机整个通道受阻,阻碍前方气流流入,使气流拥塞在这些级的前方。与此同时,由于前方气流暂时堵塞,出口反压不断下降,当出口反压较低时,压气机堵塞状况被解除,被拥塞的气流克服了气体惯性一拥而下,于是进入压气机的空气流量又超过了压气机后方所能排泄的流量,压气机后方空间里空气又"堆积"起来,反压又急剧升高,造成压气机内气流的再次分离堵塞。通过压气机的气流反复堵塞又畅通,使得通过压气机的流量大、流速高、可压缩的空气在本身惯量和压气机给予的巨大能量作用下产生了周期性振荡。

压气机喘振会使压气机叶片断裂,引起发动机熄火停车,严重威胁发动机安全工作。因此在使用中应避免喘振现象发生。主要的防喘措施有以下 3 种:

(1) 从多级轴流压气机的某一个或数个中间截面放气。当压气机转速低于一定数值时将放气门打开,其目的是增加前几级压气机的空气流量,避免前几级因攻角过大而产生气流分离。中间级放气也避免了后几级压气机进口流速过大,攻角过小,甚至为负值,使增压比和效率降低的现象。放气孔的位置和排出空气的数量需要根据具体情况经过试验进行选择。

与其他防喘方法相比较,这种方法在结构上比较简单,但是使用中并不经济,因为它把已经压缩过的空气放到周围大气中去,损失了压缩这部分空气的机械功。

(2) 旋转一级或数级导流叶片。用这种方法防喘时,在第一级压气机前面往往装有进口导流叶片。由于压气机在低转速工作时前几级和末几级的攻角偏离最大,首先产生分离,所以可调导流叶片往往设置在多级轴流压气机的前几级和末几级。

(3) 采用双轴或三轴结构。将压气机分成两个或三个转子,分别由各自的涡轮来带动,于是一台高增压比的压气机就成为两个或三个低增压比的压气机了。

如果在设计工作状态下,双轴压气机两个转子的转速是相同的,当转速降低以后,压气机前几级攻角加大,而后几级攻角减小,因而带动低压压气机需要较大的功率,而带动高压压气机需要较小的功率。形象地说,转动低压压气机较"重",转动高压压气机则较"轻"。这两个压气机是由各自的涡轮带动的,于是低压压气机就自动地处于较低的转速下工作,而高压压气机则处于较高的转速下工作。这种转速的自动调整使前几级和末几级的攻角变化较小,从而避免了喘振的发生。

3.1.9 压气机特性

一台设计制成的压气机,不仅要在设计工况下工作,还要在各种非设计工况下工作,因此在实际运行中,压气机的转速、增压比、空气流量和压气机效率都可能在很大的范围内变化。压气机工况变化时,各主要参数(转速、增压比、空气流量、压气机效率)之间的变化关系曲线称为压气机的特性线。各种工况下的压气机特性线组成压气机特性图。

压气机的特性图是通过实验获得的,这是因为无论在设计工况或非设计工况,压气机内的气体流动极其复杂,气体流场并不是轴对称的均匀定常流,很难精确计算。造成流场复杂的原因很多,如每排叶片进口气流是非定常的;由于流体的黏性,使叶片表面和内外环的壁面上有沿壁面逐渐发展增厚的附面层,并伴随着不规则的附面层分离;叶片间的气流流场具有速度梯度和压力梯度,产生气流的二次流动;当采用跨声级压气机时,叶片通道中还有部分超声速流场,并有激波产生。

进行压气机特性实验时,用电动机或其他动力装置带动压气机转子旋转,将压气机转速保持在实际工作范围内的各个不同转速上。在每个转速条件下,改变压气机出口节气门位置,就会改变通过压气机的空气流量和增压比。节气门全部打开时空气流量最大,增压比最低;随着节气门关小,增压比增加、空气流量减小、各级叶栅攻角增大,最终导致压气机某些级产生旋转失速和压气机喘振。对于每一个转速值,将节气门置于不同的位置,测量从最大空气流量到发生旋转失速或喘振的最小空气流量过程中各点的空气流量、压气机消耗功率以及进出口的平均压力和温度,就可以得到绘制压气机特性图所需要的全部数据。

用相似参数绘制压气机特性曲线,可以将特定条件下的实验结果推广应用到与它相似的其他各种条件中去。图1.28(参见1.10节)是用相似参数绘制的一台典型压气机的通用特性图。图中横坐标是流量相似参数相对值

$$\overline{\frac{q_{ma}\sqrt{T_2^*}}{p_2^*}} = \frac{q_{ma}\sqrt{T_2^*}/p_2^*}{(q_{ma}\sqrt{T_2^*}/p_2^*)_d}$$

纵坐标是增压比相对值 $\overline{\pi_c^*} = \pi_c^*/\pi_{c,d}^*$;每一条曲线对应一个转速相似参数相对值

$$\overline{\frac{n}{\sqrt{T_2^*}}} = \frac{n/\sqrt{T_2^*}}{(n/\sqrt{T_2^*})_d}$$

称为等转速相似参数线。图中虚线是等效率线,可以看出,压气机在设计点附近工作时效率比较高,当工作转速或空气流量偏离设计工况时,压气机效率将明显降低。一般情况下,在压气机特性图上常常将压气机效率曲线分开绘制,如图3.26所示。

图1.28中还表示出压气机的喘振边界线(不同转速下喘振点的连线)以及低转速范围内的旋转失速边界线。旋转失速边界线是每一个转速下关小压气机出口节气门的极限位置。与

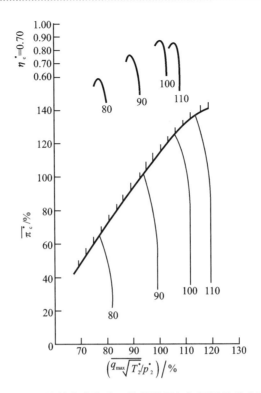

图 3.26 将效率曲线分开绘制的压气机通用特性曲线

此相反,每一个转速下,开大节气门,工作点沿等转速线向右下方移动到某一工作点时,压气机增压比已经很低,空气流量已无法进一步增加,这个工作点称为流量阻塞点。各转速下流量阻塞点的连线称为压气机的流量阻塞边界线。燃气轮机工作时,压气机在特性图上的工作点是以喘振边界或旋转失速边界、流量阻塞边界和最大允许转速线为工作范围的极限。为安全起见,要求压气机的工作点与喘振边界线保持一定的距离,这个距离用喘振裕度来衡量。喘振裕度的定义式为

$$\Delta k = \frac{\left(\pi_c^* \Big/ \left(\dfrac{q_{ma}\sqrt{T_2^*}}{p_2^*}\right)\right)_s}{\left(\pi_c^* \Big/ \left(\dfrac{q_{ma}\sqrt{T_2^*}}{p_2^*}\right)\right)_0} - 1$$

上式中下标"s"表示喘振边界点,下标"0"表示压气机工作点。

喘振是由压气机出口空气节流使空气流量减小和增压比提高所致,因此喘振裕度反映了从工作点出发进一步减小空气流量和提高增压比的可能程度。图 1.28 中的线 1 表示了海平面静止条件下燃气轮机中压气机的稳态工作线,它与喘振边界和旋转失速边界均保持一定的距离。

在很多情况下,为了直观起见,在绘制通用特性曲线时,用折合参数(或称换算参数,用下标 zh 或 cor 表示)来代替相似参数。折合参数是用相似关系,把实验条件下测得的参数值换算成国际标准大气条件下的相应参数值。在实验条件下的工作状态与国际标准大气条件下的某一个工作状态相似时,它们的相似参数必定相等,即

$$\frac{n}{\sqrt{T_2^*}} = \left(\frac{n}{\sqrt{T_2^*}}\right)_{standard}, \qquad \frac{q_{ma}\sqrt{T_2^*}}{p_2^*} = \left(\frac{q_{ma}\sqrt{T_2^*}}{p_2^*}\right)_{standard}$$

$$\pi_c^* = \pi_{c,standard}^*, \qquad \eta_c^* = \eta_{c,standard}^*, \qquad \frac{w}{T_2^*} = \left(\frac{w}{T_2^*}\right)_{standard}$$

上式中,标准大气压下的各参数就是实验条件下各相应参数的折合参数。标准大气条件下 $T_2^* = 288$ K, $p_2^* = 101\ 325$ Pa,因此各折合参数(用下标 zh 表示)的换算公式为

折合转速

$$n_{zh} = n\sqrt{\frac{288}{T_2^*}}$$

折合空气流量

$$q_{ma,zh} = q_{ma}\sqrt{\frac{T_2^*}{288}} \times \frac{101\ 325}{p_2^*}$$

折合比功

$$w_{zh} = w\frac{288}{T_2^*}$$

习 题

(1) 绘制压气机特性曲线时,采用通用特性曲线有何意义?

(2) 一台压气机在试验台上实验时,其工作状态正处于设计工作状态,在压气机特性图上的工作点处于设计转速上的设计点位置。作为实验员应如何操作才能使压气机特性图上的工作点向上、向下、向左、向右移动?

(3) 在用换算参数表示的某压气机特性图上,在设计转速为 11 000 r/min 的等转速线上,其喘振边界点的参数为 $q_{ma} = 62.5$ kg/s, $\pi_c^* = 9.00$。试问:

① 同一转速下,在下列哪一个工作点工作时,喘振裕度为 15%?

A. $q_{ma} = 69.9$ kg/s, $\pi_c^* = 8.75$ B. $q_{ma} = 72.1$ kg/s, $\pi_c^* = 8.65$

C. $q_{ma} = 65.9$ kg/s, $\pi_c^* = 8.85$ D. $q_{ma} = 68.3$ kg/s, $\pi_c^* = 8.78$

② 上述压气机在大气温度为 32 ℃,大气压力为 110 438 Pa 条件下试验时,应置于什么转速下工作才达到设计转速?

A. 10 912 r/min   B. 10 892 r/min   C. 11 318 r/min   D. 11 400 r/min

③ 该压气机在上述大气条件下,在设计转速工作时,若测得其空气流量为 74 kg/s,增压比 $\pi_c^* = 8.65$,当时压气机的喘振裕度为多少?

A. 17.2%   B. 15.8%   C. 14.6%   D. 16.4%

思考题

(1) 文中说:

① 空气通过轴流压气机不断受到压缩,空气比容减小、密度增加。因而,轴流压气机的通道截面积逐级减小,呈收敛形,压气机出口截面积比进口截面积要小得多。

② 气流进入工作轮后,沿工作轮叶栅通道流动。叶栅通道是扩张形的,气流在通道内减

速扩压,气体的静压 p、静温 T 和静焓 h 相应增高,同时气流通过工作轮叶栅改变流动方向,使 $\beta_2 > \beta_1$。

③ 空气在导流器叶栅中的流动情况与工作轮中相类似,导流器叶栅通道也是扩张形的,气流减速,气体静压 p 在导流器中进一步增高,静温 T 和静焓 h 也相应增高。

试问在轴流压气机中的空气通道究竟是收敛形还是扩张形的?

(2) 试画出轴流式压气机的基元级速度三角形,并阐明其加功增压原理。

(3) 进行压气机实验时,用什么方法测量和计算压气机功,为什么不用式(3.1.1)或式(3.1.2)进行计算?

(4) 根据压气机基元级的增压加功原理,应采用哪些措施可以提高轴流压气机级的设计增压比?

(5) 提高轴流压气机级的增压比受哪些因素的限制?

(6) 轴流压气机超声速基元级的加功增压有什么特点?若超声速基元级的工作轮叶片叶型为直线,即工作轮叶栅通道为直通道,轮缘切线速度为 u,气流攻角 i 为 0,当气流相对速度分别为亚声速和超声速时,能不能加功增压?为什么?

(7) 轴流压气机级的旋转失速是怎样产生的?

(8) 轴流压气机喘振是怎样产生的?它对压气机和整台发动机有什么危害?

(9) 采用中间级放气为什么能达到防喘的目的?

3.2 涡 轮

3.2.1 涡轮结构简介

涡轮又称为透平。涡轮分为轴向式和径向式两种。在航空燃气轮机上,一般使用轴向式涡轮,在小功率的燃气轮机上,有时使用径向式涡轮(见图 3.27)。本节中主要讨论轴向式涡轮。涡轮由静子和转子两部分组成,涡轮静子又称涡轮导向器,涡轮转子又称涡轮工作轮。图 3.28 所示为某双轴涡轮喷气发动机的涡轮结构图。

一排静子叶片和一排转子叶片组成涡轮的一个级。由于气体通过涡轮膨胀做功,气体比容增大,密度减小,因而涡轮的气流通道截面是逐渐增大的,呈扩张形。如图 3.29 所示,涡轮级划分下列截面:0 截面——导向器前;1 截面——导向器与工作轮之间;2 截面——工作轮出口。在 a 处进入涡轮的气流束沿线 ab 通过涡轮。以线 ab 为母线绕涡轮轴旋转所切割的涡轮级(其厚度为 dr)称为基元级。为分析问题方便,假设基元级是圆柱形的,并将基元级在平面上展开。在平面上展开的涡轮基元级叶栅又称为涡轮平面叶栅。

由于涡轮前具有很高的燃气温度,因此每一级涡轮可以带动数级压气机。气流经过导向器以后,具有切线方向分速度,导向器后面的气流场成为一个高速旋转的流场,工作轮在不同半径处的切线速度不同,使得不同半径处的气流流经涡轮的情况也不相同。为了便于研究,须对某一半径处气流流经涡轮的情形进行分析。分析之前,首先要明确基元级叶栅的几何形状及其与气流的相对运动关系,此关系通常可用几何参数表示,如图 3.30 所示。

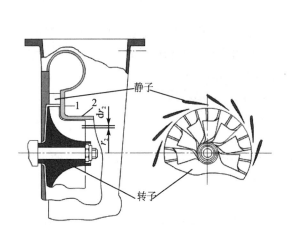

图 3.27 径向式涡轮

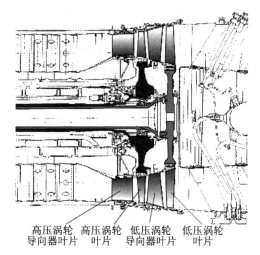

图 3.28 某双轴涡轮喷气发动机的涡轮结构图

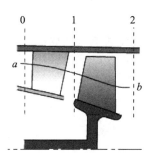
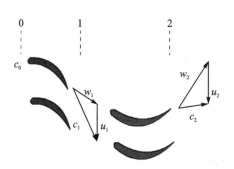

图 3.29 单级涡轮截面划分和基元级

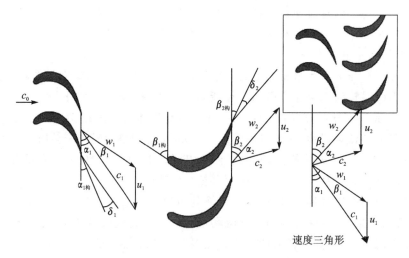

图 3.30 气流与涡轮叶栅相对关系的几何参数

3.2.2 气流通过涡轮基元级膨胀做功原理

燃气通过涡轮基元级膨胀做功,燃气的总温和总压都降低。气流相对于涡轮静子(导向器)的运动速度称为绝对速度,用 c 表示。气流相对于涡轮转子(工作轮)的运动速度称为相对速度,用 w 表示。

涡轮工作时,燃气以速度 c_0 流向涡轮导向器,以速度 c_1 流出涡轮导向器,如图 3.31 所示。气流经过导向器改变流动方向。导向器通道呈收敛形,气流在其中膨胀加速,气体静压 p、静温 T、静焓 h 相应降低。气流在导向器出口处的速度 c_1 接近声速,有时甚至略超过声速。速度 c_1 具有很大的切线方向分速度。由于涡轮的工作轮前缘以切线速度 u_1 运动着,因此气流相对于工作轮前缘的运动速度为 w_1。

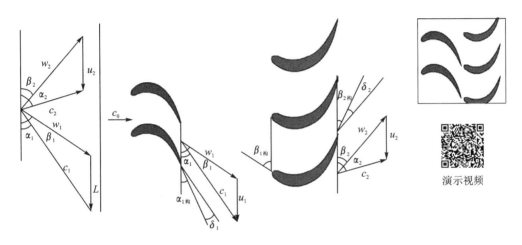

图 3.31 燃气流经涡轮基元级时的速度变化

气流以相对速度 w_1 进入涡轮工作轮,以速度 w_2 流出工作轮尾缘,由于工作轮尾缘以切线速度 u_2 运动,因此气流的绝对速度为 c_2。

涡轮导向器出口尾缘气流以相对速度 w_1 进入涡轮工作轮后,沿工作轮叶栅通道流动。工作轮叶栅通道也呈收敛形,气流在其中继续膨胀加速,气体静压 p、静温 T、静焓 h 进一步降低。同时,气流通过工作轮叶栅改变流动方向。由于涡轮工作轮叶栅是收敛通道,气流在其中减压加速,不易产生分离,因此与压气机工作轮叶栅相比,涡轮工作轮叶栅可以有大得多的气流转折角 $\Delta\beta$,$\Delta\beta$ 可以达到 $90°\sim100°$。

工作轮出口气流的相对速度 w_2 大于进口相对速度 w_1,但是对于发动机的绝对坐标系来说,工作轮出口气流的绝对速度 c_2 却小于工作轮进口绝对速度 c_1。

从以上分析可以看出,气体在工作轮中得到的切线方向加速度是与工作轮运动方向相反的,因此可以断定是气体对工作轮做功。气流通过涡轮工作轮后不仅动能减少了 $c^2/2$,而且静焓 h 也下降了。

单位质量气体通过涡轮所做的膨胀功可以分别从能量方程和动量方程推导得到。

(1) 从能量方程推导膨胀功

气体通过涡轮工作轮后,动能和静焓都下降了。根据能量方程,在与外界绝热的条件下,

气体对外所做的功等于静焓降和动能降之和(或等于总焓降),即

$$l_t = (h_1 - h_2) + \frac{c_1^2 - c_2^2}{2}, \qquad l_t = h_1^* - h_2^* \tag{3.2.1a}$$

从气流在工作轮叶栅中做相对运动的角度看,气体静焓降是由于相对运动速度增加以及在旋转坐标系中气流所处半径变化而改变的能量,可用下式表示:

$$h_1 - h_2 = \frac{w_2^2 - w_1^2}{2} + \frac{u_1^2 - u_2^2}{2}$$

将上式代入式(3.2.1a),可得

$$l_t = \frac{w_2^2 - w_1^2}{2} + \frac{c_1^2 - c_2^2}{2} + \frac{u_1^2 - u_2^2}{2} \tag{3.2.1}$$

以上就是从能量方程推导得到的膨胀功公式。

(2) 从动量方程推导膨胀功

单位质量流量气体流经涡轮工作轮时,在工作轮上的作用力为 P。可以将作用力 P 分解为轴向分力 P_a 和切向分力 P_u,如图3.32所示。

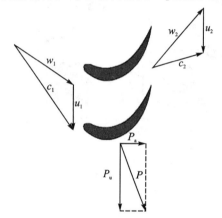

图 3.32 气体作用在涡轮上的力

工作轮相对于发动机只有旋转运动而没有轴向运动,因此气体只有切向分力 p_u 对涡轮工作轮做功,而轴向分力 p_a 不做功。在工作轮进口处,单位质量气体对工作轮转轴的动量矩为 $c_{1u}r_1$。在工作轮出口处,单位质量气体对工作轮转轴的动量矩为 $-c_{2u}r_2$。出口处的动量矩为负值,这是因为气流在出口处的切线分速度的方向与进口处相反。单位质量气体流经工作轮所做的功为

$$l_t = M\omega = (c_{1u}r_1 + c_{2u}r_2)\omega \cdot 1 = c_{1u}u_1 + c_{2u}u_2 \tag{3.2.2}$$

式(3.2.2)与式(3.2.1)是分别从动量方程和能量方程两个不同的角度推导出来的。与讨论压气机时一样,可以证明二者完全相等。这两个公式不仅可以用来计算气体对涡轮基元级所做的功,而且可以帮助分析如何进一步提高涡轮的功率。

但是在做涡轮实验时,并不是通过这两个公式来计算涡轮功,这是因为涡轮进出口气流的流速很难准确测量,而且流速沿叶高方向变化很大。因此在实验时往往用以下两种方法中的一种来测量涡轮功:

① 通过测量涡轮轴的扭矩和转速来计算涡轮功;

② 通过测量涡轮进出口气流的总温 T_1^* 和 T_2^*,然后通过下列公式计算涡轮功:

$$l_t = h_1^* - h_2^*, \qquad l_t = c_p(T_1^* - T_2^*)$$

用上式计算涡轮功,无论涡轮工作效率高低,其结果总是正确的。

3.2.3 增大基元级涡轮功的途径

从涡轮功的公式(3.2.2)可以看出,增大 $c_{1u}u_1$ 或 $c_{2u}u_2$ 都可以增大基元级涡轮功。但是对于航空燃气轮机所用的涡轮来说,工作轮出口气流的绝对速度 c_2 的方向希望接近轴向,特

别是对于末级涡轮更是如此,这样可以减少气流在尾喷管中的流动损失。因此,在上述涡轮功的公式中,$c_{2u}u_2$ 这一项总是比较小的。由此可知,研究增大基元级涡轮功的途径主要是从增大 $c_{1u}u_1$ 这一项着手。

增大涡轮工作轮的切线速度 u_1 可以十分有效地增大基元级涡轮功。必须注意,当工作轮前后气流速度 c_1 和 c_2 不变时,工作轮切线速度 u_1 增大必然使得工作轮进口角 β_1 加大以及出口角 β_2 减小,气流在工作轮中的焓降也相应增大。

涡轮工作轮切线速度的选择要考虑以下几方面的因素。首先,涡轮的转速要与压气机转速相协调。其次,在一定的转速下,增大涡轮外径可以加大切线速度,但是必须兼顾全台发动机外廓尺寸和涡轮转子的强度。

增大涡轮导向器出口气流速度 c_1 就相应地加大了导向器出口气流的切向分速度 c_{1u},因而也可以十分有效地增大基元级涡轮功。

导向器出口气流速度 c_1 是导向器出口气流 Ma_1 和燃气温度 T_1 的函数,即

$$c_1 = a_1 Ma_1 = Ma_1 \sqrt{kRT_1}$$

增加导向器出口气流 Ma_1 和提高燃气温度 T_1 都可以使气流速度 c_1 增加。在一般情况下,导向器出口气流 Ma_1 设计在小于 1 又接近于 1 的范围内。当导向器出口反压降至低于临界值时,气流在导向器出口处的斜切口中做超声速膨胀,如图 3.33 所示。这时气流出口角 α_1 由于超声速膨胀而加大。

涡轮导向器通道不设计成收敛扩张形通道,这是因为收敛扩张形通道在非设计工况下流动损失会急剧增大。

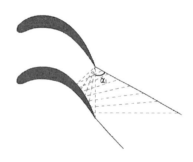

图 3.33 气流在导向器斜切口中做超声速膨胀

有效地加大涡轮导向器出口气流速度 c_1 的方法是提高燃气温度 T_1。提高燃气温度必须相应提高涡轮材料的耐热性,并且采取冷却涡轮叶片和涡轮盘的措施。

切向分速度 $c_{1u} = c_1 \cos \alpha_1$,即当导向器出口气流速度 c_1 一定时,减小导向器出口气流角 α_1 可以增加切向分速度 c_{1u}。但是,导向器出口气流角 α_1 不可无限制地减小,因为减小气流角 α_1,必须相应地增大导向器出口的环形面积。根据流量方程

$$q_{mg} = \frac{mF_1 \sin \alpha_1 p_1^*}{\sqrt{T_1^*}} q(\lambda_{c1})$$

当其他条件不变时,导向器的环形面积 F_1 与 $\sin \alpha_1$ 成反比。一般情况下,α_1 为 $20°\sim25°$。

3.2.4 流动损失和基元级效率

气流流经涡轮导向器叶栅和工作轮叶栅时都产生流动损失,使一部分机械能转变为热能。流动损失越大,涡轮效率越低。气流流经涡轮时的流动损失与气流流经压气机时的流动损失相比,二者有许多相似地方。涡轮叶栅的流动损失有以下几种,这些损失不仅损失了机械能,并且使整个流场参数分布发生变化。

(1) 叶型损失:由于在叶栅中叶型表面上形成附面层而引起的损失。

(2) 端面损失:在叶栅通道外壁和内壁表面上形成附面层而引起的损失。

(3) 径向间隙损失:由于工作轮叶片与外环壁之间有径向间隙,一部分气流通过径向间隙流过,使涡轮效率降低。

(4) 二次流动损失:由于叶型凹部的压力高于叶片背部的压力,使一部分气体通过外壁和内壁附面层从叶凹部流向叶背部,在附面层内发生气体潜流而引起的损失。

由于气流流经涡轮时有流动损失存在,气体膨胀功并不完全转变为涡轮功,因此在相同的涡轮膨胀比条件下,实际涡轮功要小于理想绝热膨胀功。

由此可得涡轮基元级效率的定义,即在相同的涡轮膨胀比条件下,实际涡轮功与理想绝热膨胀功之比,由公式表示为

$$\eta_t = \frac{l_t}{l_{t,i}} = \frac{c_p(T_1^* - T_2^*)}{c_p(T_1^* - T_{2,i}^*)} = \frac{T_1^* - T_2^*}{T_1^*\left(1 - \dfrac{1}{\pi_t^{*(k'-1)/k'}}\right)}$$

单级涡轮和多级涡轮效率的定义与基元级效率的定义是相同的。进行涡轮实验时,测得涡轮前后的总温和总压,就可以利用上式计算涡轮效率。一般情况下,基元级涡轮效率为 0.88~0.92。

3.2.5 涡轮特性

一台设计制成的涡轮,不仅要在设计工况下工作,还要在各种非设计工况下工作。当涡轮进口燃气温度、涡轮转速、涡轮膨胀比发生变化时,会改变涡轮工况。在讨论涡轮特性时,采用整台航空燃气轮机中的截面符号,涡轮进口燃气温度为 T_4^*、压力为 p_4^*、涡轮膨胀比为 π_t^*。在非设计工况下,有关相似参数间有如下的函数关系:

$$\frac{q_{mg}\sqrt{T_4^*}}{p_4^*} = f_1\left(\pi_t^*, \frac{n}{\sqrt{T_4^*}}\right)$$

单级涡轮特性如图 3.34 所示,曲线 1 为设计转速下的特性线,曲线 2 为转速小于设计转速下的特性线,曲线 3 为转速大于设计转速下的特性线。

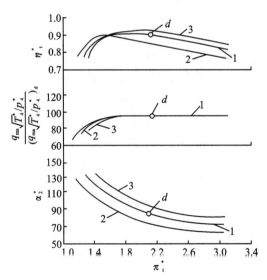

图 3.34 单级涡轮特性

从单级涡轮特性图可以看出,当转速相似参数不变时,随着级膨胀比 π_t^* 的增大,导向器中的压降也相应增大,导向器出口流速增大,流量 $q_{mg}\sqrt{T_4^*}/p_4^*$ 也增大。当导向器出口达到声速之后,$q_{mg}\sqrt{T_4^*}/p_4^*$ 就不变了。

涡轮膨胀比 π_t^* 变化时,η_t^* 的改变主要是由于速度三角形和攻角的变化引起损失的变化。当 π_t^* 偏离设计值,无论其降低或升高,都会影响工作轮叶片进口的攻角,使损失增加。但从曲线可以看出,效率的变化是比较平缓的,这与涡轮的工作特点有关,即流动是减压加速,一般不会出现分离现象。

在涡轮特性曲线中,还表示了 α_2 的变化。α_2 是表示燃气离开涡轮时绝对速度的方向。当 $\alpha_2=90°$ 时,即流动方向与发动机轴向一致。对于单级涡轮或多级涡轮的最后一级,希望 α_2 接近 $90°$,这样可以减少涡轮后的流动损失。

3.2.6 对转涡轮

一般情况下,为了使气流以轴向流入下一级涡轮,工作轮出口气流相对速度 w_2 的切向分速度 w_{2u} 往往与工作轮基元级的切线速度相当,即 $w_{2u} \approx u$,如果加大切向分速度 w_{2u},当然可以有效地加大涡轮的输出功率,然而工作轮出口的绝对速度 c_2 却偏离了轴向。如果把这样的绝对速 c_2 的偏离代替下一级涡轮的导向器所应该起的作用,那么下一级涡轮工作轮的旋转方向必须与上一级涡轮相反,图 3.35 所示为燃气流经对转涡轮基元级时的速度变化。实践证明,这种使高低压涡轮相反旋转而省去低压涡轮导向器的思路和设计方案已经是可行的。

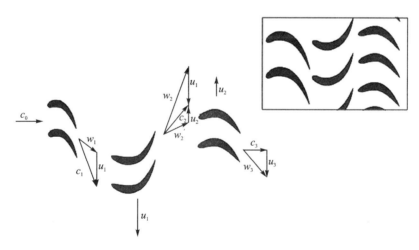

图 3.35 燃气流经对转涡轮基元级时的速度变化

无低压涡轮导向器的对转低压涡轮与一般涡轮比较,其优点是:
(1) 由于增大了高压涡轮工作轮出口气流的切线速度,因而加大了高压涡轮的输出功率;
(2) 由于省去了低压涡轮的导向器,因而减轻了涡轮的结构质量;
(3) 当飞机作机动飞行时,发动机转子的高速旋转产生巨大的陀螺力矩,对转涡轮有两个相反方向旋转的转子,可以平衡彼此产生的陀螺力矩。

思考题

(1) 文中说：

① 由于气体通过涡轮膨胀做功，气体比容增大，密度减小，因而涡轮的气流通道截面是逐渐增大的，呈扩张形。

② 气流经过导向器改变流动方向。导向器通道呈收敛形，气流在其中膨胀加速，气体静压 p、静温 T、静焓 h 相应降低。

③ 涡轮导向器出口尾缘气流以相对速度 w_1 进入涡轮工作轮后，沿工作轮叶栅通道流动。工作轮叶栅通道也呈收敛形，气流在其中继续膨胀加速，气体静压 p、静温 T、静焓 h 进一步降低。

试问，在涡轮中的燃气通道究竟是扩张形还是收敛形的？

(2) 式(3.2.1)和式(3.2.2)是如何推导得来的？试讲述这两个公式的物理意义。

(3) 在做涡轮实验时，用什么方法测量涡轮功？

(4) 在涡轮叶栅中有哪些流动损失？

(5) 试从以下几个方面对比涡轮与压气机的不同之处。

① 在涡轮喷气发动机中的作用；
② 静子与转子位置前后的安排；
③ 基元级速度三角形的特点；
④ 相邻叶片间通道的特点；
⑤ 轴向通道径向尺寸的变化规律；
⑥ 单级压气机和涡轮与气体间传递功的能力。

3.3 进气道

3.3.1 概 述

进气道的作用是引导外界空气进入压气机。对进气道的要求是使气流流经进气道时具有尽可能小的流动损失，并使气流在进气道出口处(压气机进口处)具有尽可能均匀的气体流场。

进气道前方气流的速度是由飞机的飞行速度决定的，而进气道出口的气流速度是由发动机的工作状态决定的，一般情况下两者是不相等的。进气道要在任何情况下满足气流速度的转变。进气道进出口气流状态瞬息万变，而进气道的形状不可能随着变化。因此，空气流经进气道时产生的流动损失是不可避免的。进气道的流动损失用进气道总压恢复系数 σ_i 来表示，即

$$\sigma_i = \frac{p_2^*}{p_1^*} \tag{3.3.1}$$

式中，p_2^* 为进气道出口截面的总压，p_1^* 为进气道前方来流的总压。

根据压气机进口截面的流量公式

$$q_{ma} = \frac{m p_2^* A_2 q(\lambda_2)}{\sqrt{T_2^*}} \tag{3.3.2}$$

可以看出，当发动机工作状态不变（$q(\lambda_2)$为定值）时，进气道流动损失改变了气流总压p_2^*，直接影响进入发动机的空气流量q_{ma}，从而影响发动机推力的大小。因此，设计进气道时应该尽可能减小气流的总压损失。

对进气道最基本的性能要求是，飞机在任何飞行状态以及发动机在任何工作状态下，进气道都能以最小的总压损失满足发动机对空气流量的要求。

3.3.2 亚声速进气道

亚声速进气道是为在亚声速或低超声速范围内飞行的飞机所设计的进气道。它的进口部分为圆形唇口，进气道内部通道为扩张通道，该通道使气流在进气道内减速增压。亚声速进气道简图如图3.36所示。

使用亚声速进气道的喷气飞机其飞行速度可达到或略超过声速（为300～350 m/s）。与之相比，压气机进口的气流速度往往较低，一般轴流压气机进口处气流速度为180～200 m/s。因此，迎面气流在进入压气机前需要在进气道中减速扩压，气流减速不一定都要在进气道内部进行。这是因为，若进气道内部扩张角太大，容易使气流分离造成总压损失，所以往往使气流在进气道前方就开始减速扩压。进气道前方气流的减速扩压过程可以近似地认为是理想绝热过程。

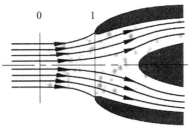

演示视频

图3.36 亚声速进气道简图

亚声速进气道进出口面积比A_1/A_2的选择要根据常用的飞行速度、压气机进口气流速度并兼顾到其他各种工作状态来决定。

在使用中，进气道出口处的气流速度是由发动机的工作状态确定的，其进口处的气流速度也是由发动机的工作状态确定的。一般情况下，进气道进口处的气流速度与飞机的飞行速度不相等，因而在进气道前方形成不同的气流流态，如图3.37所示。

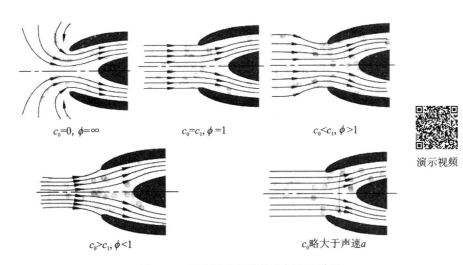

图3.37 亚声速进气道前方气流流动图

设计亚声速进气道时须注意,当发动机在最大工作状态工作时,不能在进气道内出现使气流达到声速的截面(临界截面),因此进气道中任何一个截面的面积不得小于用下式计算所得的面积,即

$$A = \sigma q(\lambda_{2\max}) A_2$$

式中,σ 为所检查的截面到压气机进口截面的总压恢复系数。

根据压气机进口截面的流量公式

$$q_{ma} = \frac{m p_2^* A_2 q(\lambda_2)}{\sqrt{T_2^*}}$$

进气道内各截面流量和气体总温均相等,因此任何一个截面与进气道出口截面之间存在下列关系:

$$p^* A q(\lambda) = p_2^* A_2 q(\lambda_2)$$

令 $q(\lambda) = 1$,$p_2^*/p^* = \sigma$,则可得

$$A = \sigma q(\lambda_{2\max}) A_2$$

飞机的飞行速度不断地变化,发动机的工作状态也由于驾驶员的操作不断变化,进气道前方可以出现各种流态。因此,亚声速进气道进口处的唇口必须做得较为圆滑,以适应不同方向流入的气流。

对于某些低超声速飞机,仍然可以使用亚声速进气道。在低超声速飞行时,亚声速进气道前方某处产生正激波,当飞行 Ma 不大时,正激波的总压损失并不太大,例如当飞行 Ma 为 1.6 时,正激波的总压恢复系数为 0.896。但是当飞机的飞行 Ma 进一步增大时,正激波的总压恢复系数急剧降低,于是必须使用超声速进气道,以减少超声速气流在减速过程中的总压损失。

亚声速进气道在低超声速条件下飞行时,正激波的位置取决于进气道远前方 Ma(飞行Ma)和进气道进口截面 Ma(由发动机工作状态确定)。若迎面超声速流管的气流不能全部进入进气道内($\phi<1$),正激波则处于进气道前方某处,使一部分气流溢出进气道口外。若迎面超声速流管的气流全部进入进气道内($\phi=1$),正激波则处于进气道进口截面的唇口处,通过正激波后的亚声速气流在进气道内的扩张形通道内减速增压。若发动机需要的空气流量进一步增加,超声速气流将进入亚声速进气道的扩张形通道内加速,正激波后移并加强,正激波后的总压降低,使进气道出口的流量相似参数增加。因此,可以说是发动机所需空气流量相似参数的大小决定了正激波的位置。发动机空气流量相似参数的增加是由总压下降来满足的,而实际空气流量并没有增加。这种变化不仅不能增加发动机推力,反而会降低发动机推力。

3.3.3 超声速进气道

超声速进气道可以分为 3 种类型:

1. 外压式超声速进气道

外压式超声速进气道口外具有尖锥或尖劈,使超声速气流在进气道口外产生一道或数道斜激波,而进气道口内则为扩张形通道,在扩张形通道里又有一道弱的结尾正激波,将超声速气流转变为亚声速气流。一般情况下,较低速度的超声速气流进入口内扩张形通道后,先加速流动,再产生一道结尾正激波,结尾正激波的位置是根据进气道出口 $q(\lambda_2)$ 和 p_2^* 的需要。当 $q(\lambda_2)$ 需要减小和 p_2^* 需要增大时,结尾正激波将向前移动;反之,则向后移动。外压式进气道简图如图 3.38 所示。

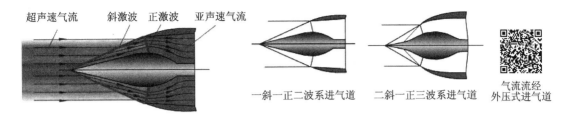

图 3.38 外压式进气道简图

2. 内压式超声速进气道

内压式超声速进气道没有尖锥或尖劈,而是使超声速气流直接进入收敛-扩张形进气道通道内,使超声速气流在通道内减速增压,在喉道处达到声速,然后在扩张段内做亚声速减速流动,如图 3.39 所示。

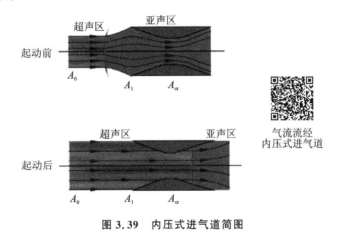

图 3.39 内压式进气道简图

内压式超声速进气道避免了气流在减速过程中的激波损失,也避免了外压式进气道超声速气流通过斜激波时产生的折角,气流转折使进气道有较大的前缘进气角,产生进气道外阻力。但是使用内压式超声速进气道存在两大问题:

(1) 进口截面积 A_1 与喉道截面积 A_{cr} 之比必须随着进气道前方气流 Ma 而变化,以便使喉道处气流速度降至声速。

(2) 使用内压式超声速进气道存在"起动"问题。当迎面气流以设计值(与喉道面积相对应)流来时,将会在进气道前方形成一道正激波,在进气道收敛段内无法建立起超声速流场,必须使进气道前方的气流达到更高的 Ma 或将内压式进气道的喉道面积加大,这样才能使前方正激波"吞入"内压式进气道的通道内。然后再恢复前方气流 Ma 或恢复喉道面积。在飞机上,飞行 Ma 无法随意增大,只能是放大喉道面积以起动内压式进气道。事实上由于存在起动问题,内压式进气道尚无法投入应用。图 3.40 为内压式进气道起动过程图。

3. 混合式超声速进气道

混合式超声速进气道与外压式超声速进气道一样,具有尖锥或尖劈,但是其进气道内通道则与内压式进气道一样为收敛-扩张形通道。混合式进气道简图如图 3.41 所示。

混合式进气道的性能介于外压式和内压式进气道之间。在相同的飞行 Ma 时,混合式超声进气道的总压恢复系数比外压式超声进气道的要高些,外阻也较小,但是与内压式进气道一

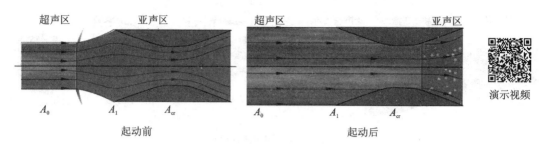

图 3.40 内压式进气道起动过程

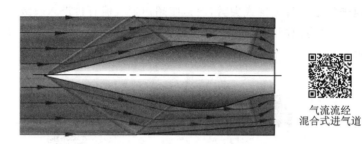

图 3.41 混合式进气道简图

样,存在着"起动"问题,不过由于经过"外压"以后,内通道进口气流 Ma 较低,喉道面积调整范围也较小。

3.3.4 超声速进气道特性

超声速进气道在非设计工况下的工作性能称为超声进气道特性。现以外压式超声速进气道为例,进行简要分析说明。

当飞行 Ma 变化时,斜激波的波角相应变化,斜激波不再与进气道唇口相交,当飞行 Ma 降低时,斜激波波角增大,使流量系数 $\phi<1$。当飞行 Ma 增大时,斜激波波角减小,激波将交于进气道口内,激波与进气道内壁附面层相交会增大流动损失和流场畸变。为了使斜激波在不同飞行 Ma 下仍能与唇口相交或在唇口前方的某一位置,外压式进气道的锥体位置或楔板角度应该能够进行调节。

在任何飞行状态下,发动机的工作状态是可以任意变化的,压气机进口所要求量纲为 1 的密流 $q(\lambda_2)$ 也随发动机工作状态而变化,进气道必须随时满足压气机对量纲为 1 的密流 $q(\lambda_2)$ 的要求。由于

$$q(\lambda_2) \propto \frac{q_{ma}\sqrt{T_2^*}}{p_2^*}$$

当流入进气道的空气流量 q_{ma} 由唇口外的斜激波系确定后,就可以由结尾正激波在进气道扩张段内移动位置,改变正激波前 Ma 和激波总压损失,从而改变 p_2^* 来满足发动机对 $q(\lambda_2)$ 的要求,p_2^* 增大时 $q(\lambda_2)$ 减小。当发动机转速降低,使 $q(\lambda_2)$ 减小时,结尾正激波前移,波前 Ma 减小,p_2^* 增大,当结尾正激波移到唇口处时,p_2^* 达最大值。若进一步降低发动机工作状态,就会将结尾正激波推出进气道唇口外,这时候 p_2^* 已无法进一步增加,而是由减少进入进气道的空气流量 q_{ma} 来满足 $q(\lambda_2)$ 减小的要求。

外压式超声速进气道的结尾正激波被推出唇口外是一种十分不稳定的工作状态。这时正激波与斜激波相交,产生的紊流气体流入进气道,进气道的有效流通面积减小,进一步堵塞气流,将正激波进一步前推,使正激波处于不稳定状态。由于气体的惯性,正激波位置的过分前移和后退以一定的频率反复进行,产生超声进气道喘振。进气道喘振往往会引起压气机喘振,导致发动机熄火停车。为了避免将正激波推出唇口外,当发动机转速降低时,应在进气道出口处打开放气活门,使进气道仍然保持较大的空气流量。

外压式超声速进气道在超声速飞行状态下,若发动机所需流量过大,使正激波过分后移而出现过强的结尾正激波和附面层分离,造成高频气流压力脉动,这种现象称为嗡鸣。嗡鸣的特点是频率高,振幅小,对发动机危害不大,但会使发动机推力下降。为避免嗡鸣现象发生,设计进气道时,可以在进气道出口处设有辅助进气门。当飞机在低速飞行时,超声速进气道在亚声速状态下工作,而发动机在最大状态下工作,为保证发动机能吸入足够的空气,必要时也可以打开辅助进气门。

超声速进气道的特性一般用 σ_i 随流量系数 ϕ 或随进气道出口量纲为 1 的密流 $q(\lambda_2)$ 的变化关系曲线来表示,如图 3.42 所示,不同的曲线表示不同的飞行 Ma。

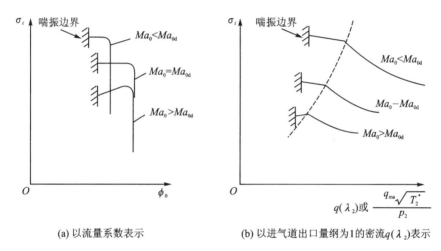

(a) 以流量系数表示　　(b) 以进气道出口量纲为1的密流 $q(\lambda_2)$ 表示

图 3.42 外压式超声速进气道特性图

思考题

(1) 对进气道最基本的要求是什么?

(2) 亚声进气道进口的 Ma_1 主要决定于飞行 Ma 还是压气机进口的 Ma?

(3) 亚声进气道在超声速条件下工作时,什么因素决定正激波的位置?

(4) 什么是内压式超声进气道的"起动"问题?

(5) 外压式超声速进气道、内压式超声速进气道与混合式进气道三者有什么差别?各有什么优缺点?

(6) 为什么外压式超声速进气道要采用可前后移动的中心锥体?二元(长方形进口)外压式超声速进气道无法设置中心锥体,此时将如何处理?

(7) 超声进气道喘振是怎样发生的?它对发动机的工作有什么不利影响?

(8) 为什么在外压式超声速进气道出口处要设置放气门和辅助进气门?

第 4 章　燃烧室、加力燃烧室和尾喷管

4.1　燃烧的基本知识

要在空气流中连续不断地喷入燃油,形成火焰,稳定燃烧,必须满足以下两个条件。

4.1.1　油气比在一定的范围内才能进行燃烧

目前,航空燃气轮机一般都使用航空煤油作为燃料。航空煤油在燃烧前由喷嘴在高压下将煤油喷成雾状,在空气中蒸发,与空气混合。煤油与空气的混合比例(油气比)是一个重要的参数。

对一定量的空气来说,喷入的燃油量在燃烧后正好将空气中的氧气用完,此时喷入的燃油量称为理论所需燃油量,实际喷入燃油量与理论所需燃油量之比称为燃料系数,用 β 表示。

对一定量的燃油来说,将燃油完全烧完所需的空气量称为理论所需空气量,实际空气量与理论所需空气量之比称为空气系数或余气系数,用 α 表示。

$\beta<1$ 或 $\alpha>1$ 表示喷入空气的燃油较少,燃烧后不足以将空气中的氧气燃烧完,这种情况称为贫油;$\beta>1$ 或 $\alpha<1$ 则表示喷入空气的燃油太多,将空气中的氧气烧完后还有剩余的燃油,这种情况称为富油。

在一定的贫油或富油的范围内(油气比范围内)才能进行燃烧,过于贫油或富油是无法进行燃烧化学反应的。可以进行燃烧的油气比范围与油气混合后的混气压力和温度有极大的关系。

4.1.2　火焰周围气流速度必须低于火焰传播速度

$\beta=1$ 的均匀混气在常温常压下火焰的传播速度远低于 1 m/s,在紊流的气流中,火焰传播速度有所提高,能达到每秒数米或十多米,这与气流的紊流度有很大的关系。要使火焰能稳定燃烧,其周围的气流速度必须低于火焰传播速度。

4.2　主燃烧室

主燃烧室是航空燃气轮机的主要部件之一,它介于压气机与涡轮之间,压气机出口的气流进入燃烧室,在其中喷入燃油进行燃烧,成为高温燃气进入涡轮。然而,压气机出口的气流速度一般在 150 m/s 左右,在这样高速的气流里是无法稳定火焰进行燃烧的。此外,受涡轮材料耐热性的限制,燃烧室出口的燃气温度一般在 1 200~1 700 K 范围内,相当于燃料系数 β 在 0.25~0.4 范围内。在这样的贫油状态下,燃烧是无法进行的。

4.2.1　主燃烧室为组织火焰、稳定燃烧所采取的结构措施

首先,为了保证形成火焰进行燃烧的部分达到比较合适的燃料系数范围,燃料系数 β 应在

1 左右。在燃烧室内设置火焰筒,空气从火焰筒壁上的圆孔或气膜缝隙进入火焰筒内,在喷入燃油的火焰筒头部,根据需要设计一定数量的圆孔和缝隙,以保证火焰筒头部的燃料系数 β 在 1 左右。

喷入燃烧室的燃油在火焰筒头部进行燃烧后温度可达到 2 000 K 以上,燃烧后的高温燃气在火焰筒后部与进入的两股冷却空气相渗混,使燃气温度达到所需要的数值。图 4.1 所示为火焰筒头部燃烧过程示意图。

其次,由于火焰传播速度很低,为了保持火焰稳定燃烧,在火焰筒头部喷油嘴周围设置空气扰流器,图 4.2 所示的扰流器使空气在火焰筒头部内形成旋涡,旋涡中心为低压区,使一部分已经燃烧的高温燃气倒流回来形成回流区,不断地点燃由燃油雾滴蒸发形成的新鲜混气,如图 4.3 所示。

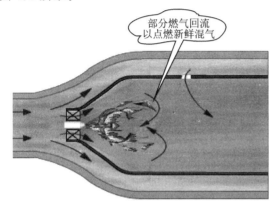

图 4.1　火焰筒头部燃烧过程示意图　　　　　图 4.2　扰流器结构图

一般情况下,主燃烧室都采用离心式喷油嘴,如图 4.4 所示。在高压作用下,燃油经喷油嘴高速旋转喷出,与喷嘴外空气相撞形成极细小的雾化油滴,如图 4.5 所示。雾化油滴很快蒸发并与空气混合,形成新鲜混气。

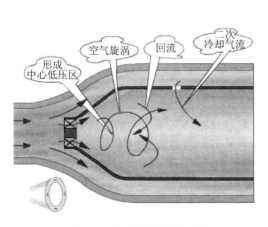

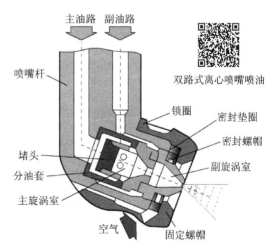

图 4.3　扰流器作用示意图　　　　　图 4.4　双路式离心喷嘴结构图

燃油喷嘴的另一种形式称为蒸发管,如图 4.6 所示。燃油由喷油管喷出,与来自压气机的一部分空气在蒸发管内掺混,并经 T 形热管壁加热蒸发。实践表明,使用蒸发管的燃烧室其燃烧效率较高、不冒烟,出口温度场也比较均匀,不随喷油量的变动而变化。目前,这种蒸发管式供油装置已与环形燃烧室相配合,并得到了广泛使用。

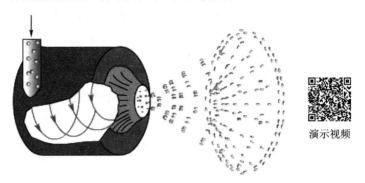

图 4.5 离心喷嘴油束运动示意图

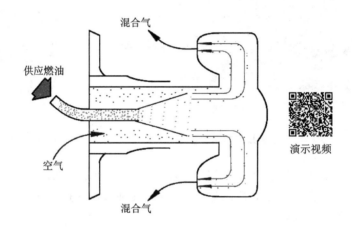

图 4.6 T 形蒸发管的工作示意图

近年来,很多发动机上都采用了气动雾化喷嘴,简称气动喷嘴。图 4.7 所示即为 RB211 发动机所用的气动喷嘴结构示意图。燃油通过集油槽和切向孔将油喷射到内环的外壁面上。

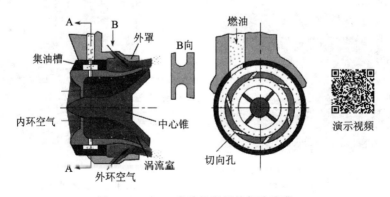

图 4.7 RB211 发动机所用的气动喷嘴

由于供油压力不高(为 $3\times10^5\sim5\times10^5$ Pa),燃油只是紧贴壁面形成一层旋转的油膜,在内环腔中气流的吹动下,沿壁面向下游扩展,下游是个窄喉道,内环气流加速流动,油膜在内环气流和外环气流的交叉切吹下,碎裂成细小的油珠,由内外两股气流强烈扰动,较好地掺混于气流中,形成均匀的油雾进入火焰筒头部,即燃油离开喷嘴时已经较好的雾化,不需要雾化的距离,可很快达到可燃状态。实践表明,这种气动喷嘴可大大降低发烟度和热辐射量,且不需要高压油泵,出口温度场也均匀稳定。

4.2.2 主燃烧室的点火装置

航空燃气轮机燃烧室的点火装置如图 4.8 所示。该点火装置是利用外电源,使高压火花塞打火,将点火装置中由起动喷油嘴喷出的燃料和空气或氧气的混合气体加热到着火温度,使其首先燃烧,然后再依靠这个起动喷嘴火焰点燃整个燃烧室。燃烧室点燃以后,点火装置即停止工作。为保险起见,一台发动机的燃烧室一般都有两个点火装置。

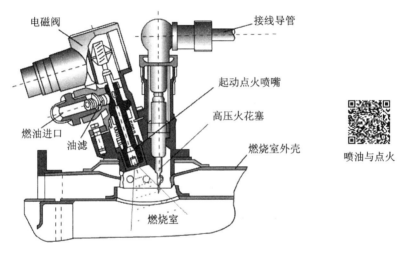

图 4.8 点火装置图

4.2.3 主燃烧室的结构形式

航空燃气轮机的燃烧室有 3 种基本结构:单管燃烧室、联管燃烧室和环形燃烧室,如图 4.9 所示。这 3 种结构的燃烧室在 20 世纪 40 年代航空燃气轮机刚开始发展的时候就已出现,且一直沿用至今。现在使用较多的是环形燃烧室。现分别讨论这 3 种基本结构。

1. 单管燃烧室

单管燃烧室如图 4.10 和图 4.11 所示。单管燃烧室由多个(一般是 8~16 个)单个燃烧室组成。它们之间有联焰管相连,起传播火焰和均压的作用。每个单管燃烧室各有自己单独的火焰筒和外套。这种燃烧室在设计过程中,可以用空气流量较小的气源进行试验研究,以便于进行设计调试,因而早期的涡轮喷气发动机用得较多。该种燃烧室与离心式压气机配合使用,在结构上比较简单。此外,在使用中,该种燃烧室可以单独的拆换,因而维护也比较方便。但是缺点是它的空间利用率低,自身质量较大,还要增加其他构件(如轴承机匣)才能传递涡轮和压气机壳体上的扭矩。

(a) 单管燃烧室

(b) 联管燃烧室

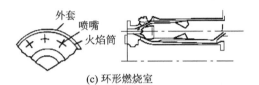

(c) 环形燃烧室

图 4.9 3 种基本形式燃烧室的结构示意图

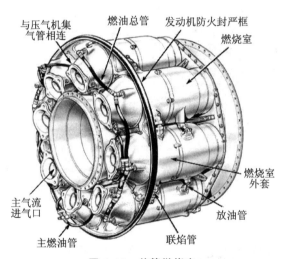

图 4.10 单管燃烧室

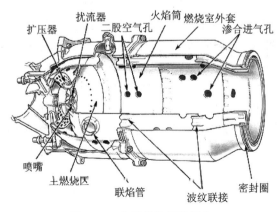

图 4.11 典型的单管燃烧室

2. 联管燃烧室

联管燃烧室如图 4.12 所示。联管燃烧室与单管燃烧室相同的是,联管燃烧室也有单独的火焰筒。但是这些火焰筒被包容在一个共同的环形腔道里。联管燃烧室的优点是结构比较紧凑,外壳可传递扭矩,因而有利于减轻发动机的结构质量。此外,它的火焰筒与单管燃烧室相似,因而也有利于设计调试。

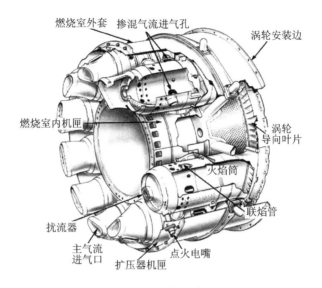

图 4.12 联管燃烧室

3. 环形燃烧室

典型的环形燃烧室如图 4.13 所示。它是由 4 个同心的圆筒组成。在燃烧室的外机匣和内壳所形成的腔道中,安装着环形的火焰筒。在火焰筒的头部装有一圈燃油喷嘴和火焰稳定

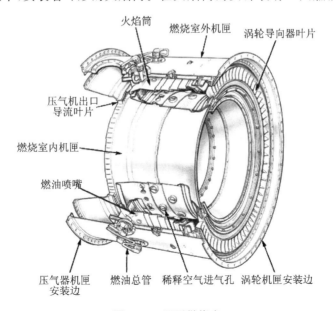

图 4.13 环形燃烧室

装置。环形燃烧室的气流通道与压气机出口和涡轮进口的环形气流通道可以有很好的气动配合,因而可以减少流动损失,并可以缩短燃烧室头部的扩压段,且可以得到较均匀的出口周向温度场。此外,环形燃烧室的空间利用率最高,壳体结构有利于扭矩和力的传递。与联管燃烧室相比,环形燃烧室更有利于减轻质量。近年来,很多新型发动机上都已广泛采用短环形燃烧室,以进一步减轻发动机的质量。虽然有上述优点,但是它的缺点也比较明显。首先,沿圆周均匀分布的各个离心喷嘴喷油所形成的燃油分布和环形通道的进气不易配合好;此外,环形燃烧室的设计调试比较困难,需要有大型的气源设备;使用中拆装维护也比较复杂。

4.2.4 主燃烧室的基本性能要求

1. 燃烧稳定、点火可靠

燃烧室要在飞机飞行包线的所有范围内、飞机做各种机动动作时以及发动机的工作状态急剧变化的情况下都能稳定燃烧、不熄火。燃烧室空中熄火意味着发动机空中停车,这对飞行安全是极大的威胁。因此,稳定燃烧是燃烧室最基本的性能要求。

此外,当发动机在地面条件下起动和发动机在空中熄火停车后重新起动时,燃烧室应点火可靠,以保证发动机能及时起动、安全飞行。

2. 燃烧效率高

由于燃烧室壁散热、燃料燃烧不完全以及燃烧产物的离解等原因,燃料的热值不能完全利用。表示燃料热值利用完全程度的物理量称为燃烧效率。燃烧效率 η_b 的定义是,燃油实际用于加热工质的热量与燃油完全燃烧时的放热量比,其表达式为

$$\eta_b = \frac{q_{mg} h_{4,g}^* - q_{ma} h_{3,a}^* - q_{mf} h_f^*}{q_{mf} H_u} \tag{4.2.1}$$

式中,q_{ma} 为燃烧室进口空气流量,kg/s;q_{mg} 为燃烧室出口燃气流量,kg/s;q_{mf} 为进入燃烧室的燃油流量,kg/s;$h_{3,a}^*$ 为燃烧室进口空气的焓,kJ/kg;$h_{4,g}^*$ 为燃烧室出口燃气的焓,kJ/kg;h_f^* 为燃油的总焓,kJ/kg;H_u 为燃油热值,kJ/kg。

式(4.2.1)是从能量角度反映燃烧室内燃油的完全燃烧程度,亦称焓增燃烧效率。在使用中,$h_{4,g}^*$ 是根据 T_4^* 查完全燃烧产物的焓值表来求得,忽略了不完全燃烧产物的组成,因此有一定的误差,特别是在燃烧效率较低的情况下误差较大。另一方面,由于需要考虑燃烧产物中的化学离解现象,不能用燃料热值表示理想发热量,用式(4.2.1)计算燃烧效率就不恰当。因此,近年来有的文献中公布的有关燃烧室试验数据常用温升燃烧效率来反映燃烧完全程度。

温升燃烧效率 $\eta_{b,t}$ 是燃烧室中由燃料燃烧引起的实际温升与理论计算的理论温升之比,表达式为

$$\eta_{b,t} = \frac{T_4^* - T_3^*}{T_{4,th}^* - T_3^*} \tag{4.2.2}$$

式中,$T_{4,th}^*$ 为完全燃烧时燃烧室出口平均温度的理论计算值,其值与燃烧室压力、进口空气温度、油气比(或余气系数)、燃料的碳氢组成和燃料的相态有关,实际应用时可由已知条件从已有的图表查得。完全燃烧时,$T_4^* = T_{4,th}^*$,温升燃烧效率为1;不完全燃烧时 $T_4^* < T_{4,th}^*$,$\eta_{b,t} < 1$;燃烧完全程度越差,T_4^* 偏离 $T_{4,th}^*$ 越远,$\eta_{b,t}$ 也就越低。

3. 压力损失小

燃烧室中气体的流动阻力和燃气加热时的热阻使气体流经燃烧室时压力稍有下降。气体的总压损失会导致航空燃气轮机单位推力（或单位输出功率）减小，耗油率上升。因此，应当尽可能地减小总压损失。

常用总压恢复系数 σ_b 来表示主燃烧室的总压损失。总压恢复系数为

$$\sigma_b = \frac{p_4^*}{p_3^*} = 1 - \frac{\Delta p_{34}^*}{p_3^*} \tag{4.2.3}$$

式中，$\Delta p_{34}^* = p_3^* - p_4^*$，是燃烧室的总压损失，$\Delta p_{34}^*/p_3^*$ 称为总压损失相似参数。一般情况下，主燃烧室的总压恢复系数 σ_b 在 0.92～0.96 范围内。

4. 燃烧室出口温度场应按所要求的规律分布

根据燃烧室内进行燃烧和空气的掺混过程分析，流出燃烧室的燃气温度场不可能是均匀的。为了保证涡轮转子叶片能安全、可靠地工作，要求燃气沿半径的周向平均温度须按如图 4.14 所示的规律分布。

由于涡轮叶片产生的离心力通过叶片根部传到轮盘上，叶片根部受力大，所以要求燃气温度低些。叶尖很薄，强度刚度较差，也要求燃气温度低些。在离叶尖约为叶片高度的 1/3 处，燃气温度可以达最高值。这样，可使整个转子叶片接近于等强度。但是，实际的燃气温度分布不可能和曲线所希望的分布规律完全一致，因此须在实验中反复调试，使其偏差不超过规定的范围。

此外，周向燃气温度分布，特别是燃气局部最高温度与该半径周向平均温度之差也有一定的要求，因为过大的温差会使涡轮导向器叶片局部过热和增加涡轮工作叶片的热疲劳负荷。

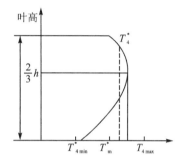

图 4.14 沿叶高温度分布要求

5. 尺寸小，发热量大

缩短燃烧室长度不仅可以减轻燃烧室的质量，而且还可以缩短压气机和涡轮之间的距离，从而减轻机匣和转子的质量。燃烧室的直径一般受到压气机和涡轮进出口尺寸的限制，从设计燃烧室的角度，自由选择参数的主动性较少，所以主要问题是缩短燃烧室长度。

燃烧室尺寸的大小用燃烧室容热强度 Q_{vf} 来衡量，容热强度是指每立方米的燃烧室容积里在单位压力下每小时实际放出的热量，即

$$Q_{vf} = \frac{3\,600 \eta_b q_{mf} H_u}{p_3^* V_f} \tag{4.2.4}$$

式中，V_f 为火焰筒容积。一般情况下，航空燃气轮机火焰筒的容热强度 Q_{vf} 为 $1.2 \times 10^3 \sim 2.0 \times 10^3$ kJ/(m³·h·Pa)。

6. 减少排气污染

减少排气污染不仅要求燃烧完全，限制一氧化碳的产生，还要使火焰燃烧区的温度不要太高以免产生氮氧化物。近年来研制出"双头部"或"双环腔"的燃烧室，在火焰筒头部的每个环腔内设置各自的喷油嘴，组织两个火焰燃烧区，使发动机在最大状态下工作时，两个燃烧区同时工作，使火焰偏离最高温度状态，以免生成氮氧化物；当发动机在低转速下工作时，仅一个燃

烧区喷油燃烧,使火焰在合理的油气比条件下工作,以免生成一氧化碳。"双头部"燃烧室还十分有利于稳定燃烧。

从上述几点要求中可以看出,这些要求相互之间是存在矛盾的,特别是为减轻质量而缩短燃烧室长度,这将影响燃烧完全的程度、温度场分布以及在燃烧室头部的扩压损失。所以,必须全面考虑,统筹兼顾。

4.2.5 主燃烧室特性

主燃烧室的特性通常是指燃烧效率、燃烧室压力损失、燃烧稳定性(熄火特性)以及燃烧室进口气流参数随着油气比(或余气系数)的变化规律。由于气体在燃烧室内的流动和燃烧过程十分复杂,而且燃烧过程受许多物理化学因素的影响,因此无法用计算的方法来取得燃烧室的特性。燃烧室特性主要通过实验获得。下面分别讨论这3个方面的特性。

1. 主燃烧室效率特性

实验证明,在一个已经制成的燃烧室中,燃烧效率主要受以下4个参数的影响:

(1) 燃烧室进口压力 p_3^*;

(2) 燃烧室进口温度 T_3^*;

(3) 燃烧室进口空气流速 c_3 或通过燃烧室的空气容积流量 q_{va};

(4) 燃烧室的油气比 f 或余气系数 α。

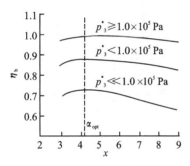

图 4.15 主燃烧室效率特性

燃烧效率 η_b 随油气比 f 或余气系数 α 的变化关系是燃烧室的基本特性。图4.15给出了由实验得到的某燃烧室的效率特性,实验时保持燃烧室进口温度 T_3^* 和燃烧室进口空气流速 c_3 不变,图中3条曲线对应3个不同的燃烧室进口压力 p_3^*。

由图4.15可见,3条曲线的燃烧效率极大值都对应同一个最佳余气系数 α_{opt}。余气系数的最佳值是由燃烧室结构决定的,在设计燃烧室结构时,应按照设计状态的需要恰当安排参与燃烧的第一股气流和用于掺混的第二股气流,两股气流的不同比例影响最佳余气系的大小。由于材料耐热性的限制,在常用的燃烧室出口温度下,余气系数一般为3~4,这就决定了最佳余气系数 α_{opt}。当余气系数 $\alpha < \alpha_{opt}$ 时,燃烧处于富油状态,部分燃油来不及燃烧完就被排出,因而燃烧效率下降。α 偏离 α_{opt} 越远时,燃烧效率越低,当 α 小于某一极限时,将导致富油熄火。当余气系数 $\alpha > \alpha_{opt}$ 时,燃烧处于贫油状态,混气燃烧速度下降,燃烧效率也下降,当 α 大于某一极限时,将导致贫油熄火。

从图4.15还可以看出,燃烧室进口压力 p_3^* 对燃烧效率影响较大,p_3^* 越高,化学反应速度和火焰传播速度越快,燃烧效率也越高。然而当 p_3^* 增大到一定程度时,进一步提高进口压力 p_3^*,燃烧效率不再有显著提高。

燃烧室实验还表明,燃烧室进口空气温度 T_3^* 和气流速度 c_3 对燃烧室效率有十分重要的影响,T_3^* 升高对混气的形成和燃烧过程都有利,可以提高燃烧效率。但是对于一个在航空燃气轮机上使用的燃烧室来说,在大部分工作条件下,燃烧室进口的气流温度和速度都在一定的范围内变化,致使燃烧效率变化不明显。因此,燃烧室的效率特性往往只给出图4.15所示的曲线。

2. 主燃烧室压力损失特性

燃烧室的总压损失 Δp_{34}^* 与气流的动压头 $\frac{1}{2}\rho c^2$ 有直接的关系。由于燃烧室内各处气流速度 c 差别极大,可以用由燃烧室进口的空气密度 ρ、空气流量 q_{ma} 和燃烧室最大截面积 A_m 算出的假想速度 c_m 来代表燃烧室的气流速度

$$c_m = \frac{q_{ma}}{A_m \rho_3} \tag{4.2.5}$$

燃烧室的总压损失 Δp_{34}^* 可以通过流阻系数来计算,流阻系数作为燃烧室的总压损失 Δp_{34}^* 与气流的动压头 $\rho_3 c_m^2/2$ 之间的比例系数,其定义为

$$\psi_b = \frac{\Delta p_{34}^*}{\frac{1}{2}\rho_3 c_m^2} \tag{4.2.6}$$

流阻系数主要由主燃烧室的结构设计决定。一般来说,单管燃烧室的 ψ_b 较大,联管燃烧室其次,而环形燃烧室的 ψ_b 最小。此外流阻系数还与主燃烧室工作时的加热比 $\theta_b = T_4^*/T_3^*$ 有关。

实验表明,对于一个已经制成的燃烧室,流阻系数 ψ_b 可以用下式确定,即

$$\psi_b = A + B\theta_b \tag{4.2.7}$$

式中,常数 A 和 B 由实验得到。图 4.16 给出了某一个燃烧室的流阻系数 ψ_b 随燃烧室加热比 θ_b 的变化关系。随着加热比 θ_b 的提高,流阻系数 ψ_b 也增大,总压损失也增加。图中虚线为 $\theta_b=1$ 时的流阻,称为冷态流阻。

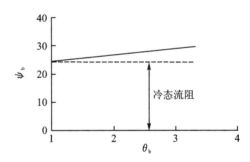

图 4.16 流阻系数 ψ_b 随燃烧室加热比 θ_b 的变化关系

由流阻系数很容易从式(4.2.6)和式(4.2.3)求得主燃烧室的总压损失 Δp_{34}^*、总压损失相似参数 $\Delta p_{34}^*/p_2^*$ 和总压恢复系数 σ_b。

由式(4.2.6)得总压损失

$$\Delta p_{34}^* = \psi_b \cdot \frac{1}{2}\rho_3 c_m^2 = \psi_b \frac{q_{ma}^2}{2A_m^2 \rho_3} \tag{4.2.8}$$

由于燃烧室进口速度较低,可近似认为 $\rho_3 \approx \rho_3^*$,因此式(4.2.8)也可写为

$$\Delta p_{34}^* = \psi_b \frac{q_{ma}^2 R T_3^*}{2A_m^2 p_3} \tag{4.2.9}$$

总压损失相似参数为

$$\frac{\Delta p_{34}^*}{p_3^*} = \psi_b \frac{R}{2}\left(\frac{q_{ma}\sqrt{T_3^*}}{A_m p_3^*}\right)^2$$

由上式可以看出,总压损失相似参数 $\Delta p_{34}^*/p_2^*$ 与主燃烧室进口空气流量相似参数 $q_{ma}\sqrt{T_3^*}/p_3^*$ 的平方成正比。

3. 主燃烧室熄火特性

余气系数过大或过小,不仅使燃烧效率降低,甚至有可能引起燃烧室熄火。余气系数过大引起熄火称为贫油熄火,余气系数过小引起熄火称为富油熄火,余气系数在两者之间,燃烧室才能稳定燃烧。

由实验得知,主燃烧室的燃烧稳定工作范围随着燃烧室进口空气流速 c_3 的增加而缩小,如图 4.17 所示,该图称为主燃烧室熄火特性图。

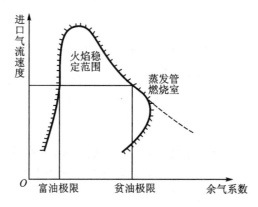

图 4.17 主燃烧室熄火特性图

燃烧室进口空气流速 c_3 越大,燃烧稳定工作的范围越小。这是因为流速越大,火焰前锋越不容易稳定,甚至被吹熄。所以进口空气流速越大就要求余气系数就越应接近最佳的余气系数值,该值因各燃烧室的设计要求而各不相同。进口空气流速过小会使空气流量太小,喷油量太少,雾化质量差,也不能保持稳定燃烧。

思考题

(1) 主燃烧室内为什么要设置火焰筒?燃烧室出口燃气温度的设计值不同时,设计者将对火焰筒的形状做什么变动?

(2) 主燃烧室为什么要采用双路式离心喷油嘴?

(3) 主燃烧室按结构形式可分为哪几类?各有哪些优缺点?

(4) 主燃烧室的燃烧效率与总压损失与哪些因素有关?在非设计状态下工作时,如何进行估算?

4.3 加力燃烧室

4.3.1 概述

涡轮喷气发动机或涡轮风扇发动机处于最大工作状态工作时产生最大的推力,这时候发动机的转速已经达到最大转速,涡轮前燃气温度已经达到最大允许值,进一步提高发动机转速或提高涡轮前燃气温度将会损坏发动机的零件。但是当飞机起飞或做 2 倍以上超声速飞行时或当军用飞机投入战斗时,则要求在短时间内进一步增加发动机的推力。

在短时间内增加发动机的推力,称为发动机加力。加力可以有不同的方法,在涡轮出口设置加力燃烧室是增加推力的有效方法之一。空气通过主燃烧室后尚有 2/3～3/4 的氧气没有燃烧,在加力燃烧室中进一步喷油燃烧可以提高燃气温度,增大尾喷管出口燃气的喷射速度,以增大发动机的推力。由于涡轮后面没有转动部件,加力燃烧室出口的燃气温度可以比主燃烧室出口的燃气温度高得多。理论上可以达到的最高温度是将燃气中的剩余氧气完全燃烧完,当发动机进口的空气温度为 288 K 时,加力燃烧室出口燃气可能达到的最高温度为 2 400～2 600 K。目前,加力燃烧室的材料不允许这样高的燃气温度,而且在高温下燃烧产物易于分解,要完全燃尽空气中的氧气以达到这样高的燃气温度是比较困难的。目前加力燃烧室出口燃气温度最高则达 2 000 K 左右。

加力燃烧室的原理图如图 4.18 所示,加力燃烧室是由扩压器、喷油系统、点火器和火焰稳定器等组合件组成。

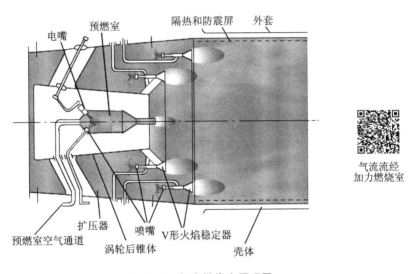

图 4.18 加力燃烧室原理图

4.3.2 加力燃烧室工作过程和主要零组件

1. 扩压器

加力燃烧室进口燃气流速高达 400 m/s 左右。为了适当降低燃烧区域的气体流速,在加力燃烧室进口部分有一个扩张段,使气体流速降到 150 m/s 左右。扩压器由内外壁和整流支板组成,内外壁组成扩压通道,整流支板可消除涡轮出口气流的扭转流动。

2. 喷油雾化

加力燃烧室的供油量大,喷嘴数目多,而且由于高的来流温度,对雾化有利,所以除了少数加力燃烧室采用离心式喷油嘴外,较多的是采用结构简单的直射式喷嘴。直射式喷嘴都是迎着气流的方向喷油,这样可增加油与气的相对运动速度,有利于改善混气的形成。

在加力燃烧室工作过程中,油门杆位置可以从全加力状态减小到小加力状态,加力燃油流量会有很大的变化。此外,随着飞机飞行高度和速度的变化,加力燃烧室内的压力和气体流量会随之变化,这种变化也会使加力燃油流量产生变化。因而,同样有主燃烧室所存在的供油压力变化而影响燃油雾化质量的问题。解决的办法通常是在加力燃烧室中分区供油。每一个供油区域的下游设有对应的火焰稳定器,根据供油量的大小,选择是只用一个供油区工作还是用多个供油区同时工作。随着加力燃烧室从小加力状态增加到全加力状态,加力供油区会逐个打开投入工作。

3. 点火装置

加力燃烧室都设有点火装置,点火装置一般都安装在涡轮后的锥体内,该锥体称为预燃室。预燃室从主燃烧室的油路中引入燃油,同时引入压气机出口的空气,二者混合形成混气,用电嘴点燃后形成稳定燃烧的火炬,用以引燃加力燃烧室中的混气。这种点火装置的火源来自电嘴,所以称为电火花点火。

为了简化结构,减轻质量,也有的点火装置采用催化点火装置的。该装置以金属铂铑等作为催化剂,煤油和空气的混气在一定的温度下(如 400～500 ℃)遇到金属铂铑丝就会燃烧。燃烧后,铂铑丝依然存在,可以反复使用。其缺点是点火的能量较小,而且铂铑丝处于高温燃气中工作,容易受到硫、磷等有害物质的影响而失去活性,或者被表面积炭沾污而使催化效果降低。

4. 火焰稳定器

在加力燃烧室工作时需要将燃气中的大部分氧气燃烧掉,所以在结构上不再像主燃烧室那样设置火焰筒,而是在加力燃烧室的主气流中设置火焰稳定器,如图 4.19 所示。一般采用断面为 V 形的圆环或径向辐射条作为火焰稳定器。气流绕过稳定器在其尾缘产生分离,并形成回流区,燃烧后的高温燃气返回回流区,并不断地点燃新鲜混气。为了减少流动损失,常把稳定器分为两排或三排,并在不同半径上前后错开排列。

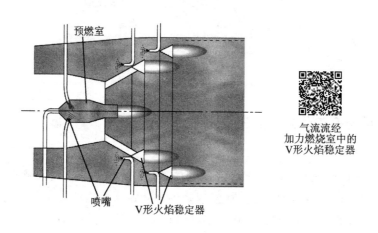

图 4.19 加力燃烧室中的 V 形火焰稳定器

长期以来国内外都采用 V 形火焰稳定器。20 世纪 80 年代初我国的高歌在导师宁晃教授的指导下发明了沙丘式火焰稳定器。与 V 形火焰稳定器相比,沙丘式火焰稳定器稳定性能好,流动阻力小,燃烧效率高,可以在较高速度的气流中使火焰稳定燃烧。沙丘式火焰稳定器如图 4.20 所示。这项发明获得了国家发明一等奖。

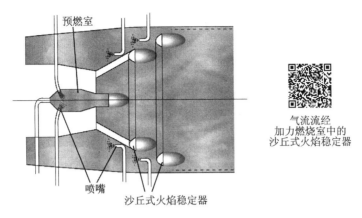

图 4.20 加力燃烧室中的沙丘式火焰稳定器

4.3.3 振荡燃烧及其消除方法

1. 振荡燃烧现象

加力燃烧室工作时,容易发生振荡燃烧。振荡燃烧时,加力燃烧室内的压力产生脉动,其脉动频率可以从数赫兹到数千赫兹,其压力脉动的幅度也可以有很大的差别。

加力燃烧室工作时产生振荡燃烧的原因可以这样来理解:加力燃烧室筒体内是高速流动的燃气柱,如把加力燃烧室筒体看做一个乐器,其有一定的共鸣频率。激振的能源就是加力燃油和加力燃烧火焰。振源可以是来自多方面的,如旋转涡轮排出气体是不均匀的脉动流场、加力燃烧室火焰稳定器后面回流区的尾涡不规则的脱落或加力燃烧火焰本身不稳定地脉动等。

实践证明,若振荡频率较高,在超声范围内,其压力脉动幅度不会太大,对发动机的工作并没有影响。若振荡频率为数百赫以下的中频或低频振荡时,其压力脉动幅度一般较大,不仅造成强烈的轰鸣声,而且会损坏发动机零件,甚至造成加力燃烧室熄火和发动机停车。

2. 消除振荡燃烧的方法

避免振荡燃烧的发生,主要从两个方面着手:

(1) 减弱造成振荡燃烧的激振源,如改变加力燃烧室中火焰稳定器的设计形状,采用沙丘式火焰稳定器就具有较好的抗振荡燃烧性能。

(2) 设置阻尼装置。常在加力燃烧室筒体内壁增加一层波纹多孔防振屏,它对振波产生漫散反射,削弱了反射波的能量。目前,许多加力燃烧室都采用这种防振方法。

4.3.4 加力燃烧室的基本性能要求

1. 点火可靠

与主燃烧室相比,在加力燃烧室里进行燃烧有其有利的方面和不利的方面,有利的方面是:来流温度高,有利于化学反应的进行;不利的方面是:总压低,气流速度高,来流含氧量低。但相比之下,来流温度高仍起主导作用。因而在一般情况下,加力燃烧室能够可靠的点燃。只有在高空条件下,当加力燃烧室内气体压力低于 1 个大气压时,加力供油量少,燃油压力低,喷雾情况不好,会给点火造成一定的困难。

2. 燃烧效率高

在加力燃烧室内,由于煤气的压力低,流速高,且供油量大,完全燃烧的程度一般比主燃烧室低。加力燃烧室的燃烧效率为 0.85~0.90。在高空条件下,燃烧效率还会显著降低。

3. 总压损失小

涡轮出口的燃气流速较大,虽然经过扩压,但由于受到径向尺寸的限制,在燃烧区的流速仍然是较高的,因此在加力燃烧室里总压损失较大。特别是在发动机工作的大多数时间里,加力燃烧室并不工作,这时它是一个只产生阻力的部件,而成为发动机的负担。所以,在保证加力燃烧室稳定燃烧的前提下,必须尽可能地减少加力燃烧室各部件的流阻损失。

思考题

(1) 加力燃烧室的工作条件和作用与主燃烧室有什么不同?这些不同结构带来什么特点?
(2) 加力燃烧室的基本性能要求有哪些?
(3) 什么是振荡燃烧?它有什么危害?用什么措施避免振荡燃烧的发生?

4.4 尾喷管

4.4.1 概 述

在航空燃气轮机上,尾喷管的功能是将从涡轮(或加力燃烧室)流出的燃气膨胀加速,将燃气中的一部分热焓转变为动能,从尾喷管高速喷出,产生反作用推力。

有的尾喷管还带有反推力装置,以缩短飞机着陆时的滑行距离;有的尾喷管还带有消声装置,以减少排气的噪声;有的尾喷管可以改变射流方向,称为矢量喷管,它可以使燃气射流向上下左右不同方向偏转一个可以操纵的角度,使飞机产生一个俯仰或左右偏转的力矩,便于在高速飞行时对飞机进行操纵和控制。

4.4.2 亚声速喷管与超声速喷管

根据尾喷管出口气流喷射速流的不同,可以将喷管分为亚声速喷管(subsonic nozzle)和超声速喷管(supersonic nozzle)。亚声速喷管为收敛形喷管,超声速喷管为收敛扩张形喷管。

尾喷管的压力降(或称膨胀比)以进口截面的总压 p_5^* 与出口截面以外的外界大气压力 p_0 之比来表示,即

$$\pi_e = \frac{p_5^*}{p_0}$$

能使尾喷管出口气流速度达到声速的膨胀比称为临界膨胀比 $\pi_{e,cr}$,即

$$\pi_{e,cr} = \left(\frac{k'+1}{2}\right)^{k'/(k'-1)} \tag{4.4.1}$$

式中,k' 为工质的比热比。若燃气的比热比 $k'=1.33$,则 $\pi_{e,cr}=1.85$。

涡轮喷气发动机和涡轮风扇发动机在地面工作时,尾喷管的膨胀比根据发动机设计参数

的不同可以在很大范围内变化,很多发动机的 π_e 为 $1.5\sim2.5$。当发动机在超声速条件下飞行时,由于进气道的冲压增压,尾喷管的膨胀比将大得多。

图 4.21 给出了作用在收敛形尾喷管内外壁上的压力分布。尾喷管外壁为均匀的外界大气压力 p_0,内壁的静压 p 则大于外界大气压,随着气流在尾喷管内加速流动,静压下降,到尾喷管出口处,静压降至外界大气压。

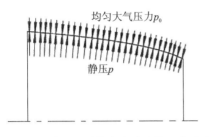

图 4.21 收敛形尾喷管内外壁上的压力分布

当尾喷管的膨胀比达到或超过临界值后,尾喷管出口最小截面处的气流速度达到声速。在这种情况下,尾喷管出口以外的压力变化不再影响尾喷管内的气体流动,也就不会影响发动机内部的工作。由于收敛喷管无法使气流进一步膨胀加速,因此随着尾喷管膨胀比的进一步加大,尾喷管应由收敛喷管改为收敛扩张喷管,扩张的程度应该使出口处的静压 p_9 正好等于外界大气压力 p_0,这种情况称为完全膨胀。如果收敛扩张喷管中扩张段的扩张程度超过需要,就会造成过度膨胀,使扩张段出口截面的压力 p_9 低于外界大气压力 p_0,在这种情况下,在过度膨胀区内将产生激波,使波后流速降低,静压增大,使气流能排出喷管外。如果收敛扩张喷管中扩张段的扩张程度不能满足需要,就会造成不完全膨胀,这时,出口截面静压 p_9 大于外界大气压 p_0。无论是过度膨胀还是不完全膨胀都会有激波系存在,与完全膨胀相比,过度膨胀与不完全膨胀都将使推力减小。收敛扩张喷管在各种工况下内外壁上的压力分布如图 4.22 所示。

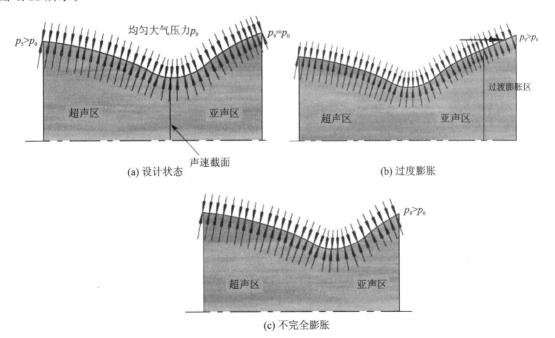

图 4.22 收敛扩张喷管在各种工况下内外壁上的压力分布

4.4.3 喷管流动损失的计算

进行喷管计算时,气体的流动损失可以用速度系数 ϕ_e、总压恢复系数 σ_e 或喷管效率 η_e 来衡量。

喷管速度系数 ϕ_e 的定义是,在喷管可用膨胀比相同的条件下,实际流动速度 c_e 与理想流动速度 $c_{e,i}$ 之比,即

$$\phi_e = \frac{c_e}{c_{e,i}} \tag{4.4.2}$$

$$c_e = \phi_e c_{e,i} = \phi_e \sqrt{2c_p' T_4^* \left[1 - \left(\frac{p_e}{p_5^*}\right)^{(k'-1)/k'}\right]} \tag{4.4.3}$$

喷管效率 η_e 的定义是,在喷管可用膨胀比相同的条件下,实际流动的焓降与绝热等熵流动焓降之比,如果认为二者比热相同,则可写为

$$\eta_e = \frac{T_5^* - T_e}{T_5^* - T_{e,i}} \tag{4.4.4}$$

或

$$T_5^* - T_e = \eta_e T_5^* \left[1 - \left(\frac{p_e}{p_5^*}\right)^{(k'-1)/k'}\right]$$

气流速度 c_e 为

$$c_e = \sqrt{2c_p'(T_5^* - T_e)} = \sqrt{2c_p' \eta_e T_5^* \left[1 - \left(\frac{p_e}{p_5^*}\right)^{(k'-1)/k'}\right]} \tag{4.4.5}$$

比较式(4.4.3)与式(4.4.5),可以得到速度系数 ϕ_e 与喷管效率 η_e 之间的关系,即

$$\eta_e = \phi_e^2 \tag{4.4.6}$$

速度系数 ϕ_e 和喷管效率 η_e 越高,流动损失越小。一般,ϕ_e 为 0.97~0.99,η_e 为 0.94~0.98。

用速度系数 ϕ_e 和喷管效率 η_e 比较合理地表示了流动损失的状况。然而,在一些计算中习惯于采用总压恢复系数 $\sigma_e = p_e^*/p_5^*$ 来表示流动损失。用总压恢复系数表示气流在喷管中的流动损失时,喷管出口气流速度 c_e 的计算公式为

$$c_e = \sqrt{2c_p' T_5^* \left[1 - \left(\frac{p_e}{\sigma_e p_5^*}\right)^{(k'-1)/k'}\right]} \tag{4.4.7}$$

由式(4.4.3)与式(4.4.7)可以得到喷管速度系数 ϕ_e 和总压恢复系数 σ_e 之间的关系,即

$$\sigma_e = \frac{\dfrac{p_e}{p_5^*}}{\left[1 - \phi_e^2\left(1 - \left(\dfrac{p_e}{p_5^*}\right)^{(k'-1)/k'}\right)\right]^{k'/(k'-1)}} \tag{4.4.8}$$

必须注意,在流动损失状况相同的条件下,即在一定的速度系数 ϕ_e 和喷管效率 η_e 时,压力比 p_5^*/p_e 的变化可以使总压恢复系数在很大范围内变动,如图 4.23 所示。因此用总压恢复系数进行计算时必须十分注意,随着尾喷管膨胀比 p_5^*/p_e 的减小,即 p_5^* 趋于 p_e 时,总压恢复系数应趋于 1,否则会在计算中出现尾喷管出口处总压 p_e^* 小于静压 p_e 的不合理

现象。

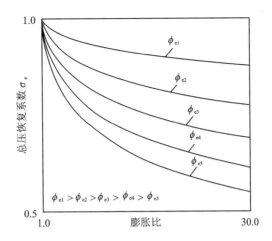

图 4.23 速度系数 ϕ_e、膨胀比 p_5^*/p_e 对总压恢复系数 σ_e 的影响关系

4.4.4 尾喷管的结构形式

由于发动机提供给尾喷管的空气流量和膨胀比不断地发生变化,因此有必要不断调节收敛扩张喷管的喉道面积和出口面积,尽量避免过度膨胀或不完全膨胀现象的发生。在实践中除了收敛扩张喷管以外,采用带可调中心锥体的塞式喷管或引射喷管同样可以达到使气流收敛和扩张的效果。图 4.24 给出了 6 种尾喷管的示意图。

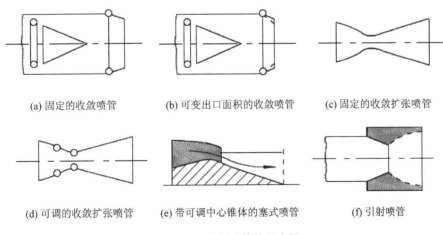

(a) 固定的收敛喷管　　(b) 可变出口面积的收敛喷管　　(c) 固定的收敛扩张喷管

(d) 可调的收敛扩张喷管　　(e) 带可调中心锥体的塞式喷管　　(f) 引射喷管

图 4.24 6 种尾喷管的示意图

固定的收敛喷管构造简单,用于不带加力燃烧室的膨胀比较低的航空燃气轮机,其结构如图 4.25 所示。

固定的收敛扩张喷管构造简单,但只能在一特定工作状态下使用。

带可调中心锥体的塞式喷管由中心锥体和外壳组成,如图 4.26 所示。中心锥体表面和外壳间组成喷管的喉道,当膨胀比大于临界膨胀比时,超声气流绕外壳唇口向外转折,经过一系列从唇口发出的膨胀波,气流膨胀加速,并转向轴向。超声气流所能达到的最大膨胀面积为喷口横截面积。在一定的超临界膨胀比范围内,喷管能自动调节膨胀程度,减少推力损失。其缺点是难于实现可靠的冷却。

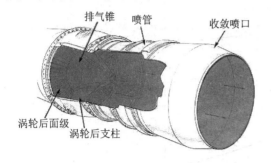

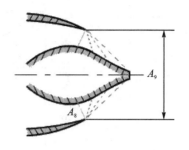

图 4.25　固定的收敛喷管结构图　　　　图 4.26　带可调中心锥体的塞式喷管

可变出口面积的收敛喷管用于增压比较高和带加力燃烧室的发动机。

可调的收敛扩张喷管的调节机构较复杂。

引射喷管包括一个普通的可调收敛喷管和一个同心地套在它外面的圆筒形或锥形壳体。引射喷管在超临界状态下工作时,从收敛喷管排出的燃气射流达到临界速度(声速),外环腔道内的被引射气体是外界大气或是从进气道或压气机放出的空气。从收敛喷管排出的燃气射流在周围亚声速气流包围中继续膨胀加速,引射喷管成了"主燃气射流"的以"流体"为壁面的扩张段。图 4.27 所示为引射喷管的各种工作状态。图中截面 2 为主射流膨胀到外界大气压力的截面。

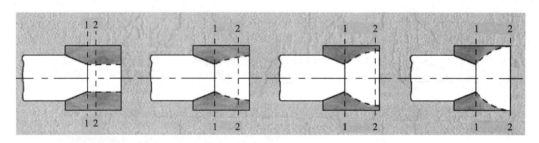

图 4.27　引射喷管的各种工作状态

除上述各种结构形式的尾喷管外,有的发动机上还安装具有消声装置的尾喷管或具有反推力装置的尾喷管,垂直起落飞机用的发动机装有换向喷管,某些比较先进的军用歼击机装有矢量喷管和红外隐身尾喷管。

为了更便于在高速飞行中对飞机进行操纵和控制,可以采用被称为矢量喷管的尾喷管。它可以使燃气流向上下左右不同的方向偏转一个可以操纵的角度。这样做可以使发动机不仅产生向前的推力,而且可以使飞机产生一个俯仰或左右偏转的力矩。矢量喷管的喷口形状可以是圆形(如图 4.28 所示)的或长方形的。改变气流喷射方向可以用改变矢量喷管几何形状的方法实现,这种方法机械结构比较复杂,也可以采用另一股从压气机出口处引来的气流注入尾喷管喉部一侧来改变喷出燃气的流动方向。

图 4.28　推力矢量尾喷管

4.4.5　尾喷管特性

确定尾喷管的几何尺寸后,可以通过实验得到如图 4.29 所示的尾喷管工作特性线图。从图中可以看出,当 p_8^*/p_0 达到临界值后,$q_{mg}\sqrt{T_8^*}/p_8^*$ 受到临界截面上声速的限制就不会再增加了。总压恢复系数 σ_e 随着 p_8^*/p_0 的上升而下降,对于收敛形尾喷管,当 p_8^*/p_0 大于喷管临界膨胀比之后,σ_e 就不再下降。

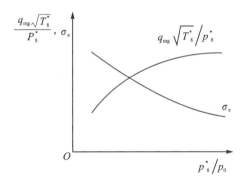

图 4.29　尾喷管工作特性线示意图

思考题

(1) 在航空燃气轮机上,尾喷管的功用是什么?

(2) 使用收敛形尾喷管有哪些局限?

(3) 使用收敛扩张形尾喷管,在什么情况下需要对哪些截面积进行调节?

(4) 如何衡量尾喷管的流动损失?不同的衡量方法之间有什么联系?

(5) 什么叫矢量喷管?使用它有什么好处?

第 5 章　单轴涡轮喷气发动机

5.1　稳态工作时各部件的相互制约关系

在军用歼击机和民用旅客机上,单轴涡轮喷气发动机仅在航空燃气轮机发展的早期(20 世纪 40 年代末至 50 年代初)使用过,后来很快被双轴涡轮喷气发动机和双轴涡轮风扇发动机所代替。然而,在学习航空燃气轮机工作原理的过程中,认真学习单轴涡轮喷气发动机仍然是十分必要的,单轴涡轮喷气发动机的燃气发生器仍是其他各类航空燃气轮机的核心机。通过学习单轴涡轮喷气发动机,可以由浅入深、牢固地建立各主要部件(燃烧室、加力燃烧室、进气道和尾喷管)之间的相互制约关系和相互匹配要求,为学习其他各类航空燃气轮机打下良好的基础。

5.1.1　概　述

一台已经设计制成的单轴涡轮喷气发动机可以在不同的飞行状态下工作,驾驶员可以通过油门操纵杆使燃油自动调节器供给发动机不同的燃油流量,根据给定的条件改变某些部件的几何参数,如改变进气道的几何形状、压气机的可调节导流叶片或放气门位置、涡轮导向器最小截面积、尾喷管临界截面积等。

当发动机在一定的飞行状态下工作时,如果保持燃油流量以及各部件的几何参数不变,则发动机将稳定的工作,即发动机的转速以及发动机各截面的气体参数将保持一定的数值。如果改变飞行状态、改变燃油流量或者改变发动机某一部件的几何参数都将使发动机进入另一个新的工作状态。由于发动机的各个部件是协同工作的,任何一个部件工作状态的变化都将影响其他部件的工作,它们互相影响、互相制约。举例来说,某单轴涡轮喷气发动机在一定的飞行状态下,驾驶员拉回油门操纵杆,减小发动机的燃油流量,燃烧室出口燃气温度降低,涡轮功率减小,与此同时,根据涡轮导向器出口处流量方程

$$q_{mg} = K' \frac{p_4^* \sigma_t A_t q(\lambda_t)}{\sqrt{T_4^*}}$$

由于燃烧室出口燃气温度降低,通过涡轮导向器的燃气流量可以增加,因而增大了通过压气机的空气流量,在压气机特性图上,当发动机转速还没有来得及改变的瞬间,共同工作点向远离喘振边界的方向移动(增大流量、降低压比),压气机所需功率也随之变化。这主要是由于涡轮功率的减小导致发动机转速下降,发动机转速一直要降到某一个较低的转速下,使得压气机所需功率与涡轮功率相等时为止,如图 5.1 所示。

上面的例子形象地说明了发动机在稳定状态下工作时各部件之间的相互制约关系。归纳起来,发动机各个部件之间是通过下列因素互相影响、互相制约的。

(1) 通过发动机各个截面的气体流量应该相等,如果出现流量不等的情况,就必然通过气流压力或流量本身的改变来影响相邻部件的工作。例如,突然减小尾喷管出口截面积,就会使

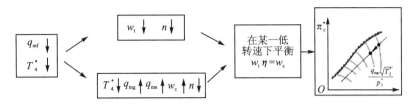

图 5.1　发动机稳态工作时各部件工作参数变化关系

涡轮出口静压增加,影响涡轮的工作。

（2）当发动机在稳定状态下工作时,涡轮产生的功率与压气机消耗的功率应该相等。如果出现功率不等的情况,就会使发动机转速发生变化。

（3）压气机转速与涡轮转速相等。众所周知,压气机转速与涡轮转速在任何情况下必然是相等的,因为它们是连接在同一根轴上。当利用压气机的特性曲线和涡轮的特性曲线来确定它们的工作状态时,必须用这个条件。事实上,往往不使用涡轮的特性曲线,因为在一般情况下,涡轮导向器处于临界或超临界工作状态,使用涡轮流量相似参数为常数和涡轮效率为常数的条件就已相当准确,即

$$\frac{q_{mg}\sqrt{T_4^*}}{p_4^*} = \text{const}, \qquad \eta_t^* = \text{const}$$

这时,涡轮功的大小决定于涡轮前燃气温度 T_4^* 和涡轮膨胀比 π_t^*,而与涡轮转速无关,于是就没有必要应用转速相等的条件了。发动机转速只有在分析压气机特性图上工作点的位置时才需要。

下面主要从流量相等和功相等的条件出发,分析各部件之间的相互制约关系。

5.1.2　压气机与涡轮流量相等的条件

根据压气机和涡轮流量相等的条件,可得

$$q_{mg} = q_{ma} + q_{mf} - q_{mcol}$$

式中,q_{mf} 为燃油流量,q_{mcol} 为冷却涡轮盘和涡轮叶片等热部件用的冷却空气流量。可以近似地认为 $q_{mcol} \approx q_{mf}$,因此下面讨论时认为 $q_{mg} = q_{ma}$。

根据涡轮导向器出口处流量方程

$$q_{mg} = K' \frac{p_4^* \sigma_t A_t q(\lambda_t)}{\sqrt{T_4^*}}$$

式中,σ_t 为涡轮导向器的总压恢复系数,A_t 为涡轮导向器出口面积,λ_t 为涡轮导向器出口处速度系数。又因

$$p_4^* = p_3^* \sigma_b = p_2^* \pi_c^* \sigma_b$$

所以

$$q_{mg} = K' \frac{p_2^* \pi_c^* \sigma_b \sigma_t A_t q(\lambda_t)}{\sqrt{T_4^*}}$$

整理后得

$$\pi_c^* = \frac{1}{K' \sigma_b \sigma_t A_t q(\lambda_t)} \sqrt{\frac{T_4^*}{T_2^*}} \frac{q_{ma}\sqrt{T_2^*}}{p_2^*} \tag{5.1.1}$$

令

$$C = \frac{1}{K'\sigma_b \sigma_t A_t q(\lambda_t)}$$

则

$$\pi_c^* = C\sqrt{\frac{T_4^*}{T_2^*}} \frac{q_{ma}\sqrt{T_2^*}}{p_2^*} \quad (5.1.2)$$

当涡轮导向器处于临界或超临界状态工作时,$q(\lambda_t)=1$,C 为常数。

当涡轮前燃气温度相似参数 T_4^*/T_2^* 为常数时,压气机增压比 π_c^* 与流量相似参数 $q_{ma}\sqrt{T_2^*}/p_2^*$ 成直线关系,其斜率为 $C\sqrt{T_4^*/T_2^*}$,这表示增压比加大,使燃气密度加大,流量亦增大。

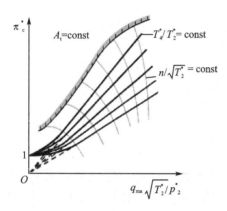

图 5.2 在压气机特性图上作 T_4^*/T_2^* 等值线

取一系列的温度相似参数值,便可以在压气机特性图上得到一组通过原点的直线,如图 5.2 所示。

必须说明,图 5.2 所示的一组直线是对应于某一个涡轮导向器排气面积的,当涡轮导向器排气面积 A_t 减小时,这组经过原点的直线的斜率就增加。

有了图 5.2 以后,给定压气机转速的相似参数 $n/\sqrt{T_2^*}$ 和涡轮前燃气温度相似参数 T_4^*/T_2^*,就可以确定压气机在特性图上工作点的位置。可以这样来理解压气机特性图的物理意义:当涡轮导向器排气面积 A_t 给定时,涡轮前燃气温度相似参数 T_4^*/T_2^* 的变化影响压气机出口气流的流通能力,起了压气机出口节气门的作用。当压气机转速的相似参数 $n/\sqrt{T_2^*}$ 保持不变,涡轮前燃气温度相似参数 T_4^*/T_2^* 增加时,压气机在特性图上的工作点向喘振边界移动,相当于对压气机起了关小节气门的作用。根据上述分析还可知,发动机在起动和加速过程中,如果瞬间 T_4^* 增加过多,将会引起压气机喘振。

应该指出当发动机转速下降,压气机增压比 π_c^* 很低时,涡轮导向器处于亚临界工作状态,$q(\lambda_t)<1$,式(5.1.2)中的 C 不再为常数,压气机增压比 π_c^* 与流量相似参数 $q_{ma}\sqrt{T_2^*}/p_2^*$ 不再是直线关系。因此,在压气机特性图的低转速范围内,$T_4^*/T_2^*=$const 的线变为通过纵坐标轴上 $\pi_c^*=1$ 的曲线,如图 5.2 中粗实线所示。

发动机工作时,压气机究竟在特性图上的哪一点工作,转速是多少,这还需要知道压气机所需的功是否与涡轮功相等。只有当涡轮功与压气机功相等时,发动机才可能稳定在压气机特性图上的某一点工作。

5.1.3 压气机功与涡轮功相等的条件

根据发动机在稳定状态下工作时,压气机功与涡轮功相等的条件

$$w_c = w_t \eta_m$$

式中

$$w_c = c_p T_2^* \frac{\pi_c^{*\frac{k-1}{k}} - 1}{\eta_c^*}, \qquad w_t = c_p' T_4^* \left(1 - \frac{1}{\pi_t^{*\frac{k'-1}{k'}}}\right) \eta_t^*$$

可得

$$c_p T_2^* \frac{\pi_c^{*\frac{k-1}{k}} - 1}{\eta_c^*} = c_p' T_4^* \left(1 - \frac{1}{\pi_t^{*\frac{k'-1}{k'}}}\right) \eta_t^* \eta_m$$

或

$$\frac{1 - \frac{1}{\pi_t^{*\frac{k'-1}{k'}}}}{\pi_c^{*\frac{k-1}{k}} - 1} \cdot \frac{T_4^*}{T_2^*} = \frac{c_p}{c_p'} \cdot \frac{1}{\eta_c^* \eta_t^* \eta_m} = \text{const} \tag{5.1.3}$$

有时候,压气机功与涡轮功相等的条件也可以写成下列形式:

$$w_c = w_t \eta_m = c_p' T_4^* \left(1 - \frac{1}{\pi_t^{*\frac{k'-1}{k'}}}\right) \eta_t^* \eta_m$$

或

$$\frac{w_c}{T_4^*} = c_p' \left(1 - \frac{1}{\pi_t^{*\frac{k'-1}{k'}}}\right) \eta_t^* \eta_m \tag{5.1.4}$$

从式(5.1.4)可以看出,为了满足压气机功与涡轮功相等的条件,压气机功 w_c、涡轮前燃气温度 T_4^* 和涡轮膨胀比 π_t^* 这三者之间必须保持一定的关系。如果涡轮膨胀比 π_t^* 保持不变,压气机功 w_c 愈大,所需要的涡轮前燃气温度 T_4^* 愈高。如果压气机功 w_c 保持不变,涡轮膨胀比 π_t^* 增大,则涡轮前燃气温度 T_4^* 可以相应降低。涡轮膨胀比 π_t^* 的大小可以通过涡轮与尾喷管流量相等的条件来确定。

5.1.4 通过涡轮与尾喷管流量相等的条件

涡轮导向器最小截面处的流量公式为

$$q_{mg} = K' \frac{p_4^* \sigma_t A_t q(\lambda_t)}{\sqrt{T_4^*}}$$

尾喷管出口临界截面处的流量公式为

$$q_{mg} = \frac{K' p_5^* \sigma_p A_9 q(\lambda_9)}{\sqrt{T_5^*}}$$

根据涡轮与尾喷管流量相等的条件,可以得到下列关系式:

$$K' \frac{p_4^* \sigma_t A_t q(\lambda_t)}{\sqrt{T_4^*}} = \frac{K' p_5^* \sigma_p A_9 q(\lambda_9)}{\sqrt{T_5^*}}$$

或

$$\frac{p_4^*}{p_5^*} \sqrt{\frac{T_5^*}{T_4^*}} = \frac{\sigma_p A_9 q(\lambda_9)}{\sigma_t A_t q(\lambda_t)}$$

由于

$$\frac{T_4^*}{T_5^*} = \left(\frac{p_4^*}{p_5^*}\right)^{\frac{n'-1}{n'}} = \pi_t^{*\frac{n'-1}{n'}}$$

得

$$\pi_t^{*\frac{n'+1}{2n'}} = \frac{\sigma_p A_9 q(\lambda_9)}{\sigma_t A_t q(\lambda_t)} \tag{5.1.5}$$

有时候，压气机功与涡轮功相等的条件也可以写为

$$w_c = w_t \eta_m = c'_p T_4^* \left(1 - \frac{1}{\pi_t^{*\frac{k'-1}{k'}}}\right) \eta_t^* \eta_m$$

式(5.1.5)中，n' 为涡轮膨胀过程中的多变指数，n' 的大小与涡轮效率 η_t^* 有直接的关系，在一般情况下，可以认为涡轮效率 η_t^* 为常数，因此，在式(5.1.5)中也可以认为 n' 为常数。

当涡轮导向器和尾喷管处于临界或超临界状态工作时，$q(\lambda_9) = q(\lambda_t) = 1$。式(5.1.5)可以改写为

$$\pi_t^{*\frac{n'-1}{2n'}} = \frac{\sigma_p}{\sigma_t A_t} A_8 \tag{5.1.6}$$

由式(5.1.6)可以看出，当涡轮导向器以及尾喷管在临界或超临界状态下工作，涡轮导向器排气面积 A_t 和损失系数一定时，涡轮膨胀比 π_t^* 取决于尾喷管临界截面积 A_8 的大小。要得到一定的涡轮膨胀比 π_t^*，必须知道相应的尾喷管临界截面积 A_8。

了解各部件的相互制约关系以后，就比较容易分析下面的情况：某单轴涡轮喷气发动机在一定的飞行状态下利用恒速供油自动调节器使发动机保持在某一转速下稳定的工作。如果驾驶员通过控制系统将尾喷管出口截面积 A_8 减小，于是引起各部件工作状态的一系列变化。首先，尾喷管出口截面积 A_8 减小使涡轮后反压 p_5 增加，涡轮膨胀比 $\pi_t^* (p_4^*/p_5^*)$ 下降，涡轮功与压气机功不能平衡，即涡轮发出的功小于压气机所需要的功，使发动机转速开始下降。与此同时，恒速供油自动调节器感受到发动机转速的下降，自动增加供油量，提高涡轮前的燃气温度，使发动机转速恢复到原来的数值。这时候，对于压气机来说，虽然恢复到了原来的转速，但是燃烧室中供油量已经增加，提高了涡轮前燃气温度 T_4^*，根据涡轮导向器出口处流量方程，由于燃烧室出口燃气温度增加，通过涡轮导向器的燃气流量减小，因此，涡轮前燃气温度 T_4^* 的提高对压气机起了关小节气门的作用，使压气机在特性图上的工作按照沿着等转速线向喘振边界移动，如图5.3所示。

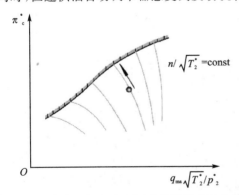

图 5.3 其他条件不变时，尾喷管临界截面积减小，使压气机工作点移向喘振边界

压气机增压比 π_c^* 提高了，空气流量 q_{ma} 有所下降。在这个新的工作状态下，压气机转速虽然没有变化，但是增压比提高使得压气机消耗的功率加大。涡轮的转速没有变化，但是涡轮前燃气温度 T_4^* 提高的程度必须满足涡轮功率与压气机功率相等的条件。发动机在这样一个新的稳定状态工作时，由于压气机增压比 π_c^* 和涡轮前燃气温度 T_4^* 都提高了，使得发动机的单位推力 F_s 加大。虽然通过发动机的空气流量 q_{ma} 有所下降，但是发动机的推力还是由于

单位推力的增大而增加了(见图 5.4)。

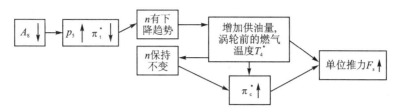

图 5.4 调节尾喷管出口面积 A_8 时,发动机各部件工作状态的变化

至此,可以根据式(5.1.1)、式(5.1.2)和式(5.1.6)三个关系式以及图 5.2 对发动机在稳定状态下的工作进行分析,通过分析可知,对于一台已经制成的单轴涡轮喷气发动机,只要给定下列 3 个参数中的任意 2 个参数,就能决定另外一个参数。这 3 个参数如下:

① 转速相似参数 $n/\sqrt{T_2^*}$;
② 涡轮前燃气温度相似参数 T_4^*/T_2^*;
③ 尾喷管临界截面积 A_8。

例如,给定发动机转速相似参数 $n/\sqrt{T_2^*}$ 和涡轮前燃气温度相似参数 T_4^*/T_2^*,则可以确定尾喷管临界截面积 A_8。其步骤是,先在压气机特性图上根据 $n/\sqrt{T_2^*}=$ const 和 $T_4^*/T_2^*=$ const 的交点,确定压气机在特性图上的工作点,从而确定压气机增压比 π_c^*、压气机效率 η_c^* 和压气机功。利用压气机功与涡轮功相等的关系式(5.1.3)求所需的涡轮膨胀比 π_t^*,最后根据式(5.1.6)确定尾喷管临界截面积 A_8。

又例如,给定发动机涡轮前燃气温度相似参数 T_4^*/T_2^* 和尾喷管临界截面积 A_8,则可以确定发动机转速相似参数 $n/\sqrt{T_2^*}$。其步骤是,从式(5.1.6)求出涡轮膨胀比 π_t^*,又从压气机功与涡轮功相等的关系式(5.1.3)得到压气机增压比 π_c^* 与压气机效率 η_c^* 的函数关系式

$$\pi_c^{*\frac{k-1}{k}} - 1 = K\eta_c^*$$

式中,K 为常数。

在压气机特性图上,上式为一条曲线,它与 $T_4^*/T_2^*=$ const 线的交点即为压气机在特性图上的工作点,工作点确定以后,压气机转速的相似参数 $n/\sqrt{T_2^*}$ 便确定了。

又例如,给定发动机转速相似参数 $n/\sqrt{T_2^*}$ 和尾喷管临界截面积 A_8,则可以确定涡轮前燃气温度相似参数 T_4^*/T_2^*。其步骤是,先从式(5.1.6)求出涡轮膨胀比 π_t^*,又从压气机功与涡轮功相等的关系式(5.1.3)得

$$\pi_c^* = f\left(\frac{T_4^*}{T_2^*}, \eta_c^*\right)$$

给出一系列涡轮前燃气温度相似参数 T_4^*/T_2^*,对于每一个 T_4^*/T_2^*,可以在压气机特性图上确定一个工作点,当某一个 T_4^*/T_2^* 对应的压气机特性图上工作点所表示的转速的相似参数 $n/\sqrt{T_2^*}$ 与给定值相符,则这个 T_4^*/T_2^* 值即为所求的涡轮前燃气温度相似参数。

从上面的分析可以看出,在一定的飞行状态下,即压气机进口温度 T_2^* 确定以后,驾驶员通过发动机操纵系统和自动调节器给定发动机转速 n、涡轮前燃气温度 T_4^*、尾喷管临界截面积 A_8 3 个参数中任意 2 个参数,发动机的工作状态就确定了。例如,当发动机尾喷管临界截

面积 A_8 给定以后,驾驶员通过燃油流量 q_{mf} 的变化(给定涡轮前燃气温度 T_4^*)使发动机达到所要求的转速 n。又例如,当发动机转速 n 给定以后,可以通过尾喷管截面积 A_8 的变化,使涡轮前燃气温度 T_4^* 达到要求。

思考题

(1) 试分析某单轴涡轮喷气发动机在稳定状态下工作时,缩小尾喷管出口截面积将对各部件工作和各截面工作过程参数产生什么影响?分别分析下列情况:

① 保持燃油流量 q_{mf} 不变;

② 保持发动机转速 n 不变。

(2) 进气道设计的优劣对发动机的工作状态和发动机性能有什么影响?为什么在设计亚声速进气道时,不允许在进气道中出现临界截面?

(3) 在一定的飞行状态下,某单轴涡轮喷气发动机保持转速不变,若将尾喷管出口截面积 A_8 缩小,将会产生下列哪种变化?

A. $q_{ma}\downarrow, T_4^*\uparrow, F\uparrow$ B. $q_{ma}\downarrow, q_{mf}\downarrow, F\downarrow$
C. $q_{ma}\uparrow, T_4^*\uparrow, F\uparrow$ D. $q_{ma}\uparrow, \pi_t^*\downarrow, F\downarrow$

(4) 在一定的飞行状态下,某单轴涡轮喷气发动机保持燃油流量 q_{mf} 不变,若将尾喷管出口截面积 A_8 放大,将产生下列哪种变化?

A. 压气机消耗功率增大   B. $q_{ma}\downarrow$ C. $T_4^*\uparrow$ D. $\pi_t^*\downarrow$

5.2 设计状态下各部件的相互匹配关系

5.2.1 什么是部件匹配

一台满足性能设计要求的发动机,其各个部件的性能必须是相互匹配的。在设计环境下工作时,各个部件通过它们之间的相互制约关系应该能够同时达到各自的设计状态,即它们能够同时在其特性图上的设计点工作。只有在这种情况下,压气机增压比和涡轮前燃气温度才能同时达到设计值,发动机性能才能满足设计要求。

实践中,在新研制的发动机调试过程中以及检查有性能故障的成批生产的发动机时,往往发生部件性能不相匹配的情况。这些发动机的部件虽然不相匹配,但是仍然能够相互影响、相互制约,达到某一个稳定的状态工作。部件工作不相匹配,压气机增压比和涡轮前燃气温度就不能同时达到设计值,发动机的性能也就不能满足设计要求。例如,某一台发动机其涡轮产生的功率过大,则当涡轮前燃气温度低于设计值时就可以把压气机带到设计转速下工作。由于涡轮前燃气温度较低,就不能使发动机产生应有的推力。又如,某一台发动机的转速和涡轮前燃气温度都已达到设计值,如果通过涡轮的燃气流量与通过压气机的空气流量不相匹配,就会使压气机增压比不符合要求,因而也不能保证发动机达到应有的设计性能。

单轴涡轮喷气发动机各个部件之间都存在相互匹配的问题,但是部件匹配的问题主要发生在压气机与涡轮之间。

5.2.2 压气机与涡轮的匹配工作

讨论中,可认为压气机的设计和制造都是正确的,压气机的特性图已经通过实验获得。

为了便于讨论,把压气机这一方作为主体,然后提出涡轮与之相匹配的条件。

1. 压气机与涡轮相匹配的第一个条件是涡轮必须有准确的导向器排气面积

为了保证压气机在特性图上的设计点工作,必须满足下列两个条件:

(1) 压气机转速相似参数 $n/\sqrt{T_2^*}$ 为设计值;

(2) 压气机出口气流参数恰当,使压气机在特性图上的设计点工作,见图5.5中点 A。

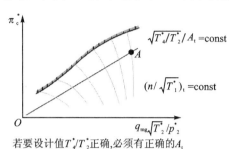

图 5.5 压气机在特性图上的设计点工作

前节已经分析过,在涡轮喷气发动机中,涡轮导向器排气面积 A_t 和涡轮前燃气温度相似参数 T_4^*/T_2^* 的大小起着相当于压气机出口节气门的作用。根据式(5.1.1),若要求压气机保持在设计点工作,则 A_t 和 T_4^*/T_2^* 应满足下列关系:

$$\frac{\pi_c^*}{\dfrac{q_{ma}\sqrt{T_2^*}}{p_2^*}} = \frac{1}{K'\sigma_b\sigma_t q(\lambda_t)} \cdot \frac{\sqrt{\dfrac{T_4^*}{T_2^*}}}{A_t} = \text{const}$$

或

$$\frac{\sqrt{\dfrac{T_4^*}{T_2^*}}}{A_t} = \text{const}$$

如果涡轮导向器面积 A_t 与涡轮前燃气温度相似参数 T_4^*/T_2^* 配合不当,压气机在特性图上的工作点将离开设计点。如果涡轮导向器排气面积太小或涡轮前燃气温度相似参数 T_4^*/T_2^* 太高,即压气机出口过于堵塞,压气机的工作点将向喘振边界移动,逼近甚至进入喘振边界。如果涡轮导向器排气面积太大或涡轮前燃气温度相似参数 T_4^*/T_2^* 太低,即压气机出口过于畅通,压气机的工作点将远离喘振边界,压气机增压比将降低。

只有当涡轮导向器面积 A_t 与涡轮前燃气温度相似参数 T_4^*/T_2^* 配合得当,才有可能使压气机在特性图上的设计点工作。所谓配合得当,就是要使 $\sqrt{T_4^*/T_2^*}/A_t$ 等于所需要的设计值,因此,对应于不同的涡轮导向器排气面积 A_t,总有一个 T_4^*/T_2^* 使压气机在设计点工作。

综合上述分析可以看出,对于涡轮导向器排气面积 A_t 的要求是很严格,它的大小必须保证当发动机转速相似参数和涡轮前燃气温度相似参数为设计值时,压气机正好在特性图上的设计点工作。或者说,准确的 A_t 值提供了 π_c^* 和 T_4^*/T_2^* 同时达到设计值的可能性。这是压气机与涡轮相匹配的第一个条件。

2. 压气机与涡轮相匹配的第二个条件是涡轮功率必须与压气机功率相当

有了合适的涡轮导向器排气面积 A_t 后,是不是就能够保证当发动机达到设计值时,涡轮前燃气温度的相似参数恰好同时达到设计数值？这就要看涡轮的功率是否与压气机的功率相当。

如果涡轮的功率设计过大，那么当涡轮前燃气温度的相似参数 T_4^*/T_2^* 低于设计值时，发动机转速相似参数就已经达到了设计值。在这种情况下，压气机在特性图上的工作点将低于设计点，如图 5.6(a) 中点 B 所示。由于压气机的增压比和涡轮前燃气温度都较低，发动机的性能（单位推力、推力和耗油率）将达不到设计要求。

反之，如果涡轮的功率设计过小，那么当涡轮前燃气温度相似参数 T_4^*/T_2^* 达到设计值时，发动机转速还达不到设计值，必须继续提高涡轮前燃气温度才能使发动机转速达到设计值。在这种情况下，压气机在特性图上的工作点将移向喘振边界，甚至会使压气机产生喘振，如图 5.6(b) 中点 C 所示。

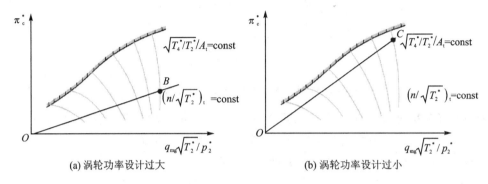

(a) 涡轮功率设计过大　　　　　　　(b) 涡轮功率设计过小

图 5.6　涡轮功率与压气机功率配合不当将使压气机工作点变动

因此，必须使涡轮功率与压气机功率相当，这样才能保证涡轮前燃气温度相似参数 T_4^*/T_2^* 达到设计值，发动机转速恰好达到设计值。这是压气机与涡轮相匹配的第二个条件。

为了使涡轮功率与压气机功率相当，可以改变尾喷管临界截面积的大小，必要时，应当修改涡轮导向叶片或涡轮工作叶片的形状。

5.2.3　其他部件的匹配工作

在单轴涡轮喷气发动机的研制中除了压气机与涡轮的匹配问题外，其他各个部件也需要考虑与它们的匹配问题。

1. 主燃烧室的匹配

在设计状态下，主燃烧室必须以尽可能高的燃烧效率和尽可能小的流动损失满足发动机所需的涡轮前燃气温度。

2. 尾喷管的匹配

根据发动机的工作范围，选择合适类型的尾喷管，尾喷管的临界截面积和排气截面积应符合涡轮膨胀比和尾喷管膨胀比的需要。

3. 进气道的匹配

根据发动机在不同型号飞机上的飞行速度范围，选用不同形式的进气道。通过进气道的空气流量必须与发动机所需的空气流量相匹配，否则将会增大进气道的总压损失。对于超声速进气道，空气流量不匹配还可能引起进气道喘振。

思考题

(1) 若某单轴涡轮喷气发动机在生产装配过程中将涡轮导向器排气断面积 A_t 调整过小，

试问该发动机在设计转速下工作时,对压气机在特性图上工作点的位置有什么影响?对发动机的过程参数和发动机性能有什么影响?

(2) 超声速进气道与发动机在一起共同工作时,它们是怎样相互影响、相互制约的?在设计飞行状态下,超声速进气道与发动机匹配工作的条件是什么?

(3) 考虑单轴涡轮喷气发动机的压气机与涡轮匹配工作时,第一级涡轮导向器最小截面积 A_t 的大小十分重要,其重要性在于:

A. 避免压气机产生喘振
B. 确保压气机能够达到设计增压比
C. 当压气机在设计点工作时,T_4^* 能达到设计值
D. 确保涡轮膨胀比能达到设计值

5.3 单轴涡喷发动机的调节规律

5.3.1 概 述

发动机在飞机上工作时,由于飞机的飞行高度和速度瞬息万变,驾驶员也会随时改变油门操纵杆的位置,因此供给发动机的燃油流量和有关部件的可调截面积需要随时进行调整。由人工调控这些参数几乎是不可能的,必须有自动调节系统和自动调节器(或称自动控制系统和自动控制器)。对发动机进行调节(控制)所遵循的规律称为调节规律。

当驾驶员把油门操纵杆放在最大工作状态位置时,发动机就应该处于最大工作状态下工作,此时发动机在任何飞行状态下都能发出最大的推力。但是,随着飞行状态的变化,发动机所需的燃油流量是不同的,发动机的某些可调节截面积(如尾喷管临界截面积、压气机可调节导流叶片等)也可能需要调节,这些都是由自动调节器按照一定的规律自动进行调节的。保证发动机最大工作状态随飞行状态而变化的规律,称为发动机的最大工作状态调节规律(或称最大工作状态控制规律)。

在任何一个飞行状态下,发动机都可以在最大工作状态到最小工作状态(又称慢车状态)之间任何一个工作状态下工作。例如飞机起飞时,驾驶员将油门操纵杆从慢车位置推到最大工作状态位置,使发动机进入最大工作状态工作。又如飞机在高速飞行时,驾驶员拉回油门操纵杆,使飞机减速下滑。发动机在减速过程中,不仅仅需要减小燃油流量,而且往往需要按照一定的规律调节发动机的某些可调节截面积,如调节尾喷管临界截面积、压气机可调节导流叶片等。发动机从最大工作状态降低转速、减小推力时所遵循的规律称为发动机的巡航状态调节规律或称巡航状态控制规律。

这一节主要分析讨论单轴涡轮喷气发动机的最大工作状态调节规律和巡航状态调节规律。调节规律的选择不仅为设计发动机自动调节器提供原始的技术要求,而且调节规律选择的恰当与否直接影响发动机的工作特性(高度速度特性和油门特性)。

5.3.2 最大工作状态调节规律

最大工作状态调节规律(control rule of maximum speed)的选择,应该使得发动机在任何飞行状态下都能够产生尽可能大的推力。

限制发动机推力进一步提高的因素主要有以下几个:首先是发动机的实际转速 n,由于受发动机转子零件强度的限制,实际转速不允许超过规定的最大值 $n_{\max}$。其次是涡轮前燃气温度 T_4^*,由于受涡轮部分材料耐热性的限制,燃气温度不允许超过规定的最大值 $T_{4\max}^*$。此外,在任何情况下,不应使压气机产生喘振。

根据上述分析,在任何飞行状态下,发动机保持最大转速 $n_{\max}$ 和最高涡轮前燃气温度 $T_{4\max}^*$ 作为最大工作状态调节规律是可取的。但是,当采用这种 $n=n_{\max}=$ const 和 $T_4^*=T_{4\max}^*=$ const 的最大工作状态调节规律时往往需要随着飞行状态的变化调节尾喷管出口截面积 A_8,这就增加了自动调节器的复杂性。

为了避免对自动调节器提出这种复杂的要求,有时候宁可不用 $n=n_{\max}=$ const 和 $T_4^*=T_{4\max}^*=$ const 的调节规律,而改用 $n=n_{\max}=$ const 和尾喷管出口截面积 $A_8=$ const 的最大工作状态调节规律。采用这种 $n=n_{\max}=$ const 和尾喷管出口截面积 $A_8=$ const 的最大工作状态调节规律时,涡轮前燃气温度 T_4^* 将随着飞行状态的变化而变化。

采用上述两种最大工作状态调节规律时,当周围大气温度变化时,转速相似参数会随之变化。例如当周围大气温度升高时,转速相似参数下降,压气机增压比也下降。在英美等国生产的发动机上往往采用保持最大相似工作状态不变的调节规律,在这些发动机上并不采用保持转速相似参数为常数,而是采用发动机中某两个截面的压力比为常数的方法,一般是采用涡轮后压力 p_5^* 与压气机进口压力 p_2^* 之比来代表发动机的相似工作状态,p_5^*/p_2^* 这个比值称为发动机压比 EPR(engine pressure ratio)。

在此,主要讨论当发动机分别采用上述 3 种最大工作状态调节规律时,飞行状态的变化对发动机的工作所产生的影响。

飞行状态的变化引起进气道前方气流总温 T_0^* 和总压 p_0^* 的改变,同时还引起进气道总压损失的改变。如果把这两者考虑在一起,那么飞行状态的改变对于压气机来说只是压气机进口总温 T_2^* 和总压 p_2^* 有了变化。

压气机进口总压 p_2^* 的变化在一般情况下(尾喷管在临界或超临界状态下工作时)只是使得发动机各个截面上气体压力成比例变化,相应地改变通过发动机的空气流量 q_{ma} 和发动机的推力 F。在这种情况下,压气机在特性图上的工作点保持不变。

当压气机进口总压 p_2^* 降得太低时(如飞机在高空低速飞行时),压气机进口 Re 降低,压气机工作情况恶化,不仅降低了压气机的效率,甚至可能使压气机发生喘振。此外,压气机进口总压 p_2^* 降得太低时,也不利于燃烧室的稳定工作,有可能产生空中熄火,使发动机空中停车。

当压气机进口总压 p_2^* 增加得太大时(如飞机在低空高速飞行时),发动机各截面的气体压力和通过发动机的空气流量成比例增加,压气机和涡轮的功率也相应增大,这时就应该检查各部分零件的机械负载(如涡轮轴的扭矩)是否超过规定。

压气机进口总温 T_2^* 的变化使得压气机转速相似参数 $n/\sqrt{T_2^*}$ 也随之变化。压气机在特性图上的共同工作点也将随之移动。当发动机采用某一种调节规律时,共同工作点在压气机特性图上移动的轨迹称为发动机采用该调节规律时的共同工作线。

综上所述,发动机在最大工作状态下工作时,飞行状态对发动机工作所产生的影响主要是压气机进口总温 T_2^* 的变化对压气机特性图上工作点位置的影响。不同的最大工作状态调节规律具有不同的共同工作线。

在这一节里还将介绍不同调节规律下共同工作线的绘制方法。有了压气机在特性图上的共同工作线,就可以根据飞行状态确定压气机在特性图上的工作点。这对于计算发动机的特性是十分方便的。

1. $n=n_{\max}=$ const 和尾喷管出口截面积 $A_8=$ const 的调节规律

有不少型别的单轴涡轮喷气发动机采用 $n=n_{\max}=$ const 和尾喷管出口截面积 $A_8=$ const 的最大工作状态调节规律。

当压气机进口总温 T_2^* 发生变化使得压气机转速相似参数 $n/\sqrt{T_2^*}$ 相应变化时,压气机在特性图上的工作点位置可以根据压气机转速相似参数 $n/\sqrt{T_2^*}$ 和尾喷管出口截面积 A_8 的数值由前面介绍的方法来确定。

取一系列压气机进口总温 T_2^*,可以在压气机特性图上得到一系列的共同工作点,将这些工作点连接成线,就成为发动机在 $n=n_{\max}=$ const 和尾喷管出口截面积 $A_8=$ const 调节规律下的共同工作线,如图 5.7 所示。

上述共同工作线方程可以推导如下:

从式(5.1.1)与式(5.1.3)中消去 T_4^*/T_2^*,可得

$$\frac{1}{\pi_c^*}\cdot\frac{q_{ma}\sqrt{T_2^*}}{p_2^*}\cdot\sqrt{\frac{\pi_c^{*(k-1)/k}-1}{\eta_c^*}}=m'\sigma_b\sigma_t q(\lambda_t)\sqrt{\frac{c_p''\eta_t^*\eta_m}{c_p}\left(1-\frac{1}{\pi_t^{*(k'-1)/k'}}\right)}$$

当尾喷管在临界或超临界状态下工作时,上式右边部分为常数,故得

$$\frac{1}{\pi_c^*}\cdot\frac{q_{ma}\sqrt{T_2^*}}{p_2^*}\cdot\sqrt{\frac{\pi_c^{*(k-1)/k}-1}{\eta_c^*}}=\text{const}$$

上式右边常数的数值与涡轮导向器面积 A_t 和涡轮膨胀比 π_t^* 有关。已知当尾喷管处于临界或超临界状态下工作时,涡轮膨胀比 π_t^* 的大小决定于面积比 A_8/A_t,面积比 A_8/A_t 增加时,涡轮膨胀比 π_t^* 也随之增加。

可以在压气机特性图上画出共同工作线,如图 5.8 所示,图中给出了不同大小尾喷管临界截面积时共同工作线位置的变化情况。从图中可以看出,当尾喷管临界截面积减小时,共同工作线趋近喘振边界。

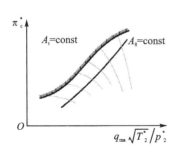

图 5.7 在 $n=n_{\max}=$ const 和尾喷管出口截面积 $A_8=$ const 调节规律下的共同工作线

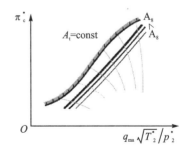

图 5.8 不同大小尾喷管临界截面积 A_8 对共同工作线位置的影响

压气机的喘振边界线位置和共同工作线的位置及走向与压气机设计增压比的大小有关,如图 5.9 所示。

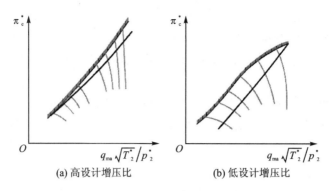

(a) 高设计增压比   (b) 低设计增压比

图 5.9 压气机设计增压比对共同工作线位置的影响

注：对于压气机设计增压比高或低，只是一个相对的概念。目前，双轴或三轴压气机的设计增压比已超过30。本节中讨论时认为，对于单轴压气机，设计增压比为10左右时即是高设计增压比，中等设计增压比为6左右，低设计增压比为4左右。

图 5.9(a)所示为高设计增压比的压气机特性图，其喘振边界较陡而共同工作线较平。它在低转速范围内工作时容易发生喘振，因此必须有专门的防喘措施，如从压气机中间级放气或采用可调导流叶片等。

图 5.9(b)所示为低设计增压比的压气机特性图，其喘振边界较平而共同工作线较陡。它在高转速范围内工作时(如高空低速飞行使压气机进口总温较低时)容易发生喘振。

还必须指出，当发动机转速相似参数降低使压气机在特性图上的工作点沿着共同工作线移动时，压气机功和压气机效率的变化趋势随着压气机设计增压比的不同有很大的差异。图 5.10 给出了压气机设计增压比对压气机功和压气机效率沿共同工作线变化趋势的影响。

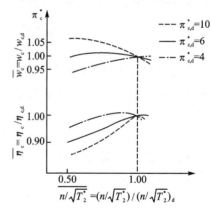

图 5.10 压气机设计增压比对压气机功和压气机效率沿共同工作线变化趋势的影响

由图 5.10 可以看出：

(1) 当转速相似参数降低时，对于高设计增压比的压气机，压气机功是增加的，从发动机各部件相互制约的关系可知，尾喷管出口截面积 A_8 保持不变时，涡轮前燃气温度 T_4^* 将增加。

(2) 对于低设计增压比的压气机，情况恰恰相反，当转速相似参数降低时，压气机功随之降低。从发动机各部件相互制约的关系可知，尾喷管出口截面积 A_8 保持不变时，涡轮前燃气温度 T_4^* 将随之降低。

(3) 使用设计增压比为 6 左右的压气机，当转速相似参数降低时，不会使压气机功有明显的变化，可以近似认为压气机功保持不变。在这种情况下，采用 $n=n_{\max}=\text{const}$ 和 $A_8=\text{const}$ 的最大工作状态调节规律，涡轮前燃气温度 T_4^* 基本上保持不变。

通过上述分析可知，在一般情况下，采用 $n=n_{\max}=\text{const}$ 和 $A_8=\text{const}$ 的最大工作状态调节规律，涡轮前燃气温度 T_4^* 将随着发动机转速相似参数的变化而变化。涡轮前燃气温度 T_4^* 超过规定将会影响发动机安全工作和其使用寿命。涡轮前燃气温度 T_4^* 低于规定值时，发动机就不能达到可能产生的最大推力。

为了使发动机在任何飞行状态下既能安全可靠的工作,又能够产生尽可能大的推力,可以采用 $n=n_{\max}=\mathrm{const}$ 和 $T_4^*=T_{4\max}^*=\mathrm{const}$ 的最大工作状态调节规律。

2. $n=n_{\max}=\mathrm{const}$ 和 $T_4^*=T_{4\max}^*=\mathrm{const}$ 的调节规律

由前面的讨论中已知,采用 $n=n_{\max}=\mathrm{const}$ 和 $T_4^*=T_{4\max}^*=\mathrm{const}$ 的最大工作状态调节规律,就需要调节尾喷管出口截面积 A_8。

对于具有高设计增压比的单轴涡轮喷气发动机,尾喷管出口截面积 A_8 随着转速相似参数的降低而加大。对于具有低设计增压比的单轴涡轮喷气发动机,尾喷管出口截面积 A_8 随着转速相似参数的降低而减小。只有设计增压比为 6 左右的发动机,当转速相似参数降低时,尾喷管出口截面积 A_8 基本上保持不变,可以认为它接近 $n=n_{\max}=\mathrm{const}$ 和尾喷管出口截面积 $A_8=\mathrm{const}$ 的调节规律。

在压气机特性图上 $n=n_{\max}=\mathrm{const}$ 和 $T_4^*=T_{4\max}^*=\mathrm{const}$ 调节规律的共同工作线绘制方法如下:

根据压气机进口温度 T_2^*,可以确定转速相似参数 $n/\sqrt{T_2^*}$ 和涡轮前燃气温度相似参数 T_4^*/T_2^*。压气机在特性图上的位置可以由 $n/\sqrt{T_2^*}=\mathrm{const}$ 和 $T_4^*/T_2^*=\mathrm{const}$ 两条曲线的交点来确定。

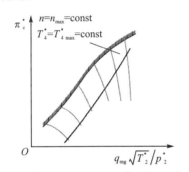

图 5.11 在 $n=n_{\max}=\mathrm{const}$ 和 $T_4^*=T_{4\max}^*=\mathrm{const}$ 调节规律下,压气机特性图上的共同工作线

取一系列压气机进口温度 T_2^*,可以在压气机特性图上得到一系列的工作点,将这些工作点连接成线,就成为发动机在 $n=n_{\max}=\mathrm{const}$ 和 $T_4^*=T_{4\max}^*=\mathrm{const}$ 调节规律下压气机在特性图上的共同工作线,如图 5.11 所示。

当涡轮导向器处于临界或超临界工作状态时,上述共同工作线方程可以由式(5.1.1)推导出来,根据式(5.1.1)可得

$$\frac{1}{\pi_c^*} \cdot \frac{q_{\mathrm{ma}}\sqrt{T_2^*}}{p_2^*} \cdot \sqrt{\frac{T_4^*}{T_2^*}} = K'\sigma_{\mathrm{b}}\sigma_{\mathrm{t}}A_{\mathrm{t}}q(\lambda_{\mathrm{t}})$$

当 $n=n_{\max}=\mathrm{const}$ 和 $T_4^*=T_{4\max}^*=\mathrm{const}$ 时,可以得到 π_c^*,$q_{\mathrm{ma}}\sqrt{T_2^*}/p_2^*$ 和 $n/\sqrt{T_2^*}$ 之间的关系,即

$$\frac{1}{\pi_c^*} \cdot \frac{q_{\mathrm{ma}}\sqrt{T_2^*}}{p_2^*} \cdot \frac{n}{\sqrt{T_2^*}} = \frac{K'\sigma_{\mathrm{b}}\sigma_{\mathrm{t}}A_{\mathrm{t}}q(\lambda_{\mathrm{t}})}{\sqrt{T_4^*}} \tag{5.3.1}$$

上式等号右边部分为常数,故得

$$\frac{1}{\pi_c^*} \cdot \frac{q_{\mathrm{ma}}\sqrt{T_2^*}}{p_2^*} \cdot \frac{n}{\sqrt{T_2^*}} = \mathrm{const} \tag{5.3.2}$$

式(5.3.2)中等号右边常数的数值只与压气机在特性图上设计点的位置有关,设计点的位置确定以后,就可以根据方程(5.3.2)做出压气机在特性图上的共同工作线。

3. EPR＝const 和尾喷管出口截面积 A_8＝const 的调节规律

采用这种最大工作状态调节规律后,当周围大气温度变化时,由于保持了增压比不变,也

就保持了发动机的工作状态相似,发动机的转速就会发生变化。例如,当周围大气温度升高时,发动机转速也随之升高。为了防止发动机转速超过极限值,必须设置最高转速限制器。

采用这种最大工作状态调节规律后,飞行状态的变化不改变发动机的相似工作状态,因此飞行状态的变化不影响压气机特性图上工作点的位置。

4. 其他最大工作状态调节规律

以上 3 种是最常用的最大工作状态调节规律,还有其他的最大工作状态调节规律,如 $T_4^* = T_{4\max}^* = \text{const}, A_8 = \text{const}$ 的调节规律,以及复合调节规律等。当燃油自动调节器上装有各种限制器,如最大转速 $n_{\max}$ 限制器、最高温度 $T_{4\max}^*$ 或 $T_{5\max}^*$ 限制器、燃烧室内最高压力 $p_{b\max}$ 限制器时都可以认为发动机采用了复合调节规律。

5.3.3 被调参数和调节中介

采用 $n = n_{\max} = \text{const}, A_8 = \text{const}$ 的最大工作状态调节规律时,被调参数为发动机转速 n,调节中介为燃油流量 q_{mf}。

采用 $n = n_{\max} = \text{const}, T_4^* = \text{const}$ 的最大工作状态调节规律时,被调参数为发动机转速 n 和涡轮前燃气温度 T_4^*,调节中介为燃油流量 q_{mf} 和尾喷管出口截面积 A_8。

采用 $T_4^* = \text{const}, A_8 = \text{const}$ 的最大工作状态调节规律时,被调参数为涡轮前燃气温度 T_4^*,调节中介为燃油流量 q_{mf}。

采用 $p_5^*/p_2^* = \text{const}, A_8 = \text{const}$ 的最大工作状态调节规律时,被调参数为 p_5^*/p_2^*,调节中介为燃油流量 q_{mf}。

将涡轮前燃气温度 T_4^* 作为被调参数时,要使燃油自动调节器直接感受涡轮前燃气温度 T_4^* 是困难的,因为涡轮前燃气温度分布极不均匀,热电偶长期在高温下工作容易损坏,而且用热电偶测量温度,其时间常数较大(反应较为迟缓)。改进对温度 T_4^* 的测量方法则可以克服这种困难,下面介绍一种用间接测量的方法来保证涡轮前燃气温度 T_4^* 为常数的方法。

使燃油自动调节器感受燃烧室内压力 p_b,只要燃油自动调节器能够准确地根据 p_b 的大小按一定的比例供给燃油流量 q_{mf},便可以保持涡轮前燃气温度 T_4^* 为某一数值不变。证明如下:

第 1 级涡轮导向器最小截面处的流量公式为

$$\frac{q_{ma}\sqrt{T_4^*}}{p_4^*} = K'A_t q(\lambda_t)$$

式中,A_t 为第 1 级涡轮导向器最小截面积,λ_t 为第 1 级涡轮导向器最小截面积处的速度系数。

在上式中,K' 和 A_t 为常数。在最大工作状态下,可假设 $q(\lambda_t) = 1$,并且可以认为,p_4^* 与燃烧室内压力 p_b 十分接近,且成正比。于是,第 1 级涡轮导向器最小截面处的流量公式可以写为

$$T_4^* = f_1\left(\frac{p_b}{q_{ma}}\right) \tag{5.3.3}$$

式(5.3.3)表示,从燃气通过涡轮导向器最小截面这样一个角度来看问题,涡轮前燃气温度 T_4^* 是 p_b/q_{ma} 的函数。

此外,从燃烧的角度看,认为涡轮前燃气温度 T_4^* 仅仅是油气比 q_{mf}/q_{ma} 的函数,即

$$T_4^* = f_2\left(\frac{q_{mf}}{q_{ma}}\right) \tag{5.3.4}$$

在式(5.3.3)和式(5.3.4)中共有 3 个变量,即 T_4^*,p_b/q_{ma} 和 q_{mf}/q_{ma}。因此,当燃油自动调节器能够准确地根据燃烧室内压力 p_b 的大小按一定的比例供给燃油流量 q_{mf},即给出 p_b/q_{ma} 和 q_{mf}/q_{ma} 之间的联系,就可以解式(5.3.3)和式(5.3.4)两个方程,也就是可以保持涡轮前燃气温度 T_4^* 为某一常数值不变。

若油门操纵杆改变位置时,p_b 与 q_{ma} 之间保持不同的比例关系,那么发动机将在不同的涡轮前燃气温度 T_4^* 下工作。

5.3.4 巡航状态调节规律

飞机在飞行过程中,大多数情况下并不需要发动机在最大工作状态下工作,这一方面是由于发动机在最大工作状态下连续工作的时间有一定的限制,并且发动机在巡航状态下工作时具有较低的单位燃油消耗率。

在一定的飞行状态下,发动机从最大工作状态减小推力所遵循的规律称为巡航状态调节规律。发动机推力小于最大推力时的工作状态称为巡航工作状态。标志发动机巡航工作状态的可以是发动机转速或者是发动机压比 EPR。

当驾驶员把油门操纵杆从最大工作状态位置拉回时,供油自动调节器供给发动机的燃油流量 q_{mf} 减少,发动机推力相应降低。这时发动机的转速 n、进入发动机的空气流量 q_{ma}、发动机的过程参数 π_c^* 和 T_4^* 的变化主要看驾驶员拉回油门操纵杆时尾喷管出口截面积 A_8 的变化情况。选择尾喷管出口截面积 A_8 的变化规律是选择巡航状态调节规律的主要内容,选择时的主要要求是

① 在各巡航状态下发动机具有较低的耗油率。
② 在各巡航状态下发动机具有较低的机械负荷和热负荷,有利于发动机可靠的工作。
③ 应使调节器和调节系统在技术上容易实现。

下面分析最经济的巡航状态调节规律,为了便于理解,进行下列实验。

一台单轴涡轮喷气发动机在一定的飞行状态下工作(如在地面试车台条件下)时由专门的供油设备供给燃油。当燃油流量 q_{mf} 保持不变时,改变发动机的尾喷管出口截面积 A_8,发动机转速 n、压气机增压比 π_c^* 和涡轮前燃气温度 T_4^* 将随之相应的变化。例如,减小尾喷管出口截面积 A_8,发动机转速和进入发动机的空气流量都将下降,由于燃油流量保持不变,涡轮前燃气温度 T_4^* 上升了,与此同时,压气机在特性图上工作点的位置也随之变化。上述这些变化对发动机推力的影响是相互矛盾的。记录下发动机推力随尾喷管出口截面积 A_8 的变化关系,总可以找到某一个尾喷管出口截面积 A_8 使发动机的推力为最大。尾喷管出口截面积 A_8 的变化范围是有一定限制的,当尾喷管出口截面积 A_8 过大时,发动机转速将超过最大值;当尾喷管出口截面积 A_8 过小时,涡轮前燃气温度 T_4^* 将超过最大允许值。记下不同尾喷管出口截面积 A_8 时的发动机转速 n 和发动机推力 F 的数值,并在以 $n/\sqrt{T_2^*}$ 为横坐标、F/p_2^* 为纵坐标的图上画出燃油流量相似参数 $q_{mf}/(p_2^*\sqrt{T_2^*}) = \mathrm{const}$ 的曲线和尾喷管出口截面积 $A_8 = \mathrm{const}$ 时发动机推力随发动机转速的变化关系,如图 5.12 所示。连接各条 $q_{mf}/(p_2^*\sqrt{T_2^*}) = \mathrm{const}$ 曲线的最高点,即可得到最经济的巡航状态调节规律时尾喷管出口截面积 A_8 随发动机

转速相似参数 $n/\sqrt{T_2^*}$ 的变化关系。

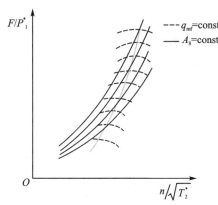

图 5.12　最经济的巡航状态调节规律下，
发动机推力随转速的变化关系

上面介绍的实验方法仅仅是为了便于理解问题的实质，实际做实验时，只要做一系列不同尾喷管出口截面积 A_8 下的转速特性线，并记录下各个转速下的燃油流量 q_{mf} 和发动机推力 F，同样能够画出图 5.12 所示的曲线。

采用上述最经济的巡航状态调节规律需要有专门的自动调节器，这种调节器可感受发动机转速 n 和压气机进口温度 T_2^*，并调节尾喷管出口截面积 A_8 的大小。

对于某些中等以上设计增压比的发动机，在降低发动机转速的同时，加大尾喷管出口截面积 A_8，不仅是为了改善巡航状态下的经济性，而且也是为了避免发动机在低转速下发生喘振。在早期(20 世纪 50 年代)使用的单轴涡轮喷气发动机上曾采用过有级调节尾喷管的巡航状态调节规律。

某些低设计增压比的发动机可以采用尾喷管出口截面积 A_8 为常数的巡航状态调节规律。这种方案结构简单，但经济性稍差。

思考题

(1) 简述发动机的最大工作状态控制规律和发动机的巡航状态控制规律。为什么要讨论发动机的控制规律？

(2) 压气机设计增压比的高低对于压气机特性图上喘振边界和共同工作线的相对位置有什么影响？压气机设计增压比的高低对压气机功和压气机效率随转速相似参数的变化关系有什么影响？

(3) 当单轴涡轮喷气发动机采用 $n=n_{\max}=$ const 和 $A_8=$ const 的最大工作状态调节规律时，随着 T_2^* 的变化，T_4^* 变化的规律取决于以下哪项？

　　A. 燃油控制的控制规律　　　B. 燃烧室的结构与形式
　　C. 涡轮部件的特性　　　　　D. 压气机部件的特性

(4) 在采用 $n=n_{\max}=$ const 和 $T_4^*=T_{4\max}^*=$ const 的最大工作状态调节规律时，试推导其共同工作方程并说明绘制共同工作线的方法。

(5) 在采用 $n=n_{\max}=$ const 和 $T_4^*=T_{4\max}^*=$ const 的最大工作状态调节规律时，当飞行 Ma 增大时，压气机设计增压比较大或较小的发动机，尾喷管临界截面积 A_8 将如何变化？请分别说明其原因。

(6) 对于单轴涡轮喷气发动机，有哪几种可供选择的最大工作状态控制规律？它们各有何优缺点？

(7) 发动机的主燃油控制器可根据发动机的某一个气动参数的大小按一定比例供给燃油流量 q_{mf}，这样可以大体上保持涡轮前燃气温度 T_4^* 不变，这个气动参数为以下哪项？

　　A. 压气机增压比　　　　　　B. 燃烧室内压力
　　C. 涡轮出口压力　　　　　　D. 涡轮出口温度

(8) 选择巡航状态调节规律有哪些要求？为什么某些发动机在降低转速的同时需要加大尾喷管临界截面积 A_8？

5.4 发动机特性

5.4.1 概　述

对于一台已经制成的单轴涡轮喷气发动机，它的性能参数随着飞行状态和油门杆位置的变化关系称为发动机的特性。对于飞机设计，发动机的特性是十分重要的原始设计数据，也是评定发动机性能优劣的重要指标。

按给定的最大工作状态调节规律，发动机推力 F 和单位燃油消耗率 sfc 随飞行状态的变化关系称为发动机的飞行特性。发动机的飞行特性包括速度特性和高度特性。

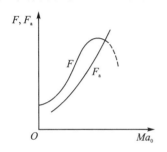

图 5.13　在一定高度下，飞机需用推力和发动机可用推力曲线

发动机的速度特性与高度特性是计算飞机飞行性能必不可少的条件。在飞机的设计研制过程中，飞机设计部门根据飞机的空气动力计算和试验，可以得出飞机的需用推力曲线，如图 5.13 中曲线 F_a 所示。曲线上的每一点，表示在这一 Ma 下等速平飞时飞机的阻力，也即飞机等速平飞时需要发动机提供的推力。

在图 5.13 中还表示出了发动机的可用推力 F，也就是发动机的速度特性线。这两条曲线的交点，就是在这一飞行高度所能达到的最大平飞飞行 Ma，在这一速度下飞机需要的推力正好等于发动机所能够提供的最大推力。飞行 Ma 小于这一最大平飞 Ma 时，$F > F_a$，发动机最大工作状态推力大于飞机所需要的推力，发动机有剩余的推力可以使飞机加速或爬高。根据剩余推力的大小和飞机的参数，可以计算飞机的机动性能。对各个飞行高度都进行上述计算，就可确定飞机在各个高度上的最大平飞速度、升限、爬升速度、盘旋半径等飞机的性能参数。由此可见，研究发动机的速度特性和高度特性是十分必要的。

在给定的飞行状态下（如在地面静止状态下），发动机推力 F 和单位燃油消耗率 sfc 随油门位置的变化关系称为发动机的油门特性或节流特性。油门特性与巡航状态调节规律的选择有密切的关系。

5.4.2 单轴涡轮喷气发动机的飞行特性

发动机的飞行特性包括速度特性和高度特性。在一定的飞行高度上，发动机的推力 F 和耗油率 sfc 随飞行 Ma 的变化关系称为发动机的速度特性。在一定的飞行 Ma 下，发动机的推力 F 和耗油率 sfc 随飞行高度的变化关系称为发动机的高度特性。

对于不同型别的发动机，由于所选择的设计参数、部件特性以及调节规律的不同，发动机的飞行特性可以有很大的差别。下面在研究发动机的飞行特性时，假设发动机的最大工作状态调节规律为 $n = n_{\max} = \text{const}$ 和 $T_4^* = T_{4\max}^* = \text{const}$，并假设气流在尾喷管中完全膨胀。显然，在上述条件下，尾喷管的临界截面积和出口截面都应该是可调的。

1. 单轴涡轮喷气发动机的速度特性

图 5.14 给出了地面设计增压比为 6，飞行高度为 6 km 的单轴涡轮喷气发动机的速度特性曲线。图中给出了涡轮前温度为 1 600 K、1 400 K、1 200 K 三种不同数值的速度特性。

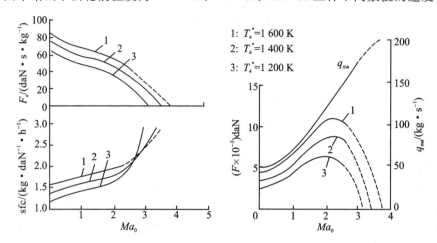

图 5.14　在一定高度下，单轴涡轮喷气发动机的速度特性曲线

从图 5.14 可以看出：

① 随着飞行 Ma 的增大，单位推力 F_s 不断减小。当飞行 Ma 增大至某一数值时，单位推力降为零。例如当 T_4^* 为 1 400 K、飞行 Ma 为 3.5 时，单位推力降为零。

② 随着飞行 Ma 的增大，空气流量 q_{ma} 不断增大。q_{ma} 在亚声速范围内增加较慢，而在超声速范围内增加较快。

③ 随着飞行 Ma 的增大，发动机的推力 F 起初略为下降或增加得很缓慢，随后迅速增大，达到某一最大值后，推力随 Ma 的增大而减小。最后，发动机的推力下降为零。

④ 随着飞行 Ma 的增大，耗油率 sfc 不断增加，至某一飞行 Ma 后，急剧加大。

下面解释上述变化的原因。

在分析发动机的单位推力 F_s 随飞行 Ma 的变化规律时，必须涉及发动机的可用功 w 随飞行 Ma 的变化关系。发动机的可用功可表示为

$$w = \frac{c_9^2 - c_0^2}{2} = \frac{(c_9 + c_0)(c_9 - c_0)}{2} = \frac{c_9 + c_0}{2} F_s$$

于是得到了单位推力 F_s 与发动机可用功 w 之间的关系，即

$$F_s = \frac{2w}{c_9 + c_0} \tag{5.4.1}$$

为了便于分析，先假定当飞行 Ma 增加时，发动机可用功 w 保持不变。那么从式 $w = \frac{c_9^2 - c_0^2}{2}$ 可以看出，随着飞行速度的增大，尾喷管出口燃气喷射速度必然相应地增大。

又从式 (5.4.1) 中可以看出，当可用功 w 保持不变时，c_9 和 c_0 的增加必然导致发动机单位推力 F_s 的下降。

实际上随着飞行 Ma 的增加，发动机可用功不断降低。在第 2 章中曾经分析过使发动机可用功达极大值的最佳增压比 π_{opt}。当飞行速度为零时，压气机的增压比往往已经超过了最佳增压比，当飞行速度增加时，由于速度冲压增加，发动机的总增压比不断增大，发动机的可用

功不断下降。考虑到随着总增压比和总膨胀比的增加,进气道中气体压缩过程以及尾喷管中燃气膨胀过程的总压损失不断增加,这就使得飞行 Ma 增大时,发动机可用功下降得更为迅速。

在这种情况下,尽管发动机可用功不断下降,但是尾喷管出口燃气喷射速度 c_9 仍然随飞行 Ma 增加而有所加大。这是因为当涡轮前燃气温度 T_4^* 保持不变时,尾喷管中燃气温度 T_5^* 基本上保持不变(可以近似地认为压气机功和涡轮功保持不变),而尾喷管中的气体压力 p_5^* 则随着总增压比的增加总是增加的。由于尾喷管中的燃气压力 p_5^* 增加,若燃气在尾喷管中完全膨胀,尾喷管出口燃气喷射速度 c_9 将增大。

通过上述分析,再结合式(5.4.1)可以看出,当飞行 Ma 增大时,由于发动机可用功 w 不断下降以及 c_9 和 c_0 增加,发动机单位推力 F_s 下降。

当飞行 Ma 增大到 3 以上时,压气机出口空气温度 T_3^* 接近燃烧后的燃气温度 T_4^*,加入发动机的热量很少,这部分热量仅仅用以克服各种损失,使发动机的可用功 w 和单位推力 F_s 都降为零。

怎样才能使得发动机适应高速飞行的要求,在高飞行 Ma 下仍然有较大的发动机可用功 w?

根据高飞行 Ma 下发动机可用功降低,可以从以下 3 个方面来提高发动机在高 Ma 下的性能。

① 在高 Ma 下,由于速度冲压增加,发动机总增压比不断提高,发动机加热量不断减小,引进发动机可用功急速降低。因此,采用低设计增压比的压气机,甚至使用无压气机的冲压式喷气发动机是比较合适的。但是,低设计增压比的发动机在低速飞行时耗油率较高,而冲压式喷气发动机则更不适合低速飞行,并且不能在地面静止条件下起动。

② 提高涡轮前燃气温度 T_4^* 可以加大发动机在高 Ma 的工作范围,但是涡轮前燃气温度 T_4^* 的提高受到涡轮部件材料耐热性以及冷却技术的限制。可以采用涡轮后复燃加力的方法改善发动机在高 Ma 下的性能。以后将讨论涡轮风扇发动机的优点,这种发动机在低速飞行时具有较低的耗油率,且采用复燃加力的方法后在高 Ma 下具有良好的使用性能。

③ 除此以外,在高 Ma 下,超声进气道的设计质量对于空气压缩过程的效率有着重要的影响。同时,尾喷管的膨胀比较大,超声尾喷管的设计性能将影响燃气膨胀过程的效率。因此,对于高 Ma 下使用的发动机必须具有性能良好的可调节的超声速进气道和超声尾喷管。

上面分析了发动机的单位推力 F_s 随飞行 Ma 的变化关系。下面再分析通过发动机的空气流量 q_{ma} 随飞行 Ma 的变化情况。

由于涡轮导向器的临界截面起着相当于压气机节气门的作用,由

$$\frac{(1+f)q_{ma}\sqrt{T_4^*}}{p_4^*}=\text{const}$$

可以看出,当涡轮前燃气温度 T_4^* 保持不变时,通过发动机的空气流量 q_{ma} 与燃烧室出口总压 p_4^* 成正比。

随着飞行 Ma 不断增加,燃烧室出口总压 p_4^* 不断提高,因此通过发动机的空气流量 q_{ma} 亦不断增加。通过发动机的空气流量 q_{ma} 随飞行 Ma 的变化关系如图 5.14 所示。图 5.14 所表示的发动机推力 F 随飞行 Ma 的变化关系正是由发动机单位推力 F_s 和通过发动机的空气

流量 q_{ma} 随飞行 Ma 的变化关系所决定的。当飞行 Ma 增加时，发动机单位推力 F_s 下降，而通过发动机的空气流量 q_{ma} 却增加，由于二者变化程度不同，从而形成发动机推力 F 随飞行 Ma 的变化关系。

耗油率 $sfc = 3\,600 f/F_s$ 随飞行 Ma 的变化取决于 f 和 F_s 的变化。随着飞行 Ma 的增大，T_3^* 是增大的，$T_4^* - T_3^*$ 减小，故 q_{mf} 减小，但由于 F_s 下降得更快，所以耗油率总是随飞行 Ma 的增加而增大。当飞行 Ma 增大到单位推力趋于零时，耗油率急剧增大。

值得注意的是，耗油率随飞行 Ma 增大，并不意味着发动机的经济性也变坏了，在第 2 章中曾经讲过，衡量发动机经济性的指标应该是发动机的总效率 η_0。在一定飞行速度下，耗油率与总效率成反比。但是在讨论发动机的飞行速度特性时，飞行速度是改变的，要衡量发动机经济性的好坏，要看发动机总效率的高低。推进效率、热效率、总效率随飞行 Ma 的变化关系如图 5.15 所示。

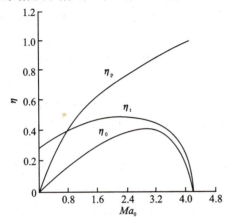

图 5.15　推进效率、热效率和总效率随飞行 Ma 的变化关系

随着飞行 Ma 的增大，推进效率 $\eta_p = 2/(1 + c_9/c_0)$ 从零增大至极限值 1.0。这时，$c_9 = c_0$，发动机的单位推力和推力都降为零。

热效率为

$$\eta_t = \frac{w}{q_1/\xi_b} = \frac{\dfrac{c_9 - c_0}{2}}{\dfrac{c_{pm}}{\xi_b}(T_4^* - T_3^*)}$$

式中，c_{pm} 为燃烧过程中的平均比热。

当飞行 Ma 增大时，T_3^* 增大，$T_4^* - T_3^*$ 减小，所以，加给流过发动机的每千克空气的热量 q_1 总是减小的。由于总增压比的增加，循环的有效功 w 增大，热效率增大。在某一飞行 Ma 以后，w 随 Ma 的增大而下降，而且比 q_1 减小得还要快，热效率降低，循环功降为零时，热效率也为零。

总效率是推进效率和热效率的乘积。由图 5.15 可以看出，当飞行 Ma 为 3.0 时，总效率最大。也就是说，在这一飞行 Ma 下，发动机的经济性最好。然而，此时的耗油率并不是最低的。

图 5.16 给出了地面设计增压比为 4、6、12 的 3 台单轴涡轮喷气发动机在 $H = 6$ km 时的速度特性。它们的涡轮前温度都是 1 400 K。

在低飞行 Ma 时，高设计增压比的发动机比低设计增压比的发动机更接近最佳增压比，所以它的单位推力较大而耗油率较低（见图 5.16）。但是，由于高设计增压比的发动机中压气机的温升较大，即 T_3^* 较大，所以，随着飞行 Ma 的增大，它的单位推力下降较快，在较低的飞行 Ma 下，单位推力变为零。高设计增压比的发动机的耗油率也增加得比较快，且在较低的飞行 Ma 下开始急剧增大。

在讨论各部件共同工作时已知，不同设计增压比的发动机在飞行 Ma 增大、T_2^* 增大、折

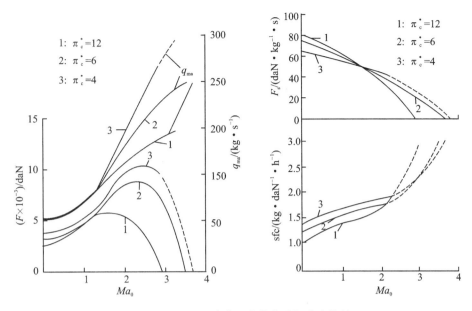

图 5.16 不同设计增压比的发动机速度特性

合相似转速 $\overline{n_{cor}}$ 下降时,压气机进口的流量气动函数 $q(\lambda_2)$ 变化的快慢不同,高设计增压比的发动机的 $q(\lambda_2)$ 下降较快。因此,随着飞行 Ma 增大,高设计增压比的发动机的空气流量比低设计增压比的发动机增加得慢。图 5.16 中推力的变化规律是由空气流量和单位推力两者的变化所决定的。在低飞行 Ma 时,不同设计增压比的发动机的空气流量基本上相同,而高设计增压比的发动机单位推力大,所以其推力大。但是随着飞行 Ma 的进一步增大,高设计增压比的发动机的空气流量增大得慢而单位推力减小得快,因而,推力增大较慢,在较低的飞行 Ma 下达到最大值和在较低的飞行 Ma 下推力为零。

由此可见,用于低飞行 Ma 的发动机采用较高的设计增压比比较有利;反之,用于高飞行 Ma 的发动机,用较低的设计增压比可以得到较好的推力特性和较低的耗油率。

2. 单轴涡轮喷气发动机的高度特性

发动机的高度特性是:飞行速度(或飞行 Ma)一定时,在给定的发动机最大状态调节规律下,推力和耗油率随飞行高度的变化而变化。和讨论速度特性一样,仍假设发动机的最大状态调节规律为 $n=n_{max}=\text{const}$ 和 $T_4^*=T_{4\,max}^*=\text{const}$,气流在尾喷管中完全膨胀。

飞行高度改变时,大气压力、大气温度都随之变化。图 5.17 所示是国际标准的大气压力及大气温度随高度的变化关系。从图可以看出,在 11 km 以下,随着高度的增加,大气压力及大气温度都下降;11 km 以上为同温层,大气温度不随高度的变化而变化,而大气压力则随高度的增加继续下降。可以看出,大气压力在低高度时变化较快。

图 5.18 所示是一台地面设计增压比为 6 的单轴涡轮喷气发动机在飞行 Ma 为 0.9 时的高度特性。由图 5.18 可见,在 $H \leqslant 11$ km 时,随着飞行高度的增加,单位推力增加,耗油率下降,发动机的推力下降。在 $H>11$ km 时,单位推力和耗油率都不变,而发动机的推力随高度的增加而继续下降。

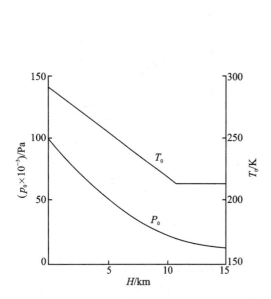

图 5.17 大气压力、大气温度随高度的变化关系

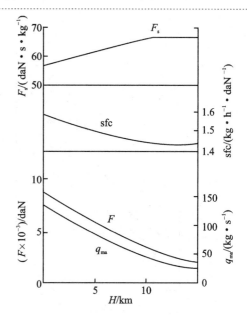

图 5.18 单轴涡轮喷气发动机的高度特性

参数变化的原因为,飞行高度增加,大气温度 T_0 下降,在飞行 Ma 一定时,T_0^*,T_1^*,T_2^* 下降。根据给定的最大状态调节规律为 $n=n_{\max}=\text{const}$ 和 $T_4^*=T_{4\max}^*=\text{const}$,转速一定,压气机功基本上不变,由

$$T_3^* = T_2^* + \frac{w_c}{c_p}$$

可见,T_3^* 是随高度增加而下降的,T_4^* 一定时,$T_4^*-T_3^*$ 增大。这就是说,随着高度的增加,加给发动机的每千克空气的热量是增大的。T_2^* 减小及 n 不变时,$\overline{n_{\text{cor}}}$ 将增大,共同工作点将沿着共同工作线向右上方移动,π_c^* 将增大,热量的利用程度也得到改善。这两个因素都使单位推力随着飞行高度的增高而增大。当飞行高度大于 11 km 时,T_0^* 不再变化,引起上述变化的外界条件不复存在,单位推力也就保持不变。

当飞行高度小于 11 km 时,随着飞行高度的升高,增压比增大,热量的利用程度改善,耗油率略有所下降。当飞行高度大于 11 km 时,耗油率也将保持不变。

流过发动机的空气流量是随飞行高度的增大及大气密度急剧下降而减小的。通常,涡轮导向器是在超临界状态下工作的,$q_{\text{mg}}\sqrt{T_4^*}/p_4^*=\text{const}$。在 $T_4^*=\text{const}$ 时,空气流量和涡轮进口处气流的总压 p_4^* 成比例变化。当飞行高度小于 11 km 时,随着飞行高度的增加,增压比还有所增大,p_4^* 将比 p_0^* 减小得慢,因此,空气流量的减小速度将比大气压力下降速度慢。当飞行高度大于 11 km 时,T_0^* 不变,增压比也不再变化;当飞行高度增加时,空气流量和大气压力以相同的速度减小。

推力随飞行高度的增加总是下降的。其决定性因素是随飞行高度的增加大气压力和空气流量下降。当飞行高度小于 11 km 时,随着飞行高度的增加,空气流量的下降速度比大气压力的下降速度慢,而且因为单位推力增大,所以推力的减小速度比大气压力的下降速度慢。当飞行高度大于 11 km 时,随着飞行高度的增加,单位推力不变,推力和空气流量一样,随大气压力以同样的比例减小。应该注意到,飞行高度增高时,发动机推力的数值变化很大。

以上讨论没有考虑随着飞行高度的增加,燃烧室工作条件恶化导致完全燃烧系数 ξ_b 下降的因素。发动机在高空低飞行 Ma 下工作时,燃烧室在很不利的条件下工作,完全燃烧系数 ξ_b 将下降很多,耗油率将与完全燃烧系数 ξ_b 成反比地增加。

另外,当发动机在高空低飞行 Ma 下工作时,由于大气压力下降,温度降低,Re 亦降低。例如,飞行 Ma 一定,高度由地面增加到 15 000 m 时,Re 可能减小到地面的 1/6,这将使气流黏性的影响增加。实验结果表明,只有当 Re 大于临界值时,才可以忽略 Re 的影响。对于轴流压气机,临界 Re 为 $1.5\times10^6 \sim 2.5\times10^6$。发动机在地面标准大气条件下工作时,气流的 Re 大于临界值,但是在高空条件下工作时,Re 可能低于临界值,这将使压气机、涡轮的效率下降,流过发动机的 $q_{ma}\sqrt{T_2^*}/p_2^*$ 发生变化,由此导致发动机的性能发生变化。一般来说,耗油率加大,在转速为常数的调节规律下,涡轮前燃气温度将增大,推力可能略有增大或减小。

速度特性和高度特性可以表示在同一张特性图上。图 5.19 所示是一台地面设计增压比为 6、涡轮前燃气温度为 1 400 K 的单轴涡轮喷气发动机的高度速度特性图,发动机的调节规律为 $n=n_{\max}=\mathrm{const}$ 和 $T_4^*=T_{4\max}^*=\mathrm{const}$。

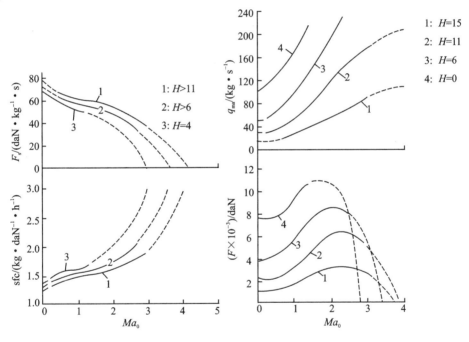

图 5.19 单轴涡轮喷气发动机的高度速度特性图

图 5.19 给出了不同高度下的速度特性。不同的设计参数或不同的部件特性或不同的调节规律,发动机的高度速度特性会有很大的差异。在飞机、发动机设计过程中,发动机设计部门在选定一系列可能选用的设计参数和部件特性后,可以用计算机算出如图 5.19 所示的发动机特性图,供飞机设计部门选用。飞机设计部门可以根据发动机特性和飞机的设计方案,计算出如图 5.20 所示的飞行包线,即飞机可能工作的高度和速度范围。

图 5.20 所示的飞机飞行包线由最大飞行高度 $H_{\max}$、最大飞行 $Ma_{\max}$、最小飞行 $Ma_{\min}$、最大动压头 $q_{\max}$ 等线段组成。

最大飞行高度 H_{max} 和最大飞行 Ma_{max} 通常由发动机所能提供的最大性能或飞机结构强度所允许的值所确定。最小飞行 Ma_{min} 通常由飞机在飞行中不发生抖振的迎角来确定。最大动压头 q_{max} 是

$$q_{max} = \frac{\rho_0 c_0^2}{2} = \frac{k}{2} p_0 Ma_0^2$$

它通常是由飞机或发动机的结构强度条件所限制。由于大气压力 p_0 是随飞行高度的增高而降低的,因此 q_{max} 所对应的最大允许马赫数是随飞行高度的增高而增大的。

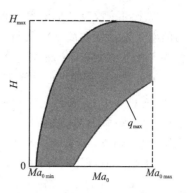

图 5.20 飞机飞行包线示意图

5.4.3 单轴涡轮喷气发动机的节流特性

单轴涡轮喷气发动机在使用中大部分时间是在推力小于最大值的状态下工作的,对于流道几何面积不可调节的单轴涡轮喷气发动机,减小推力的最简单的办法是通过减少供油量来降低发动机的转速。供油量的改变可由驾驶员操纵油门杆来实现。涡轮喷气发动机的节流特性是指在一定的飞行条件下,发动机的推力和耗油率随发动机转速(或其他对应的参数,如涡轮后总压 p_5^* 与压气机进口总压 p_2^* 之比 p_5^*/p_2^*)而变化的规律,如果以转速作为调节参数,通常称为转速特性,也可称为油门特性。

涡轮喷气发动机在研制、生产过程中,要进行大量的地面台架试验以检验发动机是否达到设计要求以及是否需要进行调整和修改,否则须采取相应的措施使其达到预定的性能指标。发动机在地面台架试验中,须录取发动机的节流特性(转速特性),并对它进行分析研究。

1. 发动机节流过程中几个基本工作状态

(1) 最大状态

在最大状态下工作时,发动机的推力最大。通常发动机的转速和涡轮前燃气温度也为最大。因此,发动机的动力负荷和热负荷都接近其极限允许值。发动机在这一状态下连续工作的时间有严格的限制,一般不能超过 5~10 min。最大状态一般只用于起飞、爬升、短时间加速和获得最大平飞速度。

(2) 额定状态

通常规定推力为最大推力的 0.85~0.90 时为发动机的额定状态,发动机在额定状态可以连续工作较长时间。有的发动机对额定状态的工作时间仍有限制,如不能超过 30~60 min。有的发动机则没有限制。额定状态是军用歼击机的主要工作状态,民航机爬高时也使用这一工作状态。

(3) 巡航状态

通常规定推力小于或等于最大推力的 0.5~0.8 时为发动机的巡航状态。巡航状态的使用时间不受限制,常用于长时间及远距离飞行。

(4) 慢车状态

慢车状态是指发动机启动后能够稳定工作的最小转速工作状态。通常其推力为最大推力的3%~5%。由于这一状态下的涡轮前燃气温度也很高,所以这一工作状态下连续工作的时间也有限制。慢车工作状态常用于着陆及滑行。

2. 几何面积不可调的单轴涡轮喷气发动机的转速特性

图 5.21 为一台地面设计参数为 $\pi_c^* = 6, T_4^* = 1\,400\text{ K}$ 的单轴涡轮喷气发动机在地面试车台上的转速特性。由图可知,当发动机转速从设计转速下降时,发动机的推力急剧下降,发动机的耗油率起先略有下降,在 $\bar{n} = 0.85$ 附近达最小值后,发动机耗油率随发动机转速的下降而增大。图中虚线部分表示当转速下降至小于 $\bar{n} = 0.72 \sim 0.73$ 时,压气机的喘振裕度小于最小允许值,如果不采取适当的调节措施,发动机则不可能稳定工作。

发动机的推力取决于流过发动机的空气流量 q_{ma} 和发动机的单位推力 F_s,分别讨论如下:

(1) 流过发动机的空气流量 q_{ma}

图 5.22 给出了某台涡轮喷气发动机的压气机特性和共同工作线。在某一飞行状态下(如在地面台架条件下) $q(\lambda_2)$ 与空气流量 q_{ma} 成正比,因此空气流量随转速的增大而增加。

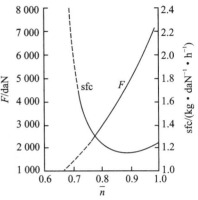

图 5.21 几何面积不可调的单轴涡轮喷气发动机的转速特性

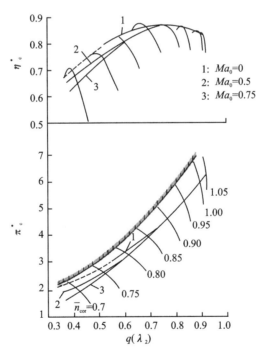

图 5.22 $\pi_c^* = 6$ 的单轴涡轮喷气发动机的压气机特性和共同工作线

(2) 单位推力 F_s

在地面台架上,假设气流在尾喷管中完全膨胀,则 $F_s = c_9$,式中

$$c_9 = \phi_e \sqrt{2c_p' T_5^* \left[1 - \left(\frac{p_0}{p_5^*}\right)^{\frac{k'-1}{k'}}\right]}$$

单位推力随转速 n 的变化取决于排气速度 c_9 的变化,也就是取决于涡轮后燃气温度 T_5^* 和总压 p_5^* 的变化。下面进一步分析涡轮后燃气温度 T_5^* 和总压 p_5^* 随转速的变化关系。

由图 5.23 可以看到,随着发动机转速的下降,压气机的增压比 π_c^* 亦下降,压气机的效率 η_c^* 起先略有增加,然后急剧减小。图 5.24 给出了压气机功 w_c、涡轮膨胀比 π_t^*、涡轮前燃气温度 T_4^*、涡轮后燃气温度 T_5^* 和转速 n 的变化关系。

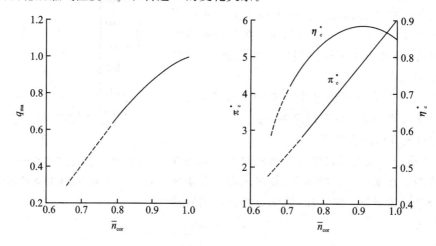

图 5.23 $q_{ma}, \pi_c^*, \eta_c^*$ 随转速的变化关系

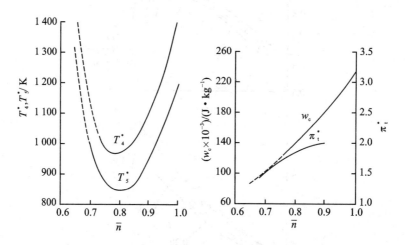

图 5.24 w_c, π_t^*, T_4^* 随 $\bar{n}$ 的变化关系

飞行条件一定时,压气机功近似地与转速的平方成正比,即 $w_c = Kn^2$。在设计转速附近,气流在涡轮导向器和尾喷管中为临界或超临界状态,由式(5.1.5)知,π_t^* 为常数。当发动机转速比设计转速低得多时,上述条件不再成立,涡轮膨胀比 π_t^* 将随转速下降而减小。同样,在设计转速附近,可以认为涡轮效率 η_t^* 和设计值基本上相同,当发动机转速下降较多时,涡轮效率 η_t^* 也将降低。

有了上述参数的变化规律,就可以解释涡轮前燃气温度 T_4^* 的变化规律。

当发动机在稳定状态下工作时,$w_c = w_t \eta_m$,由

$$w_c = Kn^2, \qquad w_t = c'_p T_4^* \left(1 - \frac{1}{e_t^*}\right) \eta_t^*$$

式中，$e_t^* = \pi_t^{*\frac{k'-1}{k'}}$，可以得到

$$T_4^* = K \frac{n^2}{\left(1 - \frac{1}{e_t^*}\right)\eta_t^*}$$

随着转速从设计转速下降，起初因 π_t^*，η_t^* 为常数，故 T_4^* 随转速的平方成正比地下降；当 π_t^*，η_t^* 也随转速下降而减小时，T_4^* 随转速的下降其减小的速度减慢；当转速进一步下降时，π_t^* 和 η_t^* 的下降起主要作用，T_4^* 随转速的下降反而急剧增大。这就使发动机在慢车状态下的 T_4^* 温度比较高，接近甚至超过最大工作状态的设计值。所以发动机一般都限制慢车状态下的工作时间。

涡轮后燃气温度 T_5^* 的变化规律和 T_4^* 一样，由

$$T_5^* = T_4^* - \frac{w_t}{c_p'} = T_4^* - K w_t = T_4^* - K n^2 \tag{5.4.2}$$

可知，转速从设计转速下降时，起初 T_5^* 也是下降的，而在 T_4^* 增高时，T_5^* 也是增大的。

从图 5.24 和式(5.4.2)还可以看出，当发动机的转速比较低时，T_4^* 和 T_5^* 的差值将减小。通常在发动机上并不直接测量 T_4^* 的大小，而用测量 T_5^* 来判定涡轮前燃气温度 T_4^* 是否超过允许值。

由于 π_c^* 是随转速而下降的，所以涡轮后燃气总压 p_4^* 总是随转速的下降而下降的。

了解了尾喷管内气流参数随转速的变化规律，就可以知道发动机的单位推力随转速的变化关系。当发动机转速从设计转速下降时，起初由于 p_5^* 与 T_5^* 都是下降的，所以排气速度和单位推力都是下降的；当转速下降得较多时，虽然 T_5^* 将增大，但 p_5^* 的下降起主要的作用，单位推力仍将是下降的。

综合空气流量和单位推力随转速的变化关系，就可以得出推力随转速的变化关系。当发动机转速从设计转速下降时，空气流量和单位推力都是减小的，所以发动机推动 F 是随转速下降而减小。对于中等设计增压比的发动机，可以粗略地认为发动机的空气流量和转速成正比，单位推力和发动机转速的平方成正比。所以 $F \approx K n^3$。

当发动机的转速在最大转速附近，空气流量的变化较小，上式中转速的指数小于 3，在转速较低时，单位推力的变化减缓，指数也将小于 3。一般认为 $F \approx K n^x$。式中，$x = 1 \sim 4$。这是一个经验公式。

耗油率 sfc 随转速的变化关系也可用上述发动机参数的变化关系来解释。发动机转速从设计转速下降时，压气机增压比下降，热量的利用程度变坏，但压气机效率起初是增大的，T_4^* 随转速的平方成正比的下降。由于这两个因素的作用，发动机在低于最大转速时，耗油率 sfc 在某一转速下达到最小值（在有的发动机上没有这种变化）。进一步降低发动机转速，π_c^* 进一步下降，η_c^*，η_t^* 都下降，T_4^* 反而增大，因此，耗油率将随发动机转速的下降而急剧增大。

上面以中等设计增压比的发动机为例，讨论了几何面积不可调的发动机的转速特性。高、低设计增压比的单轴涡轮喷气发动机也有类似的变化规律。

3. 压气机中间级放气的单轴涡轮喷气发动机的转速特性

图 5.25 所示为中间级放气的压气机特性和尾喷管面积不变的共同工作线,放气转速 $\bar{n}_{cor}$ 为 0.75。从图中可以看出,由于在低转速下中间级放气,压气机的等转速线向左下方移动,喘振边界线向左上方移动,扩大了喘振裕度。

图 5.26 所示为中间级放气的发动机的各参数随转速的变化情况。从图中可以看出,在 $\bar{n}_{cor}=0.75$ 放气后, π_c^* 和 η_c^* 下降(有的情况下放气并不使压气机效率下降,甚至略有增加)。放气后,主要由于燃气流量减小,发动机的推力减小。 π_c^* 和 η_c^* 下降,耗油率增大。中间级放气后的发动机转速特性如图 5.27 所示。

4. 压气机有可调导流叶片的单轴涡轮喷气发动机的转速特性

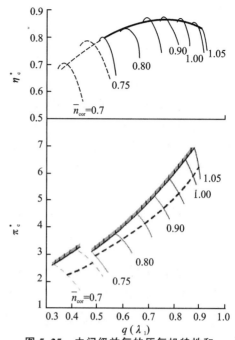

图 5.25 中间级放气的压气机特性和尾喷管面积不变的共同工作线

为防止压气机喘振,在压气机进口或前面若干级设置可调导流叶片。当发动机转速下降到某一转速时,压气机喘振裕度减小,可调导流叶片顺压气机旋转方向转动一个角度,使转子

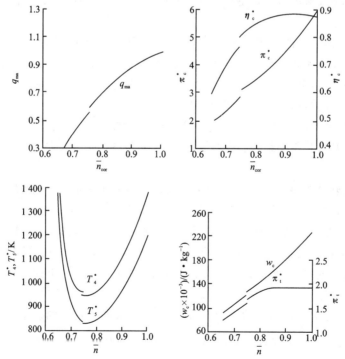

图 5.26 中间级放气时,各参数随转速的变化

叶片上气流的攻角减小,压气机喘振裕度加大。可调导流叶片转动的角度可以是一个固定值,也可以是随换算转速而改变的,即 $\Delta\varphi = f(\overline{n}_{cor})$。

图 5.28 用实线和虚线分别表示了压气机不可调和带有可调导流叶片的压气机特性和在相同尾喷管面积条件下的共同工作线。很明显,采用了可调导流叶片,压气机的喘振裕度加大。但是在同样转速下,压气机的增压比将减小。尾喷管在亚临界状态下工作时,涡轮膨胀比 π_t^* 也将减小,T_4^* 和 T_5^* 都将增大。因此,压气机有可调导流叶片时的推力将略为降低而耗油率将略有加大。图 5.29 用实线和虚线分别表示了不可调压气机和可调压气机的发动机推力、耗油率随转速的变化关系。

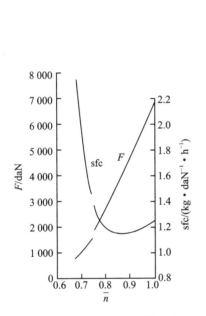

图 5.27 中间级放气后的单轴涡轮喷气发动机的转速特性

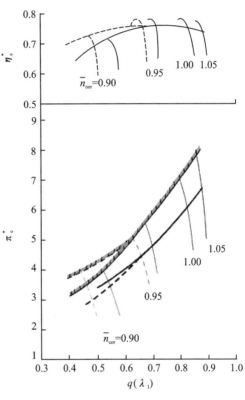

图 5.28 有可调导流叶片的压气机特性及共同工作线

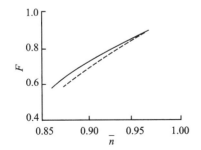

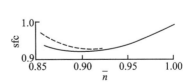

图 5.29 有可调导流叶片时的推力、耗油率随转速的变化关系

5. 尾喷管出口面积(或拉瓦尔喷管喉部面积)可调的单轴涡轮喷气发动机的转速特性

在低转速下，防止压气机喘振可以用放大尾喷管出口面积的方法。在一定的转速下，增大尾喷管出口面积，可使 π_t^* 增大，为保持转速不变，T_4^* 将下降，这就使压气机特性图上的共同工作点沿等转速线向右下方移动，使压气机喘振裕度增大。图 5.30 为某设计增压比为 6 的发动机在压气机特性图上的共同工作线。从图可以看出，在 $\bar{n}_{cor} < 0.75$ 时将尾喷管面积增大 30%，即 $\bar{A}_9 = 1.30$，压气机的喘振裕度明显增加。

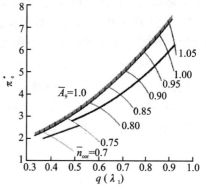

图 5.31 给出了发动机各部件气流参数随转速的变化关系，从图可以看出，尾喷管面积加大时压气机的增压比将略有下降。涡轮膨胀比的增大使 T_4^* 和 T_5^* 都下降。

图 5.30 尾喷管出口面积加大时发动机共同工作线的变化

当尾喷管面积加大时，由于 T_4^* 和 T_5^* 都下降，推力下降，而发动机的耗油率基本上保持不变(图 5.32 中 sfc 曲线光滑)。但是在有的发动机上，耗油率会有所增大。

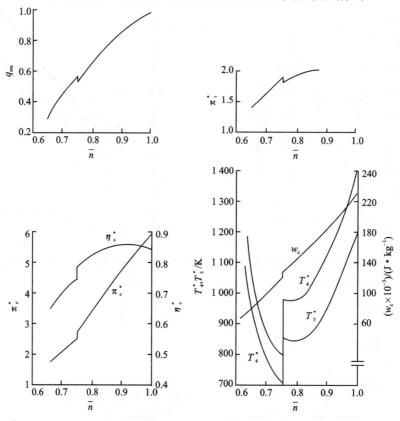

图 5.31 尾喷管出口面积加大时发动机气流参数的变化

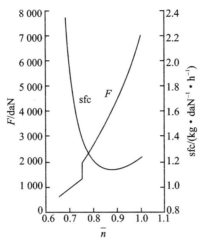

图 5.32 尾喷管出口面积加大时发动机的转速特性

思考题

(1) 单轴涡轮喷气发动机速度特性曲线的大致形状是怎样的？为什么会具有这样的曲线形状？

(2) 设计增压比的高低和设计涡轮前燃气温度 T_4^* 的大小对涡轮喷气发动机速度特性曲线有什么影响？

(3) 为了能在高速飞行条件下(如 $Ma>2.5$)使涡轮喷气发动机有较好的飞行特性，发动机的设计参数应做如下哪种考虑：

A. 高的压气机设计增压比和中等涡轮前燃气温度

B. 压气机设计增压比和涡轮前燃气温度都应较低

C. 低的压气机设计增压比和高的涡轮前燃气温度

D. 压气机设计增压比和涡轮前燃气温度都应较高

(4) 为什么从涡轮喷气发动机的高度特性曲线可以看出，在 11 km 以下随着飞行高度增加，耗油率下降？

(5) 某单轴涡轮喷气发动机采用 $n=n_{\max}=\text{const}$ 和 $T_4^*=T_{4\max}^*=\text{const}$ 的最大工作状态调节规律，当飞行 Ma 不变时，随着飞行高度的增加($H\leqslant 11$ km)将会发生下列哪种变化？

A. $\pi_c^* \downarrow$ B. $F_s \downarrow$ C. sfc $\downarrow$ D. 油气比 $f \downarrow$

(6) 发动机从最大工作状态到最小转速的整个工作范围内一般规定哪几个基本工作状态？

(7) 试画出几何面积不可调的单轴涡轮喷气发动机转速特性曲线的形状。

(8) 对于单轴涡轮喷气发动机在地面标准大气条件下的转速特性，在慢车条件下，下列哪种说法正确？

A. 推力较小，因为压气机增压比和涡轮前燃气温度都很低

B. T_4^* 高，因为涡轮膨胀比和各部件效率都较低

C. q_{ma} 较小，因为尾喷管进入亚临界状态工作

D. sfc 较高，因为燃油流量 q_{mf} 过小，喷嘴雾化不良，燃烧效率较低

(9) 分别说明压气机中间级放气、可调压气机导流叶片以及放大尾喷管最小截面积对涡轮喷气发动机转速特性曲线的影响。

5.5 发动机特性的获取方法

获取涡轮喷气发动机特性最根本、最可靠的方法是进行试验。因为发动机及其部件在非设计状态下工作时气体流动情况十分复杂,不依靠试验而用理论计算的方法准确地获取发动机特性几乎是不可能的。

当有了发动机各个部件特性的试验数据以后,可以通过计算的方法得到发动机的特性。这种方法就是一般所说的用计算方法获取发动机特性,但是从本质上来说还是试验的方法,因为这种方法是以部件试验数据作为计算依据的。

5.5.1 用试验的方法确定发动机的特性

用试验的方法测取发动机的特性,使用以下几种设备和方法:

1. 地面试车台

试验时,将发动机固定在地面试车台的台架上。发动机工作时从周围大气中吸进空气。因此周围大气的温度和压力就是发动机进口的总温和总压,尾喷管出口处的静压等于周围大气压力。图 5.33 所示为一般常用的地面试车台简图。

地面试车时,须测取发动机的推力、转速、燃油流量、发动机各截面的气体温度和压力,如果需要测量通过发动机的空气流量,可以把地面试车用的发动机进气道做成测流量管,如图 5.34 所示。

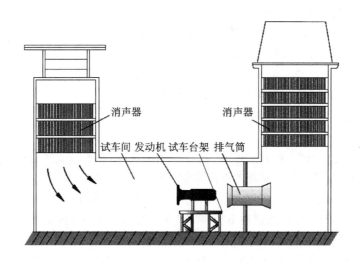

图 5.33 地面试车台

用地面试车台只能测得在地面静止条件下发动机的油门特性(转速特性),发动机的进气温度、进气压力和尾喷管出口静压都受到试车时周围大气条件的限制。

地面试车台的进气系统和排气系统往往都装有消声装置,设置消声装置增加了气体的流动阻力,使得发动机进口处的气体总压略低于周围大气压力,而发动机尾喷管外的静压略高于周围大气压力。如果消声装置的流动阻力造成的压差损失很小,而发动机的试车数据要求不是十分精确的话,那么消声装置的流阻给发动机性能带来的影响可以略去不计。如果发动机

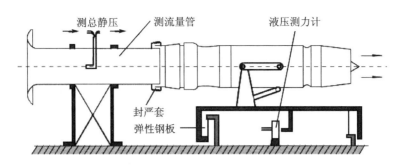

图 5.34　用于测量空气流量的地面试车用发动机进气道

的试车数据要求比较精确,那么就应该利用标准的"野外试车台"对地面试车台的进排气系统的流动阻力给发动机性能(主要是推力参数)带来的影响进行修正。发动机在野外试车台试车时装有地面试车专用的进气损失很小的喇叭形进气道。这时,可以认为压气机进口总压与周围大气压力相等,尾喷管出口处的静压也与周围大气压力相等。同一台标准发动机分别在野外试车台和室内地面试车台进行试车,将试车结果进行比较,确定修正值。其修正值对于不同型别的发动机是各不相同的。修正值对于同一型别发动机的不同工作状态也是各不相同的,发动机工作状态减小时,空气流量减小,进排气系统损失降低,修正值也随着减少。因此,对于每一个试车台,应该根据试验的结果,得出各个型别发动机性能参数的修正值随发动机工作状态的变化关系。

2. 高空试车台

如果需要在地面模拟发动机在高空飞行时的情况,也就是人为地给发动机造成在高空飞行时的工作条件,这样的地面试验室称为高空试车台。

从原则上讲,高空试车台应具有超声速风洞,给发动机进口提供超声速气流,这股超声速气流的 Ma 等于飞机的飞行速度,超声速气流的静压和静温应符合所要模拟的高度情况。由于发动机的空气流量很大,这种具有大流量超声速风洞的高空试车台需要耗费巨大的功率。

为了节省设备的功率,可以把发动机与超声速进气道分别进行试验。对于发动机,只要模拟高空情况下压气机进口的总压和总温以及尾喷管出口处的静压反压 p_0 就可以了。对于超声速进气道可以进行缩小尺寸的模型试验,这样就可以避免在高空试车台上建立大流量超声速风洞。图 5.35 所示为涡轮喷气发动机高空试车台示意图。

发动机在高空试车台上试车时,测取的数据和地面试车台试验时基本相同。

3. 飞行试车台

飞行试车台又称为飞行试验室,它设置在多发动机的飞机上。被试验的发动机一方面经受试验,同时亦作为飞机的动力。

如果被试验的涡轮喷气发动机将应用于高空高速歼击机上,那么设置在多发动机飞机上的飞行试车台所能达到的高度和速度范围就显得太窄,但毕竟比地面试车台和高空试车台更加符合实际使用情况。

在多发动机的飞机上设置飞行试车台是比较安全的,一旦被试验的发动机发生故障,飞机仍能安全飞行降落。

已经经过地面试车台和飞行试车台试验的发动机,可以安装在单发动机的飞机上进行飞行试验,被试验的发动机是飞机的唯一动力,在这种情况下,发动机可以达到较高的飞行高度

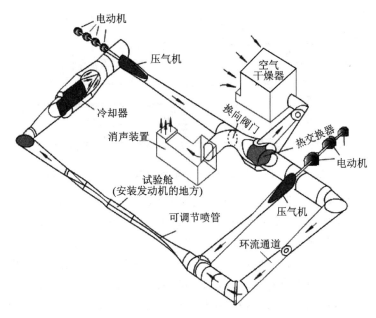

图 5.35 高空试车台示意图

和较大的飞行速度。

发动机在飞行试车台上试车时,测取的数据项目和地面试车时基本相同。在飞行试车台上准确地测定发动机的推力比地面试车时要困难得多,这是由两方面的原因造成的:

(1) 由于飞机的飞行姿态经常变化,发动机的轴线与水平面之间产生一定的角度,形成了发动机本身重力在发动机轴线方向的分力,因此在测量发动机推力的同时必须测出发动机轴线与水平面之间的夹角,然后根据发动机重量求出发动机重力的分力。

(2) 由于发动机短舱受到气动阻力,因此在测量发动机推力时必须排除发动机短舱阻力对推力的影响。

使用以上几种设备和方法进行涡轮喷气发动机试验的目的不仅仅是为了测取发动机的特性,往往亦为了检验发动机的结构和强度,检验和调整发动机的自动控制系统和操纵系统,考验发动机工作的可靠性,确定发动机的工作寿命等一系列的要求。

5.5.2 用相似理论换算发动机的特性

涡轮喷气发动机的地面试车和飞行试验是在不同的大气条件下进行的。即使利用高空试车台进行模拟试验,发动机进口的压力和温度范围亦可能受到设备能力的限制。为把发动机实验数据换算到标准大气条件下或者换算到其他的飞行状态,都要利用相似理论。

1. 相似准则及基本假设

根据第 1 章中介绍的相似理论进行相似理论换算,首先要满足几何相似的条件。对于同一型别的发动机,可以认为它们的形状是相同的。如果发动机上有可调节的部件(如超声速进气道的活动锥体、压气机的可调节导流叶片、可调尾喷管等),那么在讨论发动机的相似工作时应保持这些部件有相同的位置。在这里不考虑由于温度变化而使发动机的尺寸产生微小的变形。对于同一型别的发动机不考虑由于零件加工装配造成的尺寸误差。其次要保证各相似参数相等,对于航空燃气轮机主要是保证绝对运动和相对运动中的 Ma 相等。

对于包括进气道在内的全台涡轮喷气发动机来说,保持绝对运动中的 Ma 相等,就是要保证进气道前方迎面气流 Ma 相等,即飞行 Ma 相等,即

$$Ma_0 = \frac{c_0}{\sqrt{kRT_0}} = \mathrm{const}$$

保持相对运动中的 Ma 相等,就是要保证由第一级压气机工作轮进口平均半径处切线速度 u_2 所算得的 Ma_{u_2} 相等,即

$$Ma_{u_2} = \frac{u_2}{\sqrt{kRT_2}} = \mathrm{const}$$

因此把 Ma_0 和 Ma_{u_2} 作为全台涡轮喷气发动机的相似准则。

在涡轮喷气发动机的燃烧室中进行着复杂的物理化学过程,这些过程的相似条件是由许多准则来确定的,而这些准则在燃烧室几何形状相似和燃烧室进口气流 Ma 相等的条件下不能保持不变。但是实验结果证明,尽管燃烧室内工作过程不相似,只要燃烧室进口气流 Ma 相等以及在燃烧室内具有相应的加热量,那么燃烧室出口处气流的平均参数仍然可以认为是相似的,也能保证燃烧室出口处的气流 Ma 相等,因此燃烧室内部某些相似准则不相等并不影响全台发动机的相似工作状态。

当把 Ma_0 和 Ma_{u_2} 作为全台涡轮喷气发动机的相似准则时,做了以下的基本假设:

(1) 在相应位置上,气体的气体常数、比热和绝热指数相同。

(2) 与外界没有热交换。

(3) 气体流动对 Re 自动模化。

(4) 气体重力与惯性力相比,重力的影响可以略去不计。

(5) 在燃烧室内不考虑物理化学过程的相似。

实验证明,这些假设一般不会引起大的误差,但是在某些条件下会产生较大误差的。例如,高空低速飞行,压气机进口 Re 减小,以致黏性力与惯性力相比,黏性力的影响不能忽略不计,燃烧室中压力降低较多,以致燃烧过程显著恶化时;又如在高 Ma 飞行时,发动机进口总温 T_0^* 增加,空气比热发生较大变化时。

2. 发动机性能的相似参数

当发动机在相似状态下工作时,发动机各截面上气体参数的量纲为 1 的比值及效率等都保持不变。例如

$$\frac{p_i^*}{p_0^*} = \mathrm{const}, \quad \frac{p_i}{p_0} = \mathrm{const}, \quad \frac{T_i^*}{T_0^*} = \mathrm{const}, \quad \frac{T_i}{T_0} = \mathrm{const},$$

$$\frac{c_i}{\sqrt{T_0^*}} = \mathrm{const}, \quad \frac{c_i}{\sqrt{T_0}} = \mathrm{const}, \quad \eta_i = \mathrm{const}$$

当发动机处于相似状态下工作时,发动机转速 n、通过发动机的空气流量 q_{ma}、发动机的单位推力 F_s、发动机推力 F、耗油率 sfc 以及燃油流量 q_{mf} 等性能参数的绝对值一般各不相同,但是它们的相似参数则保持不变。这些性能参数的相似参数可以推导如下:

(1) 发动机转速的相似参数

将发动机转速 n 写成 Ma_{u_2} 的函数,即

$$n = \frac{60 u_2}{\pi D_2} = \frac{60}{\pi D_2} a_2 Ma_{u2}, \qquad n = \frac{60\sqrt{kR}}{\pi D_2}\sqrt{T_0}\, Ma_{u2}$$

当发动机在相似状态下工作时，Ma_{u2} 等于常数，于是

$$n = K_1 \sqrt{T_0} \quad \text{或} \quad \frac{n}{\sqrt{T_0}} = \text{const}$$

由于

$$n = K_1 \sqrt{T_0} = K_2 \sqrt{T_0^*}$$

或

$$\frac{n}{\sqrt{T_0^*}} = \text{const}$$

因此，当发动机在相似状态下工作时，发动机转速的相似参数 $n/\sqrt{T_0}$ 和 $n/\sqrt{T_0^*}$ 保持不变。

（2）通过发动机空气流量 q_{ma} 的相似参数

将通过发动机空气流量 q_{ma} 写成 Ma_0 的函数，即

$$q_{ma} = \frac{A_0 c_0 p_0}{RT_0} = \frac{A_0 \sqrt{kRT_0}\, p_0}{RT_0} Ma_0, \qquad q_{ma} = A_0 \sqrt{\frac{k}{R}}\, \frac{\pi(\lambda_0)}{\sqrt{\tau(\lambda_0)}}\, \frac{p_0^*}{\sqrt{T_0^*}} Ma_0$$

式中，A_0 为发动机前方空气的流通面积。

当发动机在相似状态下工作时，A_0，Ma_0，$\pi(\lambda_0)$，$\tau(\lambda_0)$ 等参数保持不变，于是

$$q_{ma} = K_3 \frac{p_0^*}{\sqrt{T_0^*}} \quad \text{或} \quad \frac{q_{ma}\sqrt{T_0^*}}{p_0^*} = \text{const}$$

因此，当发动机在相似状态下工作时，通过发动机空气流量 q_{ma} 的相似参数 $(q_{ma}\sqrt{T_0^*})/p_0^*$ 保持不变。

（3）发动机单位推力 F_s 的相似参数

根据发动机单位推力公式，可以写出

$$F_s = (c_9 - c_0), \qquad F_s = \sqrt{T_0^*}\left(\frac{c_9}{\sqrt{T_0^*}} - \frac{c_0}{\sqrt{T_0^*}}\right)$$

当发动机在相似状态下工作时，$c_9/\sqrt{T_0^*}$ 和 $c_0/\sqrt{T_0^*}$ 等参数保持不变，于是

$$F_s = K_4 \sqrt{T_0^*} \quad \text{或} \quad \frac{F_s}{\sqrt{T_0^*}} = \text{const}$$

因此，当发动机在相似状态下工作时，发动机单位推力 F_s 的相似参数 $F_s/\sqrt{T_0^*}$ 保持不变。

（4）发动机推力 F 的相似参数

根据发动机推力公式（假设 $f=0$，$p_9=p_0$），可以得出

$$F = q_{ma} F_s = q_{ma}(c_9 - c_0), \qquad F = \frac{q_{ma}\sqrt{T_0^*}}{p_0^*}\, \frac{F_s}{\sqrt{T_0^*}}\, p_0^*$$

当发动机在相似状态下工作时，$(q_{ma}\sqrt{T_0^*})/p_0^*$，$F_s/\sqrt{T_0^*}$ 等参数为常数，于是

$$F = K_5 p_0^* \quad \text{或} \quad \frac{F}{p_0^*} = \text{const}$$

因此，当发动机在相似状态下工作时，发动机推力 F 的相似参数 F/p_0^* 保持不变。

(5) 耗油率 sfc 的相似参数

根据耗油率计算,可以得出

$$\text{sfc} = \frac{3\,600 f}{F_s} = \frac{3\,600 q_0}{H_u F_s} = \frac{3\,600 q_1}{\xi_b H_u F_s} = \frac{3\,600 c'_p (T_4^* - T_3^*)}{\xi_b H_u F_s}$$

$$\text{sfc} = \frac{3\,600 c'_p}{\xi_b H_u} \cdot \frac{\left(\dfrac{T_4^*}{T_0^*} - \dfrac{T_3^*}{T_0^*}\right)}{\dfrac{F_s}{\sqrt{T_0^*}}} \sqrt{T_0^*}$$

当发动机在相似状态下工作时,T_4^*/T_0^*,T_3^*/T_0^*,$F_s/\sqrt{T_0^*}$ 等参数为常数。如果使用相同的燃料,则燃油热值 H_u 相同。假定燃烧室放热系数 ξ_b 和燃烧室中燃气平均比热 c'_p 都相同,则上式可写为

$$\text{sfc} = K_6 \sqrt{T_0^*} \qquad \text{或} \qquad \frac{\text{sfc}}{\sqrt{T_0^*}} = \text{const}$$

因此,当发动机在相似状态下工作时,发动机耗油率的相似参数 $\text{sfc}/\sqrt{T_0^*}$ 保持不变。

(6) 燃油流量 q_{mf} 的相似参数

根据燃油流量 q_{mf} 的定义,可以得出

$$q_{mf} = F \cdot \text{sfc} = \frac{F}{p_0^*} \cdot \frac{\text{sfc}}{\sqrt{T_0^*}} p_0^* \sqrt{T_0^*}$$

当发动机在相似状态下工作时,F/p_0^*,$\text{sfc}/\sqrt{T_0^*}$ 等参数保持不变,于是

$$q_{mf} = K_7 p_0^* \sqrt{T_0^*} \qquad \text{或} \qquad \frac{q_{mf}}{p_0^* \sqrt{T_0^*}} = \text{const}$$

因此,当发动机在相似状态下工作时,发动机燃油流量相似参数 $q_{mf}/(p_0^* \sqrt{T_0^*})$ 保持不变。

为了方便起见,将以上发动机性能的相似参数总结如下:

① 发动机转速的相似参数:$n/\sqrt{T_0^*}$;
② 通过发动机空气流量 q_{ma} 的相似参数:$(q_{ma}\sqrt{T_0^*})/p_0^*$;
③ 发动机单位推力 F_s 的相似参数:$F_s/\sqrt{T_0^*}$;
④ 发动机推力 F 的相似参数:F/p_0^*;
⑤ 耗油率 sfc 的相似参数:$\text{sfc}/\sqrt{T_0^*}$;
⑥ 燃油流量 q_{mf} 的相似参数:$q_{mf}/(p_0^* \sqrt{T_0^*})$。

3. 地面试车时发动机性能的换算

发动机地面试车往往是在不同的大气条件下进行的,尽管每次试车都保持相同的发动机转速,但是由于周围大气条件不同,发动机的推力、耗油率等发动机性能参数可以有很大的差异。为了比较发动机的性能,必须把不同大气条件下的发动机试验数据换算成标准大气条件下的数据。根据国际标准大气表,海平面标准大气条件为

$$T_0 = 288 \text{ K}, \qquad p_0 = 760 \text{ mmHg} = 101\,325 \text{ Pa}$$

下面根据相似理论讨论发动机性能的换算方法。

如果发动机地面试车时,周围大气温度为 T_0,周围大气压力为 p_0,测得的发动机转速以

及其他发动机参数都分别以脚注"m"表示,首先分析当发动机以转速 n_m 工作时,发动机的工作状态与标准大气条件下发动机哪一个转速的工作状态相似? 如果以 n_{cor} 表示在标准大气条件下与 n_m 相似的工作转速,那么根据相似工作原理, n_m 与 n_{cor} 之间必须满足下列关系,即

$$\frac{n_m}{\sqrt{T_0^*}} = \frac{n_{cor}}{\sqrt{288}} \quad \text{或} \quad n_{cor} = n_m \sqrt{\frac{288}{T_0^*}}$$

上式可以理解成,假如发动机在标准大气条件下以转速 n_{cor} 工作,那么这个工作状态与发动机在试验条件下以转速 n_m 工作时的工作状态相似。

满足上述条件只是说明发动机在相对运动中的 Ma_{u2} 相等。应该进一步分析发动机在绝对运动中的 Ma_0 是否相等。前面已经分析过,对于全台涡轮喷气发动机来说,要保持绝对运动中的 Ma 相等,就应该保证飞行 Ma_0 相等。地面试车时,发动机是静止的, Ma_0 等于零,所以发动机在绝对运动中的 Ma 总是相等的。因而几何形状相同的涡轮喷气发动机在地面试车时,只要保证转速的相似参数 $n/\sqrt{T_0^*}$ 相等,就认为发动机处于相似状态工作。

当发动机在相似状态下工作时,不仅各截面上气体参数的量纲为 1 的比值保持不变,而且发动机性能的相似参数亦保持不变。因此,可以得到一组发动机性能参数的换算关系式:

① 转速换算关系式为

$$n_{cor} = n_m \sqrt{\frac{288}{T_0^*}} \tag{5.5.1}$$

式中, n_{cor} 称为换算转速或折合转速。

② 空气流量换算关系式为

$$q_{ma,cor} = q_{ma,m} \frac{760}{p_0} \sqrt{\frac{T_0}{288}} \tag{5.5.2}$$

式中, $q_{ma,cor}$ 称为换算空气流量或折合空气流量。

③ 推力换算关系式为

$$F_{cor} = F_m \frac{760}{p_0} \tag{5.5.3}$$

式中, F_{cor} 称为换算推力或折合推力。

④ 耗油率换算关系式为

$$sfc_{cor} = sfc_m \sqrt{\frac{288}{T_0}} \tag{5.5.4}$$

式中, sfc_{cor} 称为换算耗油率或折合耗油率。

⑤ 燃油流量换算关系式为

$$q_{mf,cor} = q_{mf,m} \frac{760}{p_0} \sqrt{\frac{288}{T_0}} \tag{5.5.5}$$

式中, $q_{mf,cor}$ 称为换算燃油流量或折合燃油流量。

可以将上面这些换算关系式理解为,发动机在周围大气条件为 T_0, p_0 下以转速 n_m 工作时,测得发动机性能为 $q_{ma,m}$, F_m, sfc_m, $q_{mf,m}$;这样的工作状态与标准大气条件下发动机以转速 n_{cor} 工作是相似的,发动机在标准大气条件下以转速 n_{cor} 工作时的性能应该是按上述各式计算所得的 $q_{ma,cor}$, F_{cor}, sfc_{cor} 和 $q_{mf,cor}$。

以 n_{cor} 为横坐标，F_{cor}，sfc_{cor} 等为纵坐标做出发动机的特性曲线即为标准大气条件下发动机的转速特性曲线。发动机进行地面试车时就是用上述方法取得发动机在标准大气条件下的转速特性曲线。图 5.36 给出了某发动机在 $t_0 = -20$ ℃ 以及 $p_0 = 0.95 \times 10^5$ Pa 条件下试车所获得的转速特性以及换算到标准大气条件下的转速特性。从图中可以看出发动机在试车条件下以最大转速 $n_{max} = 15\ 600$ r/min 工作时，发动机推力为 2 370 daN，而在标准大气条件下以最大转速 $n_{max} = 15\ 600$ r/min 工作时，发动机推力为 1 768 daN。两者相比，同样以最大转速工作，试车条件下的发动机推力比标准大气条件下的推力大 34% 左右。

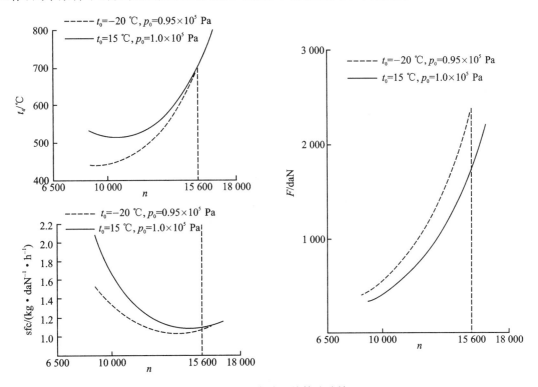

图 5.36 某发动机的转速特性

成批生产发动机时，希望不通过转速特性曲线的测定，直接检查发动机在标准大气条件下以最大转速工作时的性能。最简单的方法是根据当时的大气温度 T_0 按下列关系式算出发动机的测量转速

$$n_m = n_{max} \sqrt{\frac{T_0^*}{288}}$$

将发动机置于转速 n_m 下工作，并测出发动机的性能参数 $q_{ma,m}$，F_m，sfc_m 和 $q_{mf,m}$ 等，用式(5.5.2)～式(5.5.5)等进行换算，便可得到标准大气条件下发动机以最大转速 n_{max} 工作时的性能。例如，前面所举例的发动机在 $t_0 = -20$ ℃ 以及 $p_0 = 0.95 \times 10^5$ Pa 条件下试车时，可以将发动机置于

$$n_m = n_{max} \sqrt{\frac{T_0^*}{288}} = 15\ 600 \sqrt{\frac{253}{288}} = 14\ 610 \text{ r/min}$$

转速下工作，并测得发动机性能为：发动机推力 $F_m = 1\ 745$ daN，耗油率 $sfc = 1.012$ kg/(daN·h)，

排气温度 $t_{5m} = 603\ ℃$。经换算后,得到标准大气条件下发动机以最大转速 15 600 r/min 工作时的发动机性能如下:

发动机推力为
$$F_{cor} = 1\ 745\ \text{daN} \times \frac{760}{750} = 1\ 768.3\ \text{daN}$$

耗油率为
$$\text{sfc}_{cor} = 1.012\ \text{kg/(daN·h)} \times \sqrt{\frac{288}{253}} = 1.080\ \text{kg/(daN·h)}$$

排气温度为
$$t_{cor} = (603 + 273) \times \frac{288}{273} - 273 = 725\ ℃$$

用这种方法很容易得到发动机在标准大气条件下最大工作状态时的性能。但是当大气温度高于 288 K(15 ℃)时,发动机的实际工作转速 n_m 将大于发动机的最大转速 n_{max},即发动机进行超转工作,从而增加了压气机和涡轮等转动部分的机械负荷。

是否能够避免发动机超转工作的情况,在任何大气条件下直接利用最大转速工作时的性能来检查发动机的性能是否符合要求? 如果在任何大气条件下发动机以最大转速 n_{max} 工作,那么换算到标准大气条件下的转速 n_{cor} 将在很大范围内变化,为了比较发动机的性能,就需要有一台作为标准的发动机的转速特性曲线。将被试发动机在最大转速 n_{max} 工作时所测得的性能换算为标准大气条件下的数值,然后与已知的标准发动机的转速特性曲线相比较。例如,前面所举例的发动机在 $t_0 = -20\ ℃$ 以及 $p_0 = 0.95 \times 10^5$ Pa 条件下试车,发动机转速为最大转速 15 600 r/min 工作时,测得发动机推力 $F_m = 2\ 370$ daN,耗油率 sfc = 1.022 kg/(daN·h),排气温度 $t_{5m} = 711\ ℃$。经换算后,得到标准大气条件下的性能参数如下:

发动机转速为
$$n_{cor} = 15\ 600 \sqrt{\frac{288}{253}} = 16\ 650\ \text{r/min}$$

发动机推力为
$$F_{cor} = 2\ 370 \times \frac{760}{750} = 2\ 402\ \text{daN}$$

耗油率为
$$\text{sfc}_{cor} = 1.077 \times \sqrt{\frac{288}{253}} = 1.149\ \text{kg/(daN·h)}$$

排气温度为
$$t_{5,cor} = (722 + 273) \times \frac{288}{253} - 273 = 860\ ℃$$

将上述换算后的发动机性能参数与标准发动机的转速特性曲线相比较,就可以确定发动机的性能是否符合要求。

用这种方法检查发动机性能时,在任何大气条件下发动机都以最大转速 n_{max} 工作,为了使用方便,可以对标准发动机的转速特性曲线按不同的大气条件事先进行换算,把标准发动机的转速特性曲线换算成不同大气条件下的测量值,并制成表格或图表。这样,发动机在不同大气条件下,以最大转速 $n_{\max}$ 工作时得到的性能参数测量值可以直接与换算好的标准发动机性能测量值进行比较。若将前面所举例的发动机作为标准发动机,将其转速特性中的推力曲线换算成不同大气条件下的测量值,并制成图表,如图 5.37 所示。

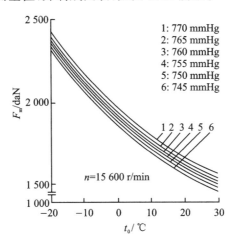

图 5.37 某发动机的推力测量值随周围
大气温度与大气压力的变化图

4. 利用地面试车数据建立发动机的高度速度特性

发动机在地面试车台上进行试验不可能得到与飞行时完全相似的工作状态,这是因为两者所用的进气道往往是不相同的,而且两者进气道前方迎面气流 Ma 亦不相等。

考虑到迎面气流 Ma 的大小只是影响进气道前方气流的总温和总压,不同的进气道只是影响气流进入压气机以前的总压损失。正如在前节中讨论高空试车台时曾经指出的,发动机在高度试车台上进行试验时,只要模拟压气机进口处的总温 T_2^*、总压 p_2^* 以及尾喷管出口处的静压 p_0 就可以了。

有了相似理论,就不必在压气机进口处模拟飞行时的总温和总压条件,而可以在地面试车台条件下改变发动机的工作转速,使发动机在地面试车时的工作状态与飞行条件下的工作状态相似。

飞行特性所表示的是发动机在各种高度和速度下保持最大工作状态时的性能。对于每一个高度和速度都对应着一定的发动机折合转速值 $n_{\max}\sqrt{288/T_0}$。如果已知从地面试车台得到的发动机转速特性,就可以根据相似理论和必要的计算,做出发动机的飞行特性曲线。

地面试车时尾喷管出口处的静压反压总是大于飞行条件下尾喷管出口处的静压反压,只有当地面试车时尾喷管出口最小截面处于临界或超临界时,尾喷管外面静压反压的变化才不会影响发动机内部的工作情况。如果地面试车时尾喷管处于亚临界工作状态,那么尽管折合转速相等,发动机内部工作状态与飞行时的工作状态亦不相似。因此,对于地面试车台的转速特性曲线,只能利用尾喷管出口最小截面处于临界或超临界的那一段。

如果地面试车时尾喷管出口最小截面处于临界或超临界工作状态,那么在使发动机内部工作相似的飞行条件下发动机推力的计算方法如下:

根据发动机推力公式(2.4.6)

$$F = q_{ma}(c_9 - c_0) + A(p_9 - p_0)$$

若用下标"dm"表示地面试车台数值，T_{dm}，p_{dm} 为地面大气温度和大气压力，则地面试车台上发动机推力为

$$F_{dm} = q_{ma,dm} c_{9,dm} + A_9 (p_{9,dm} - p_{dm})$$

由于地面试车台与空中飞行条件处于相似状态工作，故参数之间具有下列关系：

$$q_{ma} = q_{ma,dm} \frac{p_0^*}{p_{dm}} \sqrt{\frac{T_{dm}}{T_0^*}}, \qquad c_9 = c_{9,dm} \sqrt{\frac{T_0^*}{T_{dm}}}, \qquad p_9 = p_{9,dm} \frac{p_0^*}{p_{dm}}$$

将以上各式代入推力公式得

$$F = q_{ma,dm} \frac{p_0^*}{p_{dm}} \sqrt{\frac{T_{dm}}{T_0^*}} \left(c_{9,dm} \sqrt{\frac{T_0^*}{T_{dm}}} - c_0 \right) + A_9 \left(p_{9,dm} \frac{p_0^*}{p_{dm}} - p_0 \right) =$$

$$\frac{q_{ma,dm} c_{9,dm} p_0^*}{p_{dm}} - \frac{q_{ma,dm} c_0 p_0^*}{p_{dm}} \sqrt{\frac{T_{dm}}{T_0^*}} + A_9 \left(p_{9,dm} \frac{p_0^*}{p_{dm}} - p_0 \right) =$$

$$[q_{ma,dm} c_{9,dm} + A_9 (p_{9,dm} - p_{dm})] \frac{p_0^*}{p_{dm}} - q_{ma,dm} c_0 \frac{p_0^*}{p_{dm}} \sqrt{\frac{T_{dm}}{T_0^*}} + A_9 (p_0^* - p_0) =$$

$$F_{dm} \frac{p_0^*}{p_{dm}} - q_{ma,dm} c_0 \frac{p_0^*}{p_{dm}} \sqrt{\frac{T_{dm}}{T_0^*}} + A_9 (p_0^* - p)$$

如果地面试车时尾喷管出口处于亚临界工作状态，那么尾喷管外面的静压反压的变化就会影响整个发动机的工作。在地面试车台上无法像在高空试车台上那样采用尾喷管出口抽气的方法造成较低的静压反压。但是可以采用增加尾喷管最小截面积的方法来达到与尾喷管出口抽气相同的效果。

地面试车时，周围的大气压力 p_0 介于涡轮后燃气压力和模拟高度上周围气压之间。如果尾喷管出口采用抽气的方法进行模拟试验，那么在尾喷管最小截面以前总有一个截面 A_8' 的静压是与地面试车时周围大气压力 p_{dm} 相等的。将尾喷管出口截面增大到 A_8'，或者形象地说将 A_8' 截面以后的那一部分尾喷管切去，那么不用抽气的方法就能使涡轮后燃气流动情况符合相似的要求。当然在这种情况下进行发动机试验所测得的发动机推力必须加以计算修正。

地面试车时怎样发现尾喷管出口最小截面积已经处于亚临界工作状态，又怎样找到应该放大工作的截面积 A_8' 呢？尾喷管出口最小截面积是否处于亚临界工作状态并不直接测量当地流速，而是通过涡轮后压力与外界大气压力进行比较得到的。如果断定尾喷管出口最小截面已经处于亚临界状态工作，那么只能用试凑的方法去得到应该放大的截面积 A_8'。逐步地放大尾喷管出口面积，记录下尾喷管内气流参数，并进一步计算如果尾喷管恢复到原来的形状在出口最小截面处气流的数值，如果得到下列情况中任意一种情况，就认为所得到的放大工作截面积 A_8' 是合适的：

情况一：尾喷管出口截面积处恰恰为临界值。

情况二：尾喷管出口截面积处虽然为亚临界，但出口截面上的静压恰恰等于所模拟高度上的大气压力 p_0。这种情况在计算高度速度特性时一般不会出现，因为发动机在高空以最大工作状态工作时，尾喷管总是处于临界或超临界状态下工作。只有在计算高空巡航工作状态时，才有可能出现这种情况。

利用地面试车台数据不可能得到全部高度速度范围内的飞行特性，因为高空低速飞行时，压气机进口总温将很低，发动机转速相似参数将很高。地面试车达不到这样高的转速相似参数。

思考题

(1) 为什么一定要用试验的方法确定发动机的特性?用试验方法确定发动机特性时,使用哪些设备和方法?

(2) 举例说明相似理论在整理和换算涡轮喷气发动机特性时的应用。

(3) 在讨论发动机相似准则时有几个基本假设,下述哪个条件作为基本假设是错误的?

A. 在相应位置上气体的比热和绝热指数相同　　B. 对 Re 自动模化

C. 在相应位置上气体的流速相等　　D. 与外界无热交换

(4) 某单轴涡轮喷气发动机在地面试车时保持 n 为常数,若周围大气温度降低,则以下哪项正确?

A. 空气流量 $q_{ma}\downarrow$　　B. 推力 $F\uparrow$

C. 折合转速(换算转速)下降　　D. 推力 $F\downarrow$

5.6　过渡工作状态

前面各节说明了发动机在稳定工作状态(稳态)的各种规律。在实际使用中,经常需要从一个稳定工作状态过渡到另一个稳定工作状态。在过渡过程中,发动机的转速、各特征截面上的气流参数、发动机推力甚至各可调截面积(如尾喷管出口截面积)均随时间变化。这种随时间变化的工作状态称为发动机的过渡工作状态或称为发动机的动态过程。发动机的起动过程、加速过程、减速过程和停车过程都属于发动机的过渡工作状态。

5.6.1　涡轮喷气发动机的起动过程

1. 为什么必须使用起动机

涡轮喷气发动机在地面起动时必须使用外界动力源。因为发动机转子不转动时燃烧室中的空气未经压缩,空气不往发动机中流动,在这种情况下如果在燃烧室中喷油燃烧只能把发动机烧坏,发动机转子是不会转动起来的。当发动机转速很小时,即使在涡轮前保持燃气温度的最大允许值 $T_{4\max}^*$,发动机还是不能起动,这是由于在很小的转速下,压气机增压比很低,压气机和涡轮的效率也很低,涡轮产生的功率小于压气机所需要的功率。只有当转速达到某一个转速时,涡轮前燃气温度保持最大允许值 $T_{4\max}^*$,发动机可以稳定工作,这个转速称为最小稳定工作转速,最小稳定工作转速一般为最大转速的10%。当发动机转速超过最小稳定工作转速以后,涡轮前燃气温度为最大允许值 $T_{4\max}^*$ 时,涡轮功率才大于压气机功率,发动机转速才能由涡轮的剩余功率带动而上升。因此发动机在起动过程中必须用外界动力源(称为起动机)将发动机转速带到最小稳定工作转速以上。

各种轻小的动力机都能够作为起动机,在最初的涡轮喷气发动机上曾经使用过活塞式汽油机作为起动机,继而使用直流电动机和涡轮机作为起动机。作为起动机用的涡轮机包括小功率的燃气涡轮发动机和其他固体燃料或液体燃料的燃气涡轮。

2. 发动机的起动过程

当驾驶员按下起动按钮以后,首先由起动机带着发动机转子转动,发动机转速开始上升。发动机转速上升快慢的程度决定于发动机的结构以及起动机功率的大小。起动机的功率主要被带动压气机的转子所消耗,因为带动涡轮转子、各种附件以及轴承摩擦所消耗的功率相对要小得多。

当发动机转速达到某一值 n_1 时,在燃烧室内开始喷油点火,涡轮开始产生功率,这个转速 n_1 称为起动点火转速。起动点火转速一般选择接近于最小稳定工作转速,因为这时已经有足够的空气进入发动机,不至于在燃烧室点火时产生过高的燃气温度,也只有在这个时候在燃烧室点火,虽然涡轮还不能单独地带动压气机转子转动,但是已经能够产生出一定的功率。

燃烧室点火以后,压气机转子由起动机和涡轮同时带动。随着转速上升,涡轮发出的功率迅速增加。当发动机转速超过最小稳定工作转速以后,保持涡轮前燃气温度为最大允许值 $T_{4\max}^*$,涡轮功率就大于压气机消耗功率,但是为了增加起动的可靠性并缩短起动时间,通常要在比最小稳定工作转速大 1~2 倍的转速时才将起动机关闭。当起动机关闭以后,依靠涡轮的剩余功率使发动机转速不断上升,直到发动机进入慢车工作状态。

为了缩短发动机的起动时间,除了选用功率较大的起动机外,还可以在起动过程中将发动机尾喷管临界截面积置于最大位置以增加涡轮的膨胀比。

涡轮喷气发动机的全部起动时间,即从驾驶员按下起动按钮到发动机进入慢车工作状态的时间一般为 30~60 s。

有时候由于起动机功率太小,或由于在过低的转速下就开始喷油,或喷油过多,以致一方面产生过高的燃气温度,另一方面阻塞了进入压气机的空气,增加了转动压气机的扭矩,使得发动机转速停滞在某一个转速下无法上升,这种现象称为起动过程中的转速悬挂。此时,应该切断供油重新起动。

3. 发动机慢车转速 n_i 的选定

从发动机转速特性可以看出,发动机在低转速范围内随着转速的增大涡轮前后燃气温度却降低。因此为了使慢车状态时燃气温度不致过高,使发动机具有一定的加速潜力,缩短从慢车到最大状态的加速时间,慢车转速应尽可能高一些;但是另一方面考虑到飞机在降落滑跑时要缩短滑跑距离,慢车推力应尽可能小一些,一般慢车工作状态下发动机的推力不允许超过最大推力的 3%~4%,因此慢车转速不能选择过高。发动机慢车转速的选定,应该根据上述原则通过试验确定。一般情况下,发动机的慢车转速为最大转速 $n_{\max}$ 的 20%~35%。

发动机在高空工作时,为了避免在慢车状态时发动机熄火,并改善发动机在高空工作时的加速性,高空工作时的慢车转速值要比地面的慢车转速值高得多。

4. 发动机的空中起动

发动机在空中工作时,由于种种原因可能造成空中停车,而停车后发动机就需要在空中重新起动。发动机在空中重新起动时不必使用起动机,因为迎面吹来的气流能够使发动机转子旋转,称为发动机自转状态,发动机自转转速与指示空速成正比,通常大于最小稳定工作转速。空中起动时,只须在燃烧室中重新喷油点火。

但是与在地面相比,燃烧室在空中点火的条件是很不利的,因为高空空气的温度和压力都比较低,此外当发动机处于自转状态时,压气机处于"涡轮"工作状态,压气机出口压力低于压气机进口压力,燃烧室内空气流速高、压力低,燃烧室点火比较困难。为了使空中起动更为可靠,应使飞机做俯冲动作,适当地降低飞行高度,增加迎面气流的总压,为燃烧室点火创造较好的条件。

5.6.2 涡轮喷气发动机的加速过程

涡轮喷气发动机在使用中经常需要从一个稳定工作状态转换到另一个稳定工作状态。例如，歼击机在编队飞行、特技飞行或空战时，驾驶员往往不断地改变发动机油门杆位置来操纵飞机。有时，当飞机起飞、复飞拉起或空战中，驾驶员往往猛然增大油门，在这种情况下，发动机推力是否能够迅速增加是十分重要的。在飞机上，发动机推力不易直接测得，因而推力增加的速度只能按发动机转速 n 或压比 p_5^*/p_2^* 上升的速度来判断。驾驶员加大油门位置增加发动机的供油量使发动机转速 n 或压比 p_5^*/p_2^* 上升的能力称为发动机的加速性。发动机从慢车工作状态过渡到最大工作状态的时间称为加速时间。加速时间越短，发动机加速性越好。目前，涡轮喷气发动机的加速时间为 5~18 s。为了分析获得最短的加速的方法，须先要研究影响加速时间的各种因素。在加速过程中，涡轮产生的功率必然大于压气机和各个转动附件所消耗的功率，根据剩余功率和发动机转子的惯性矩，可以得到从慢车转速 n_i 到最大转速 n_{max} 的加速时间 t 内涡轮所产生的扭矩必然大于压气机和各个转动附件所需要的扭矩，这两个扭矩之差与发动机转子的角加速度有下列关系，即

$$M_t - M_c - M_m = I \frac{d\omega}{dt} \quad (5.6.1)$$

式中，M_t 为涡轮产生的扭矩，单位是 N·m；M_c 为带动压气机所需要的扭矩；M_m 为带动附件和克服轴承摩擦所需要的扭矩；I 为发动机转子的惯性矩，单位是 kg·m²；$d\omega/dt$ 为发动机转子的角加速度，单位是 rad/s²。

为简单起见，用机械效率 η_m 来反映 M_m 的影响，于是式(5.6.1)可改写为

$$M_t \eta_m - M_c = I \frac{d\omega}{dt} \quad (5.6.2)$$

由于角速度与转速之间有如下关系：

$$\omega = \frac{\pi n}{30}$$

功率和扭矩之间有如下的关系：

$$(M_t \eta_m - M_c)\omega = q_{ma}(w_t \eta_m - w_c)$$

式(5.6.2)又可以改写为

$$q_{ma}(w_t \eta_m - w_c) = (M_t \eta_m - M_c)\omega = \left(\frac{\pi}{30}\right)^2 I \cdot n \frac{dn}{dt}$$

上式积分后，可以得出从慢车转速 n_i 到最大转速 n_{max} 的加速时间 t 的计算式如下：

$$t = \left(\frac{\pi}{30}\right)^2 I \int_{n_i}^{n_{max}} \frac{n \, dn}{q_{ma}(w_t \eta_m - w_c)} \quad (5.6.3)$$

式中，w_t 为涡轮产生的功率，单位是 kW/kg；w_c 为带动压气机所需要的功率；η_m 为机械效率；I 为发动机转子的惯性矩，单位是 kg·m²；$d\omega/dt$ 为发动机转子的角加速度，单位是 rad/s²。

由式(5.6.3)可以看出，转子惯性矩越小以及涡轮剩余功率越大，加速时间越短。对于一台已经制成的发动机，转子惯性矩是给定的，因此加速时间只取决于剩余功率的大小。剩余功率越大，加速越快。

怎样才能增大剩余功率以改善发动机的加速性呢？从式(5.6.3)可以看出,增加空气流量q_{ma}可以增加剩余功率。例如,当周围大气压力增加或周围大气温度降低时,进入发动机的空气流量q_{ma}增大,发动机加速时间缩短。

从式(5.6.3)还可以看出,降低压气机功w_c可以增加剩余功率,例如调节压气机静子导流叶片可以降低压气机功w_c使发动机加速时间缩短。从式(5.6.3)还可以看出,增加涡轮功w_t可以增加剩余功率,涡轮功w_t可以用下式表示：

$$w_t = c'_p T_4^* \left(1 - \frac{1}{\pi_t^{*\frac{k'-1}{k'}}}\right) \eta_t^*$$

从上式可以看出,加大涡轮膨胀比π_t^*可以加大涡轮功,增加尾喷管出口截面积A_8可以加大涡轮膨胀比π_t^*,因此尾喷管出口截面积可调节的发动机在加速过程中一般都将喷管出口截面积调节置于最大位置。

此外可以向燃烧室内多喷燃油,增加燃油流量,提高涡轮前燃气温度T_4^*来增大涡轮功w_t。涡轮前燃气温度T_4^*越高,涡轮功w_t越大,剩余功率也越大,发动机加速性越好。

在加速过程中涡轮前燃气温度T_4^*的提高主要受下列3个方面的限制：

(1) 涡轮前燃气温度T_4^*的提高受涡轮叶片强度的限制。发动机在最大转速工作时,涡轮前燃气温度可允许达到$T_{4\,\max}^*$。在加速过程中发动机转速低于最大转速,涡轮叶片的离心应力较低,而且加速过程的时间很短,可以允许在加速过程中将涡轮前燃气允许温度$T_{4\,\max}^*$提高50～100 ℃。实际上在加速过程中,因为还要保证压气机和燃烧室能够正常工作,不可能都用那样高的涡轮前燃气温度。

(2) 涡轮前燃气温度T_4^*的提高受压气机喘振的限制。涡轮导向器的临界截面对于压气机来说起着相当于节气门的作用。在加速过程中,由于涡轮前燃气温度$T_{4\,\max}^*$的提高,通过压气机的空气流量q_{ma}下降,压气机在特性图上的工作点向喘振边界移动。如果涡轮前燃气温度$T_{4\,\max}^*$过高,压气机就产生喘振,这种现象在低转速时更容易发生。最佳的加速过程是压气机在特性图上的共同工作点接近喘振边界而又不进入喘振边界线增加转速,如图5.38所示。可以根据压气机和涡轮的特性图计算出各转速下压气机喘振边界处的涡轮前燃气温度T_4^*的数值。

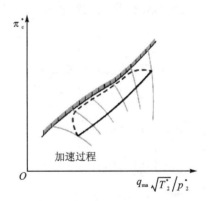

图5.38 最佳加速时,压气机工作点的移动曲线(虚线)

(3) 涡轮前燃气温度T_4^*的提高受燃烧室富油熄火的限制。与发动机稳定工作状态相比,在同样的发动机转速下,加速过程中空气流量较小而供油量较大,即燃烧室内燃料系数β较高。当供油量急剧增大,燃烧室内燃料系数β过高时,燃烧室可能由于富油而熄火。这种富油熄火的现象容易在高空工作时发生。

如果在加速过程中涡轮前燃气温度T_4^*的数值保持由上述3个条件所确定的最大允许值,那么就可以获得最短的加速时间。

事实上,往往是用试验的方法获得涡轮前燃气温度T_4^*随发动机转速的变化关系。为了便于设计加速自动控制器,在试验的过程中须记录下喷油嘴前燃油压力 p_{f} 随压气机后压力 p_3 的变化关系。因为喷油嘴前燃油压力 p_{f} 的大小表征了燃油流量 q_{mf} 的大小,而压气机后空气压力 p_3 的大小则综合反映了压气机进口空气压力 p_2 和压气机转速 n 的大小,或者说它近似地表征了进入发动机的空气流量 q_{ma}。

发动机燃油系统中加装加速自动控制器后,驾驶员可以在慢车转速以及任意转速下猛然加大油门,进入发动机燃烧室的燃油流量则由加速自动控制器控制逐渐增加,以获得接近于最佳的加速过程。

5.6.3　涡轮喷气发动机的减速过程

当驾驶员拉回油门杆,减少发动机的供油量时,涡轮前燃气温度降低,涡轮功率减少,发动机转速便下降。

驾驶员往往迅速地将油门杆从最大油门位置拉回到慢车位置,这时候发动机仍处于很高的转速,燃油流量突然减小可能引起燃烧室贫油熄火,这种情况在高空燃烧条件恶化时更容易发生。为了避免这种情况,在燃油系统中应安装相应的安全装置,以保证驾驶员迅速拉回油门杆时燃油流量不致突然减小,引起停车。

在发动机减速过程中,发动机的某些可调截面积,如尾喷管临界截面、压气机放气活门和压气机可调导流叶片等由自动控制器控制相应地改变工作位置。

思考题

(1) 试述发动机在地面的起动过程。起动过程中转速悬挂现象是怎样产生的,如何排除这个故障?

(2) 单轴涡轮喷气发动机在起动过程中产生转速悬挂,往往是由以下哪种原因造成的?
A. 周围大气温度过低　　　　B. 燃油增加过猛
C. 燃烧室效率太低　　　　　D. 涡轮特性发生变化以致功率不够

(3) 发动机慢车转速的选择应考虑哪些因素?

(4) 发动机在地面起动时,为什么必须使用起动机?为什么发动机在空中起动时可以不必使用起动机?

(5) 缩短发动机的加速时间受哪些条件的限制?

(6) 单轴涡轮喷气发动机在加速过程中不受下列哪些参数的限制?
A. T_3^*　　　B. p_3^*　　　C. T_4^*　　　D. f(油气比)

(7) 为什么在发动机的燃油系统中应设置减速过程的安全装置?

5.7　发动机加力

5.7.1　概　述

涡轮喷气发动机处于最大工作状态时发出最大的推力,这时发动机的转速已经达到最大转速 $n_{\max}$,涡轮前燃气温度已经达到最大允许值 $T_{4\max}^*$,进一步提高发动机转速或提高涡轮前燃气温度将会损害发动机的零件。但是飞机在起飞和投入战斗时,要求在短时间内进一步增加发动机的推力。飞机起飞时增加发动机的推力可以缩短起飞滑跑距离和增加爬升速度,这在夏季周围大气温度较高或者在高原地区周围大气压力较低的情况下更为需要。发动机到达最大工作状态以后,不进一步增加发动机的转速和涡轮前燃气温度,而在短时间内增加发动机推力的方法称为发动机加力。涡轮喷气发动机加力的方法有两种,即喷射液体加力和复燃加力。

5.7.2 喷射液体加力

在压气机进口或在燃烧室内喷射容易蒸发的液体都可以增大发动机的推力。喷射的液体可以为水、酒精或水和甲醇的混合液。为了避免在低温下结冰,一般都采用水和酒精的混合液作为喷射液体。喷射液体加力一般简称为喷水加力。

1. 在压气机进口喷水加力的工作原理

在压气机进口用喷嘴喷出雾状水与进入压气机的空气相混合。空气在被压缩过程中温度不断增加,雾状水则不断吸收空气中的热量并蒸发为水蒸气,使空气压缩过程成为放热压缩过程。在压缩功相同的条件下,放热压缩可以比绝热压缩达到更高的压力。当发动机转速不变时,可以近似地认为喷水前后压气机的压缩功保持不变。因此,压气机进口喷水以后,压气机出口的气体不仅降低了温度,而且提高了压力。涡轮前燃气压力 p_4^* 也相应地提高了。

发动机在最大状态工作时,无论压气机进口喷水与否,涡轮导向器和尾喷管都处于临界或超临界工作状态,涡轮膨胀比保持不变。在压气机功和涡轮功保持不变的条件下,涡轮前燃气温度 T_4^* 也保持不变。因此喷水加力以后,涡轮后压力 p_5^* 随 p_4^* 的提高而提高,当尾喷管处于临界或超临界状态工作时,尾喷管出口截面静压增加,发动机单位推力增加。

在燃气中增加水蒸气的成分可使燃气比热增加,这有利于燃气喷射速度的提高和单位推力的增加。

喷水加力后,通过发动机的燃气流量随着涡轮前燃气压力的增加而成比例地加大了。由于发动机单位推力和燃气流量同时提高,发动机的推力增加。

在一定的范围内,喷水量越多,发动机推力增加量也越大,图 5.39 所示为地面静止状态下,发动机推力和耗油率随喷水量的变化关系。从图可以看出,在压气机进口喷水加力是很有效的,但是需要消耗大量的水。例如,增加 30% 的推力所需要的水量为燃油消耗量的两倍以

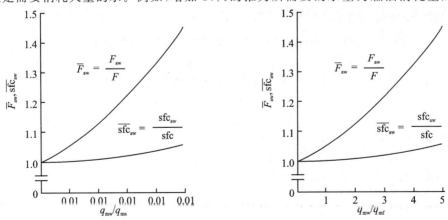

图 5.39　在地面静止状态下,发动机推力和耗油率随喷水量的变化关系

上。在压气机进口喷水的同时,燃油流量亦增大了,这是由于压气机出口温度降低而涡轮前燃气温度不变,使加入每千克气体的燃料量 q_{mf} 增加以及通过发动机的空气流量增大所致。从图还可以看出,在压气机进口喷水以后,耗油率也有所增大,这是由于水蒸发时消耗了一部分热量用于汽化潜热,这部分热量无法用于气体膨胀做功。

2. 在燃烧室中喷水加力的工作原理

在燃烧室中用喷嘴喷出雾状水与高温燃气相混合,雾状水吸收热量蒸发为水蒸气,而燃气温度则下降了。为了保持发动机的转速不致下降,由燃油自动控制器控制,增加燃油流量。

燃烧室中喷入雾状水以及燃油流量的增加使燃气流量增加,但是通过涡轮的燃气流量受涡轮导向器的流通能力所限制,使将进入压气机的空气流量减小,从压气机特性图可以看出,压气机转速不变时,进入压气机的流量减小,必然导致压气机增压比提高,压气机工作点向喘振边界移动。因此,在燃烧室中喷水加力时,喷水量受到压气机不稳定工作的限制。

由于压气机增压比提高,压气机出口和涡轮出口等截面上的气体压力都相应的提高。在燃烧室中喷水加力以后,涡轮前燃气温度 T_4^* 是由压气机功率和涡轮功率相等的条件来决定的。由于压气机增压比提高,每千克空气的压缩功增加了,与此同时,由于空气流量减小和燃气流量增大,对应于单位空气流量的燃气流量加大了。这两个因素对涡轮前燃气温度的影响是相反的。因此,在燃烧室中喷水加力时,基本上不改变涡轮前的燃气温度。

在燃烧室中喷水加力前后,涡轮导向器和尾喷管都处于临界或超临界工作状态,涡轮膨胀比不变。由于加力前后 T_4^* 和 π_{T}^* 都保持不变,因此 T_5^* 也保持不变。

在燃烧室中喷水使发动机推力增加,主要是由于以下两方面的原因:

(1) 由于压气机增压比增加,涡轮膨胀比保持不变,使得涡轮后燃气压力增加,当尾喷管处于临界或超临界工作状态时,尾喷管出口截面静压增加,于是提高了发动机的单位推力。

(2) 进入发动机的空气流量虽然有所降低,但是燃气流量却由于喷水而增加,燃气流量增加的程度与涡轮前燃气压力增加成正比。

由于发动机单位推力和燃气流量同时提高,发动机推力增加。

早期使用过的英国"斯贝"发动机在起飞状态时,如外界大气温度高于 18 ℃,就采用在燃烧室中喷水加力的方法;如大气温度在 18~35 ℃范围内,喷水加力可使发动机推力恢复到最大值;如大气温度高于 35 ℃,在燃烧室中喷水可以增加推力,但不能恢复到最大推力。"斯贝"发动机共有 10 个燃油喷嘴,在每个喷嘴边上有两个喷水孔,水就从喷水孔喷射到火焰筒内。

比较压气机进口喷水和燃烧室中喷水两种加力方法,在压气机进口喷水的效果要好一些。但是在压气机进口喷水容易引起压气机叶片腐蚀,在低温下工作时容易结冰,以及从压气机级中引出空气做其他用途时将混入水汽。因此,采用喷水加力时,有时选用在燃烧室中喷水的加力方法。

喷水加力需要消耗大量的水,该方法一般用于飞机在较高的大气温度下或海拔较高的机场起飞时增加或恢复发动机的起飞推力。

5.7.3 复燃加力

发动机在最大工作状态工作时,涡轮前燃气温度受涡轮叶片材料耐热性的限制,如不采用有效的冷却措施,涡轮前燃气温度一般不超过 1 200~1 400 K;若采取冷却叶片的措施,目前涡轮前燃气温度可以达到 1 600 K 以上。在这种情况下,主燃烧室出口燃气的余气系数为 3~4,就是说经过涡轮的燃气中有 2/3～3/4 的氧气没有参加燃烧。复燃加力就是在涡轮后面再喷入燃油进行燃烧,为此,在涡轮与尾喷管之间设置加力燃烧室。由于涡轮后没有转动部件,加力燃烧室出口的燃气温度 T_7^* 可以比主燃烧室出口燃气温度高得多,理论上可能达到的最高温度是将燃气中的氧气完全燃烧完,当发动机进口空气温度为 288 K 时,可能达到的最高燃气温度是 2 400～2 600 K。但是目前加力燃烧室的材料不允许这样高的燃气温度,而且在高温下燃烧产物易于分解,要完全燃尽空气中的氧气达到这样高的燃气温度是比较困难的。因此,复燃加力的燃气温度一般在 2 000 K 左右。

加力燃烧室工作后,压气机和涡轮的工作状态与加力燃烧室工作以前相比较应该保持不变,这就要求当加力燃烧室工作时增大尾喷管最小截面,以保持涡轮后压力 p_5^* 不变。

复燃加力可以不改变压气机和涡轮的工作状态而有效地增大发动机的推力,构造简单,工作可靠,在技术上容易实现,在高速飞行时具有良好的性能,扩大了飞机的飞行范围,因此在军用歼击机的发动机上复燃加力方法得到了普遍使用。复燃加力涡轮喷气发动机简图如图 5.40 所示。

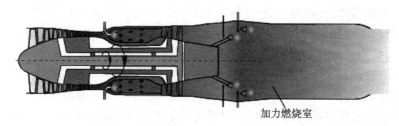

图 5.40 复燃加力涡轮喷气发动机简图

1. 复燃加热比 θ_{af} 对发动机性能的影响

(1) 复燃加力时,尾喷管临界截面积的变化

复燃加力时,为了保持压气机和涡轮的工作状态与复燃加力以前相同,必须增大尾喷管临界截面积,以保持涡轮后压力 p_5^* 不变。复燃加力前通过尾喷管临界截面 A_9 的燃气流量 q_{mg} 为

$$q_{mg} = K' \frac{p_9^* A_9}{\sqrt{T_5^*}}$$

复燃加力后通过尾喷管临界截面 $A_{9,af}$ 的燃气流量 $q_{mg,af}$ 为

$$q_{mg,af} = K'' \frac{p_{9,af}^* A_{9,af}}{\sqrt{T_7^*}}$$

q_{mg} 与 $q_{mg,af}$ 之间的关系为

$$q_{mf,af} = q_{ma} + q_{mf} + q_{mf,af} = q_{ma}(1 + f + f_{af}) = q_{mg} + q_{ma} f_{af}$$

于是,可以得到

$$K'' \frac{p_{9,af}^* A_{9,af}}{\sqrt{T_7^*}} = K' \frac{p_9^* A_9}{\sqrt{T_5^*}} + q_{ma} f_{af} \tag{5.7.1}$$

若近似认为

$$q_{ma} f_{af} = 0 \quad \text{或} \quad q_{mg,af} \approx q_{mg}$$
$$K'' \approx K'$$

则式(5.7.1)简化为

$$p^*_{9,\text{af}} \approx p^*_9$$

$$\frac{A_{9,\text{af}}}{A_9} \approx \sqrt{\frac{T^*_7}{T^*_5}}$$

或

$$\frac{A_{9,\text{af}}}{A_9} \approx \sqrt{\theta_{\text{af}}}$$

或

$$A_{9,\text{af}} \approx A_9 \sqrt{\theta_{\text{af}}} \tag{5.7.2}$$

式中，θ_{af} 为复燃加热比，$\theta_{\text{af}} = T^*_7 / T^*_5$。

式(5.7.1)说明，复燃加力时，尾喷管临界截面 $A_{8,\text{af}}$ 应该近似地和复燃加热比的平方根成正比的增加，才能使涡轮后压力 p^*_5 保持不变，从而也使得燃气发生器的工作状态保持不变。

(2) 复燃加力时，发动机推力的增加程度

复燃加力前后，通过发动机的空气流量不变，燃气流量则在复燃加力以后略有增加，但是可以认为，复燃加力以后，发动机推力增加的程度主要决定于发动机单位推力的变化。为了比较复燃加力前后发动机单位推力的变化，首先要比较尾喷管出口气流喷射速度的变化。当发动机不加力时，若尾喷管出口燃气完全膨胀，尾喷管出口气流喷射速度 c_9 由下式决定，即

$$c_9 = \phi_9 \sqrt{2c'_p T^*_5 \left[1 - \left(\frac{p_0}{p^*_5}\right)^{\frac{k'-1}{k'}}\right]} \tag{5.7.3}$$

复燃加力后，若尾喷管出口燃气完全膨胀，尾喷管出口气流喷射速度 $c_{9,\text{af}}$ 由下式决定，即

$$c_{9,\text{af}} = \phi_{9,\text{af}} \sqrt{2c''_p T^*_7 \left[1 - \left(\frac{p_0}{p^*_7}\right)^{\frac{k''-1}{k''}}\right]} \tag{5.7.4}$$

在加力燃烧室中，由于加热作用和流动损失，加力燃烧室出口总压 p^*_7 小于入口总压 p^*_5。但是在近似计算时，这个差别可以略去不计，因为加力燃烧时尾喷管出口总压下降对喷射速度的影响在某种程度上为燃气比热由于温度增加而增加所补偿。此外，在近似计算中，可以认为速度系数 $\phi_{9,\text{af}}$ 与 ϕ_9 两者相等。因此，将式(5.7.4)与式(5.7.3)相除得

$$\frac{c_{9,\text{af}}}{c_9} \approx \sqrt{\frac{T^*_7}{T^*_5}} = \sqrt{\theta_{\text{af}}}$$

如略去燃油流量不计，复燃加力时，发动机的单位推力 $F_{s,\text{af}}$ 可以写为

$$F_{s,\text{af}} = c_{9,\text{af}} - c_0 \approx c_9 \sqrt{\theta_{\text{af}}} - c_0 \tag{5.7.5}$$

不加力时发动机的单位推力 F_s 为

$$F_s = c_9 - c_0$$

或

$$c_9 = F_s - c_0$$

将上式代入式(5.7.5)，得

$$F_{s,\text{af}} \approx F_s \sqrt{\theta_{\text{af}}} + c_0(\sqrt{\theta_{\text{af}}} - 1)$$

或

$$\overline{F}_{s,\text{af}} = \frac{F_{s,\text{af}}}{F_s} \approx \sqrt{\theta_{\text{af}}} + \frac{c_0}{F_s}(\sqrt{\theta_{\text{af}}} - 1) \tag{5.7.6}$$

当发动机在地面静止条件下工作时，$c_0=0$，式(5.7.6)可简化为

$$\overline{F}_{s,af} \approx \sqrt{\theta_{af}} \tag{5.7.7}$$

式(5.7.6)与式(5.7.7)都是近似公式，但是用它作为初步分析或进行估算比较简单和方便。

由式(5.7.6)可以看出，复燃加力时发动机单位推力的相对增量随加热比 θ_{af} 的增加而增加。当加热比 θ_{af} 一定时，飞行速度愈高，发动机单位推力的相对增量也愈大。

由于复燃加力前后通过发动机的空气流量不变，可以认为，复燃加力以后，发动机的推力以同样的比例随发动机单位推力增大，即 $\overline{F}_{af} = \overline{F}_{s,af}$。

(3) 复燃加力时，耗油率的变化

复燃加力后，发动机的推力增大了，但是供给发动机的燃油流量也增大了，燃油流量增大的程度比推力增大的程度要大，因此复燃加力后耗油率上升。

复燃加力后耗油率上升的原因可以这样来理解，在前面分析理想循环时曾指出，增压比愈大，则理想循环的热效率愈高，或者说，热量愈是在高压(相对于周围外界压力)的条件下加入发动机，则理想热效率愈高。加力燃烧室处在涡轮后面，与主燃烧室相比加力燃烧室中压力较低，所以复燃加力以后，虽然发动机推力增大了，但是耗油率却增加了。由于这个原因，加力燃烧室应该在尽可能高的压力条件下工作。一般情况下，只有当发动机到达最大工作状态以后，才进行复燃加力。复燃加力时，耗油率 sfc 可以由下式计算：

$$\mathrm{sfc}_{af} = \frac{3\,600(q_0 + q_{0,af})}{H_u F_{s,af}} \tag{5.7.8}$$

式中，q_0 和 $q_{0,af}$ 分别为加入主燃烧室和加力燃烧室中每千克空气的燃油完全燃烧所放出的热量。

$$q_0 = \frac{c_p}{\xi_b}(T_4^* - T_3^*) \tag{5.7.9}$$

$$q_{0,af} = \frac{c_p'}{\xi_{b,af}}(T_7^* - T_5^*) \tag{5.7.10}$$

根据压气机功与涡轮功相等的条件，可得

$$c_p(T_3^* - T_2^*) = c_p'(1+f)(T_4^* - T_5^*)$$

若近似地认为 $c_p = c_p'$，并略去燃油流量，得

$$T_3^* - T_2^* \approx T_4^* - T_5^* \quad \text{或} \quad T_4^* - T_3^* \approx T_5^* - T_2^*$$

将上式代入式(5.7.9)得

$$q_0 \approx \frac{c_p'}{\xi_b}(T_5^* - T_2^*) \tag{5.7.11}$$

若近似地认为 $c_p'' = c_p'$，$\xi_{b,af} = \xi_b$，则式(5.7.10)可改写为

$$q_{0,af} \approx \frac{c_p''}{\xi_b}(T_7^* - T_5^*) \tag{5.7.12}$$

将式(5.7.11)和式(5.7.12)相加，可以得到复燃加力时每千克空气的总燃油量完全燃烧时所放出的热量，即

$$q_0 + q_{0,af} \approx \frac{c_p'}{\xi_b}(T_7^* - T_2^*) \tag{5.7.13}$$

由式(5.7.13)可以看出，复燃加力时每千克空气的总燃油量仅仅与加力燃烧室出口总温

T_7^* 和发动机进口总温 T_2^* 之差有关,与压气机增压比 π_c^* 以及主燃烧室出口总温 T_4^* 无关。

将式(5.7.12)代入式(5.7.8),得复燃加力时发动机的耗油率为

$$\text{sfc}_{\text{af}} \approx \frac{3\,600 c_p'(T_7^* - T_2^*)}{\xi_b H_u F_{s,\text{af}}} \tag{5.7.14}$$

不加力时发动机的耗油率为

$$\text{sfc} = \frac{3\,600 c_p'(T_4^* - T_3^*)}{\xi_b H_u F_s} \approx \frac{3\,600 c_p'(T_5^* - T_2^*)}{\xi_b H_u F_s} \tag{5.7.15}$$

式(5.7.14)与式(5.7.15)相除,得

$$\overline{\text{sfc}_{\text{af}}} = \frac{\text{sfc}_{\text{af}}}{\text{sfc}} \approx \frac{F_s}{F_{s,\text{af}}} \cdot \frac{T_7^* - T_2^*}{T_5^* - T_2^*}$$

当发动机在地面静止条件下工作时,$\overline{F}_{s,\text{af}} \approx \sqrt{\theta_{\text{af}}}$,上式可简化为

$$\overline{\text{sfc}_{\text{af}}} \approx \frac{1}{\sqrt{\theta_{\text{af}}}} \cdot \frac{(T_7^* - T_2^*)}{(T_5^* - T_2^*)} \approx \frac{1}{\sqrt{\theta_{\text{af}}}} \cdot \left(\frac{\theta_{\text{af}} - \dfrac{T_2^*}{T_5^*}}{1 - \dfrac{T_2^*}{T_5^*}}\right)$$

或

$$\overline{\text{sfc}_{\text{af}}} \approx \frac{\sqrt{\theta_{\text{af}}} - \dfrac{T_2^*}{T_5^*} \cdot \dfrac{1}{\sqrt{\theta_{\text{af}}}}}{1 - \dfrac{T_2^*}{T_5^*}} \tag{5.7.16}$$

从式(5.7.16)可以看出,发动机在地面静止条件下工作时,复燃加力后耗油率的相对增量随加热比 θ_{af} 的增加而增加。并且可以看出耗油率随加热比的增加程度比发动机推力随加热比的增加程度要大。另外,当加热比 θ_{af} 保持不变时,复燃加力后耗油率的相对增量随温度比 T_2^*/T_5^* 增大而增大。

发动机在地面静止条件下工作时,复燃加力后推力和耗油率的相对增量随加热比 θ_{af} 的变化关系如图 5.41 所示。

2. 当 T_2^*,T_7^* 一定时,π_c^* 和 T_4^* 对发动机性能的影响

前面已经分析过,当发动机进口总温 T_2^* 以及加力燃烧室出口总温 T_7^* 保持不变时,压气机增压比 π_c^* 和涡轮前燃气温度 T_4^* 不影响加入每千克空气的燃油量。但是 π_c^* 和 T_4^* 的变化却影响发动机推力的大小。

对于复燃加力发动机,怎样选择 π_c^* 和 T_4^* 的数值最为有利?

首先分析压气机增压比 π_c^*,使复燃加力发动机的单位推力 $F_{s,\text{af}}$ 达到极大值的压气机增

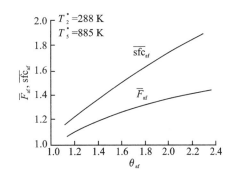

图 5.41 在地面静止条件下,$\overline{F}_{\text{af}}$、$\overline{\text{sfc}}_{\text{af}}$ 随 θ_{af} 的变化关系

压比称为最有利增压比,以 $\pi_{c,opt,af}^*$ 表示。从单位推力的公式 $F_{s,af} = c_{9,af} - c_0$ 可以看出,在一定的飞行条件下,只有当尾喷管出口气流速度 $c_{9,af}$ 达到极大值时,发动机的单位推力 $F_{s,af}$ 才达到极大值。当加力燃烧室出口总温 T_7^* 保持不变时,尾喷管出口气流速度 $c_{9,af}$ 随着涡轮后燃气压力 p_5^* 的增大而增大。因此,当涡轮后燃气压力 p_5^* 达到极大值时,发动机的单位推力 $F_{s,af}$ 也达到极大值。

下面讨论压气机增压比 π_c^* 是怎样影响涡轮后燃气压力 p_5^* 的。涡轮后燃气压力 p_5^* 不仅与压气机增压比 π_c^* 有关,还与涡轮膨胀比 π_t^* 有关,它们之间的关系为

$$\frac{\pi_c^*}{\pi_t^*} = \frac{p_3^*}{p_2^*} \cdot \frac{p_5^*}{p_4^*} = \frac{p_5^*}{p_2^* \sigma_b}$$

在一定的飞行条件下,p_2^* 为常数,故得

$$\frac{\pi_c^*}{\pi_t^*} = K p_5^*$$

式中,K 为常数。

从上式可以看出,涡轮后燃气压力 p_5^* 随压气机增压比 π_c^* 的增大而增大,随涡轮膨胀比 π_t^* 的增大而减小。当压气机增压比 π_c^* 很低时,涡轮后燃气压力 p_5^* 也很低。此后随着压气机增压比 π_c^* 逐渐增大,涡轮后燃气压力 p_5^* 也增大。但是当涡轮后燃气压力 p_5^* 达到极大值以后,随着压气机增压比 π_c^* 逐渐增大,涡轮后燃气压力 p_5^* 开始下降。当压气机增压比增大到使压气机出口温度 T_3^* 与涡轮前燃气温度 T_4^* 很接近时,涡轮后燃气压力 p_5^* 又很低了。这是因为,涡轮膨胀比 π_t^* 与压气机增压比 π_c^* 是密切相关的,它们的关系由压气机功与涡轮功相等的条件联系在一起。

根据压气机功与涡轮功相等的条件,即

$$w_c = w_t \eta_m$$

或

$$c_p T_2^* (\pi_c^{*\frac{k-1}{k}} - 1) = c_p' T_4^* \left(1 - \frac{1}{\pi_t^{*\frac{k'-1}{k'}}}\right) \eta_c^* \eta_t^* \eta_m$$

假设 $c_p' = c_p$,$k' = k$,可得如下关系式:

$$\frac{\pi_c^*}{\pi_t^*} = \pi_c^* \left(1 - \frac{\pi_c^{*\frac{k-1}{k}} - 1}{\frac{T_4^*}{T_2^*} \eta_c^* \eta_t^* \eta_m}\right)^{\frac{k}{k-1}}$$

从上式可以看出,π_c^*/π_t^* 为 π_c^* 和 T_4^*/T_2^* 的函数。为了求得最有利增压比 $\pi_{c,opt,af}^*$,将上式两边对 π_c^* 取偏导数,并使它等于零,得

$$\frac{2\pi_c^{*\frac{k-1}{k}} - 1}{\frac{T_4^*}{T_2^*} \eta_c^* \eta_t^* \eta_m} = 0 \quad \text{或} \quad \pi_{c,opt,af}^* = \left(\frac{\frac{T_4^*}{T_2^*} \eta_c^* \eta_t^* \eta_m + 1}{2}\right)^{\frac{k}{k-1}}$$

由上式可以看出,复燃加力发动机最有利增压比 $\pi_{c,opt,af}^*$ 是涡轮前燃气温度相似参数 T_4^*/T_2^* 的函数。涡轮前燃气温度 T_4^* 愈高,压气机进口温度 T_2^* 愈低,复燃加力发动机最有利增压比

$\pi_{c,opt,af}^*$ 就愈大。并且可以看出,复燃加力发动机最有利增压比 $\pi_{c,opt,af}^*$ 与复燃加力温度 T_7^* 无关。

由于压气机进口温度 T_2^* 以及复燃加力温度 T_7^* 保持不变时,压气机增压比 π_c^* 的数值不影响加入每千克空气的总燃油量。因此,复燃加力时,发动机最有利增压比 $\pi_{c,opt,af}^*$ 与发动机最经济增压比 $\pi_{c,eco,af}^*$ 相同。

其他条件相同时,复燃加力发动机的最有利增压比 $\pi_{c,opt,af}^*$ 处于不加力发动机的最有利增压比 $\pi_{c,opt}^*$ 与最经济增压比 $\pi_{c,eco}^*$ 之间。这是因为,当其他条件相同时,涡轮后燃气压力 p_5^* 随压气机增压比 π_c^* 的变化规律对于加力发动机和不加力发动机都是相同的;尾喷管出口燃气温度却不然,复燃加力发动机尾喷管出口温度不随压气机增压比变化,不加力发动机尾喷管出口燃气温度则随着压气机增压比增加而下降。因此,对于不加力发动机,当压气机增压比 π_c^* 变化时,p_5^* 和 T_5^* 两个参数同时变化,影响发动机的单位推力。当 π_c^* 逐渐增加时,p_5^* 随着增加,而 T_5^* 则下降。当 π_c^* 达到某一个数值,这时 p_5^* 增加和 T_5^* 下降对发动机单位推力的影响程度相同,发动机的单位推力 F_s 达到极大值,这时的增压比为不加力发动机的最有利增压比 $\pi_{c,opt}^*$。压气机增压比对于加力发动机来说,还没有达到最有利的值,因为进一步提高压气机增压比,涡轮后燃气压力 p_5^* 和加力发动机的单位推力 $F_{s,af}$ 将进一步增加。由此证明,复燃加力发动机的最有利增压比 $\pi_{c,opt,af}^*$ 大于不加力发动机的最有利增压比 $\pi_{c,opt}^*$。

复燃加力发动机的总燃油流量不随压气机增压比变化,所以复燃加力发动机的最经济增压比与最有利增压比相等。不加力发动机的燃油流量随压气机增压比的增加而减小,只有当压气机增压比进一步增加,发动机单位推力下降的程度与燃油流量减小的程度相当时,才能达到不加力发动机的最经济增压比,所以不加力发动机的最经济增压比 $\pi_{c,eco}^*$ 大于复燃加力发动机的最经济增压比 $\pi_{c,eco,af}^*$。

当发动机进口总温 T_2^* 以及加力燃烧室出口总温 T_7^* 保持不变时,如果压气机增压比 π_c^* 也保持不变,提高涡轮前燃气温度 T_4^* 可以增加发动机的单位推力。这是因为,在压气机功和涡轮功不变的条件下,提高涡轮前燃气温度 T_4^* 可以减少涡轮的膨胀比 π_t^*,从而提高了涡轮后燃气压力 p_5^*,于是发动机单位推力随着提高。

还可以从另一个角度来理解提高涡轮前燃气温度 T_4^* 对复燃加力发动机性能的有利影响。当发动机进口总温 T_2^* 以及加力燃烧室出口总温 T_7^* 保持不变时,提高涡轮前燃气温度 T_4^* 只意味着有一部分热量不从压力较低的加力燃烧室中加入气流而从压力较高的主燃烧室中加入气流,这就提高了发动机的热效率,从而提高了发动机的单位推力。

提高涡轮前燃气温度 T_4^* 并不改变加入每千克空气的总燃油量,因此,不仅提高了发动机的单位推力 $F_{s,af}$,而且也降低了发动机的耗油率 sfc_{af}。

归纳上述分析,可以得到下列结论:

① 复燃加力发动机的最有利增压比 $\pi_{c,opt,af}^*$ 随涡轮前燃气温度相似参数 T_4^*/T_2^* 增加而增加,并与复燃加力温度 T_7^* 无关。

② 复燃加力发动机的最有利增压比 $\pi_{c,opt,af}^*$ 的值与压气机最经济增压比 $\pi_{c,eco,af}^*$ 相同。

③ 复燃加力发动机的最有利增压比 $\pi_{c,opt,af}^*$ 处于不加力发动机最有利增压比 $\pi_{c,opt}^*$ 和最经济增压比 $\pi_{c,eco}^*$ 之间。

④ 其他条件不变时,提高复燃加力发动机的涡轮前燃气温度 T_4^* 不仅可以提高发动机的

单位推力 $F_{s,af}$，而且也降低了发动机的耗油率 sfc_{af}。

3. 复燃加力发动机的控制规律

通常在确定复燃加力涡轮喷气发动机的控制规律时，力求不改变燃气发生器的工作状态。

目前，复燃加力涡轮喷气发动机最常用的控制规律是 $n=$ const, $\pi_t^*=$ const。采用这种控制规律的发动机，在接通加力时，尾喷管出口截面积和喉部面积应根据加力温度的大小适当放大。当飞行条件改变或尾喷管出口截面积变化时，主燃油控制器以 q_{mf} 为调节中介，使发动机转速 n 不变；加力燃油控制器以 $q_{mf,af}$ 为调节中介，保证 π_t^* 为常数（通常用传感器直接感受压气机后和涡轮后的压力）。这种控制规律使控制器结构简单，由于保证了 π_t^* 为常数，可以使燃气发生器的工作不受复燃加力燃烧室工作的影响。对于燃气发生器，复燃加力发动机采用 $n=$ const, $\pi_t^*=$ const 的控制规律就相当于不加力发动机采用 $n=$ const 和 $A_8=$ const 的控制规律。

通常发动机在复燃加力状态工作时尾喷管出口截面积 $A_{8,af}$ 是由驾驶员油门杆位置来控制的，驾驶员移动油门杆可以使尾喷管出口截面积 $A_{8,af}$ 连续或间断突跃的变化。

当驾驶员将油门杆置于最大加力位置时，尾喷管出口截面积 $A_{8,af}$ 为最大值。因此，复燃加力发动机最大加力状态的控制规律一般采用 $n=n_{max}=$ const, $\pi_t^*=$ const 和 $A_{8,af,max}=$ const 的规律。必须指出，采用这种最大加力状态控制规律时，对于不同设计增压比的发动机，当飞行状态改变时，由于换算转速的变化，涡轮前燃气温度 T_4^*、涡轮后燃气温度 T_5^* 都会发生变化，又由于复燃加热比 θ_{af} 基本保持不变，加力燃烧室出口温度 T_7^* 亦将随着变化。进行发动机的特性计算时，必须了解 T_7^* 随飞行状态的变化规律。

如果采用 $n=n_{max}=$ const, $T_4^*=$ const 和 $T_7^*=$ const 的控制规律，可以最充分地发挥发动机潜力，但是要求发动机的尾喷管出口截面积连续可调，并且要使传感器直接感受 T_4^* 和 T_7^* 参数，这是比较难以实现的。

此外，还应该指出，在最小加力工作状态和关闭加力燃烧室使发动机回复到不加力的最大工作状态之间有一段推力突变，这不利于飞机的编队飞行。为了弥补这个缺点，可以使发动机在关闭加力燃烧室之前，降低发动机的转速，使得加力状态下的最小推力与不加力时最大工作状态的推力比较接近。

4. 复燃加力发动机的特性

图 5.42 所示为复燃加力发动机的速度特性。从图可以看出，随着飞行 Ma 的增大，复燃加力发动机的推力是增加的。与不加力发动机相比，可以认为，飞行速度愈高，使用复燃加力就愈有利。

随着飞行 Ma 的变化，复燃加力发动机的燃气发生器部分的变化与不加力发动机是完全相同的。不加力发动机由于尾喷管中燃气温度较低，因而发动机单位推力随飞行 Ma 的增加而迅速下降。复燃加力发动机则由于尾喷管中燃气温度较高，发动机单位推力虽然随着飞行 Ma 的增加而有所下降，但下降的百分比较小，因此，在一定的飞行 Ma 范围内，由于进入发动机空气流量增大的影响，发动机推力随飞行 Ma 增加而增大。

复燃加力发动机的耗油率和总效率之间有如下的关系（假设冷却气体质量 $v_{col}=0$）：

$$sfc_{af}=\frac{3\,600(f+f_{af})}{F_{s,af}}=\frac{3\,600c_0}{H_u\eta_0}$$

在一定的飞行速度下，sfc_{af} 和 η_0 是一一对应的。随着飞行速度的增加，sfc_{af} 也是增加的。在

低飞行 Ma 下不加力涡轮喷气发动机的经济性比较好,但是在高飞行 Ma 下,sfc_{af} 则可能低于不加力发动机的 sfc。

图 5.43 所示为 $\pi_{c,d}^* = 6$,$T_{4\,max}^* = 1\,400\,K$,$T_7^* = 2\,100\,K$ 的复燃加力发动机在不同高度下的速度特性。由图可见,随着高度增加,推力急剧减小。和不加力涡轮喷气发动机一样,在 11 km 以下,高度增加时,单位推力 $F_{s,af}$ 虽然也是增加的,但主要由于空气流量减小,推力减小。另外,在高度小于 11 km 时,随着高度的增高,sfc_{af} 也是下降的。在 11 km 以上时,随着高度的增高,如果考虑到燃烧效率的下降,sfc_{af} 还会有所增加。

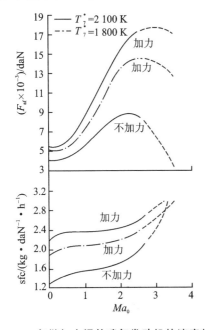

图 5.42 复燃加力涡轮喷气发动机的速度特性

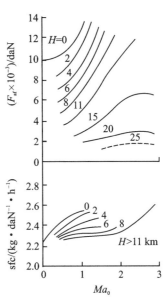

图 5.43 复燃加力发动机的高度速度特性
($\pi_{c,d}^* = 6$,$T_{4\,max}^* = 1\,400\,K$,$T_7^* = 2\,100\,K$)

5.7.4 复燃喷水加力

向复燃加力燃烧室中喷水可以使发动机推力进一步增加。如前所述,复燃加力燃油流量不能进一步增加是由于复燃加力温度大于 2 000 K 以后燃烧产物高温离解而使燃烧效率迅速下降。在这种情况下向加力燃烧室喷水(水和甲醇混合液)可以使燃气温度下降,甲醇也可以参加燃烧,在加力温度基本保持不变的条件下增加了燃气的质量流量。由于发动机尾喷管喷出的燃气流量增加,发动机的复燃加力推力进一步提高。在向加力燃烧室喷水的同时,必须进一步增大尾喷管的临界截面 A_8 和出口截面积 A_9。

思考题

(1) 在燃烧室中喷水使发动机推力增加,不包括下述哪种原因?
A. 压气机增压比增加　　B. 空气流量增加
C. 燃气流量增加　　C. 涡轮后燃气压力增加

(2) 为什么在压气机进口处喷水或者在燃烧室中喷水能够增加发动机的推力?二者各有何利弊?

(3) 怎样才能使复燃加力后燃气发生器的工作状态不改变?

(4) 发动机在地面静止条件下工作时,复燃加力以后推力和耗油率的相对增量与加热比的变化关系是怎样的?

(5) 复燃加力发动机在地面静止条件下,下述哪个参数的变化并不与 θ_{af} 的平方根大体上成正比?

    A. $A_{8,af}$ B. $c_{9,af}$ C. $F_{s,af}$ D. sfc_{af}

(6) 为什么当其他条件相同时,复燃加力发动机的最有利增压比处于不加力发动机的最有利增压比和最经济增压比之间?

(7) 对于复燃加力发动机,当 T_2^*,T_4^* 和 T_7^* 一定时,下述哪种提法是错误的?

    A. 最佳增压比等于最经济增压比

    B. 最佳增压比大于不加力时的最佳增压比

    C. 最经济增压比小于不加力时的最经济增压比

    D. 最经济增压比大于最佳增压比

(8) 为了尽可能提高复燃加力发动机的单位推力,除提高加力温度外,还应采取下述哪些措施?

    A. 改善加力燃油自动控制器的设计

    B. 尽可能提高压气机的设计增压比

    C. 尽可能提高涡轮前燃气温度设计值

    D. 加大尾喷管出口截面积 $A_{8,af}$ 的设计值

(9) 一般情况下,加力燃油自动控制器感受和控制哪些参数?驾驶员怎样使发动机改变加力工作状态?

(10) 复燃加力发动机的速度特性与不加力发动机的速度特性相比有什么特点?

第 6 章 双轴涡轮喷气发动机

6.1 双轴涡轮喷气发动机防喘原理和性能优点

采用双轴涡轮喷气发动机的主要目的是防止压气机喘振。双轴发动机把一台高设计增压比的压气机分为两台低设计增压比的压气机,并分别由各自的涡轮带动。低压压气机与低压涡轮组成低压转子,高压压气机与高压涡轮组成高压转子,双轴发动机的结构方案如图 6.1 所示。

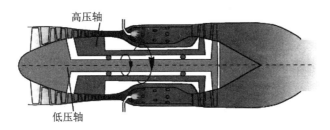

图 6.1 双轴发动机简图

前面已经讨论过双轴发动机在转速降低时有效地防止压气机喘振的原因。现在联系涡轮的工作状态进一步说明如下:

单轴的高设计增压比压气机在非设计状态下工作严重恶化是因沿压气机气流通道轴向速度的重新分布所引起的,根据压气机进口和出口流量相等的条件,可以得到

$$q_{ma} = A_2 c_{2z} \rho_2 = A_3 c_{3z} \rho_3$$

式中,$A_2,A_3,c_{2z},c_{3z},\rho_2$ 和 ρ_3 分别代表压气机进出口的面积、气流轴向分速度和密度。上式可以改写为

$$\frac{c_{2z}}{c_{3z}} = \frac{A_3 \rho_3}{A_2 \rho_2}$$

由多变压缩过程的关系可得

$$\frac{c_{2z}}{c_{3z}} = \frac{A_3}{A_2} \pi_c^{\frac{1}{n}} = K_1 \pi_c^{\frac{1}{n}}$$

式中,n 为多变指数。

分别用压气机进出口的周向速度 u_2 和 u_3 除上式左边的分子和分母,可得

$$\frac{\dfrac{c_{2z}}{u_2}}{\dfrac{c_{3z}}{u_3}} = \frac{\overline{c_{2u}}}{\overline{c_{3u}}} = K_2 \pi_c^{\frac{1}{n}}$$

以上两式中 K_1 和 K_2 为常数。在速度三角形中 c_z/u 称为耗量系数,但一般在同一转子中 u 为常量,通常用 c_z 指代耗量系数。

由上两式可见,压气机增压比的变化将导致压气机进出口轴向速度之比和耗量系数之比 $\overline{c_{2z}/c_{3z}}$ 也相应地变化。当发动机相似参数变化时,就会产生这种情况。发动机相似参数的变化可能是由于转速的变化引起的,也可能是在转速不变时压气机进口温度变化引起的,这两种情况没有本质的差别。

由压气机的气流速度三角形可知,耗量系数的变化影响着速度三角形的形状,使气流流入压气机叶片的攻角发生变化。例如,压气机进口耗量系数 c_{2z} 降低,将引起第一级压气机叶片的攻角增大;而压气机出口耗量系数 c_{3z} 增加,将引起末级压气机叶片攻角减小。因此,当发动机转速相似参数降低后,压气机的最前面几级和后几级都将偏离它们的设计状态,中间各级由于耗量系数 c_z 变化不大,因而工作状态变化不大。压气机前后各级的攻角偏离设计状态,首先使压气机级效率降低,进一步发展将会导致压气机喘振。在非设计状态下前后各级工作不协调的现象对于高设计增压比的压气机将更为严重。

通过上述分析可知,要使在非设计状态下前后各级协调地工作,最有效的方法是使各级的转速相应于各级进口气流轴向速度的重新分布而各自变化,以保证各级耗量系数 c_z 不变。然而这在结构上是不可能的,也不需要这样。在一般情况下,只要把压气机分成两组就足够了。这就成为双轴压气机和双轴发动机。

当双轴发动机的转速相似参数降低后,高压转子和低压转子的转速自动地进行调整,使前后各级能够协调工作。为了说明这个现象,须进一步分析压气机和涡轮工作的某些特点。

压气机由设计状态降低转速和增压比时,前后各级的气流轴向速度和耗量系数都将重新分布,前几级的耗量系数降低,攻角加大;而后几级的耗量系数加大,攻角减小。攻角的改变将引起各级加功量 $w_{c,i}$ 的变化。

对于前面几级,攻角加大时,工作轮出口的气流相对速度方向基本不变,因而气流转角 $\Delta\beta$ 加大,扭速 Δw_u 加大。如果压气机进口温度增加使转速相似参数降低而工作轮切线速度 u 不变时,级的加功量 $w_{c,i}=u\cdot\Delta w_u$ 也加大。

对于后面几级,流入角减小将使气流转角 $\Delta\beta$ 减小,扭速 Δw_u 减小,因而级加功量 $w_{c,i}$ 减小。

总之,当压气机增压比降低时,低压压气机的加功量 $w_{c,l}$ 和高压压气机的加功量 $w_{c,h}$ 之比将加大,即 $\dfrac{w_{c,l}}{w_{c,h}}>\left(\dfrac{w_{c,l}}{w_{c,h}}\right)_s$。式中,脚注"s"表示设计状态下的比值。

如果低压压气机和高压压气机用同一个比值降低转速(这在双轴发动机上当然是不可能的,但为了便于分析,姑且这样假设),那么上述加功量比值的变化关系仍然是正确的。这是因为

$$\frac{w_{c,l}}{w_{c,h}}=\frac{(u\Delta w_u)_l}{(u\Delta w_u)_h}=K\frac{\Delta w_{u,l}}{\Delta w_{u,h}}$$

在较低的转速下,压气机增压比降低,高低压压气机扭速的不同变化使得

$$\frac{w_{c,l}}{w_{c,h}}>\left(\frac{w_{c,l}}{w_{c,h}}\right)_s$$

综上所述,无论是由于压气机进口总温增高或是由于转速下降引起转速相似参数降低都会引起加功量的重新分配。

试验指出,当某双轴发动机的压气机 $\pi_{c,d}^*=8$ 时,$(w_{c,l}/w_{c,h})_s=1.12$,当转速相似参数降低使 π_c^* 降低到 1.5 时,$w_{c,l}/w_{c,h}=2.33$。加功量重新分配的结果将使低压压气机要求较大

的力矩才能带动,而高压压气机则要求较小的力矩。或者说,带动低压压气机显得很"重",而带动高压压气机则较"轻"。

下面再分析涡轮工作的特点。目前涡轮喷气发动机上所采用的多级涡轮的第一级涡轮导向器一般是在临界或接近临界的工作状态,因此,它具有以下特点:

(1) 当发动机的尾喷管不可调,并处于临界或超临界状态工作时,各级涡轮膨胀比是不变的。为了证明这种情况,可写出涡轮导向器和尾喷管之间的流量连续方程,即

$$q_{mg} = \frac{K' p_4^* \sigma_{t,h} A_{t,h} q(\lambda_{t,h})}{\sqrt{T_4^*}} = \frac{K' p_{45}^* \sigma_{t,l} A_{t,l} q(\lambda_{t,l})}{\sqrt{T_{45}^*}} = \frac{K' p_5^* \sigma_e A_9 q(\lambda_9)}{\sqrt{T_5^*}} \quad (6.1.1)$$

式中,$A_{t,h}$ 和 $A_{t,l}$ 分别代表高压涡轮和低压涡轮导向器的出口面积。

根据多变过程方程

$$\frac{T_4^*}{T_{45}^*} = \left(\frac{p_4^*}{p_{45}^*}\right)^{\frac{n'-1}{n'}}$$

可得

$$\frac{p_4^*}{p_{45}^*} \sqrt{T_{45}^*/T_4^*} = \left(\frac{p_4^*}{p_{45}^*}\right)^{\frac{n'+1}{2n'}}$$

式中,n' 为膨胀过程的多变指数。将此式代入式(6.1.1),可得

$$\frac{p_4^*}{p_{45}^*} = \pi_{t,h}^* = \left[\frac{\sigma_{t,l} A_{t,l} q(\lambda_{t,l})}{\sigma_{t,h} A_{t,h} q(\lambda_{t,h})}\right]^{\frac{2n'}{n'+1}}$$

同理可得

$$\frac{p_{45}^*}{p_5^*} = \pi_{t,l}^* = \left[\frac{\sigma_e A_9 q(\lambda_9)}{\sigma_{t,l} A_{t,l} q(\lambda_{t,l})}\right]^{\frac{2n'}{n'+1}}$$

式中,$\pi_{t,h}^*$ 和 $\pi_{t,l}^*$ 分别代表高压涡轮和低压涡轮的膨胀比。涡轮工作状态变化时,涡轮效率以及多变指数 n' 变化不大。当尾喷管在临界或超临界状态下工作时,$q(\lambda_{t,h})$,$q(\lambda_{t,l})$,$q(\lambda_9)$ 都是常数。在这种条件下,从上式可以看出,高压涡轮和低压涡轮的膨胀比都不变,即 $\pi_{t,h}^*=$ const,$\pi_{t,l}^*=$ const。涡轮总膨胀比 π_t^* 也不变,即 $\pi_t^* = \pi_{t,h}^* \cdot \pi_{t,l}^* =$ const。

(2) 当发动机的尾喷管不可调,并处于临界或超临界状态工作时,发动机转速降低使各级涡轮前的燃气温度与 T_4^* 成正比变化,涡轮功在各级中的分配保持同样的比例。

由于发动机工作状态变化时,涡轮效率变化不大,涡轮膨胀比保持常数,根据涡轮功的公式,可得

$$w_{t,h} = c_p' T_4^* \left(1 - \frac{1}{\pi_{t,h}^{*\frac{k'-1}{k'}}}\right) \eta_{t,h}^* = c_1 T_4^* \quad (6.1.2)$$

总的涡轮功为

$$w_t = c_p' T_4^* \left(1 - \frac{1}{\pi_t^{*\frac{k'-1}{k'}}}\right) \eta_t^* = c_2 T_4^* \quad (6.1.3)$$

低压涡轮功为

$$w_{t,l} = w_t - w_{t,h} = c_2 T_4^* - c_1 T_4^* = c_3 T_4^* \quad (6.1.4)$$

由式(6.1.2)和式(6.1.4),可得

$$\frac{w_{t,l}}{w_{t,h}} = \frac{c_3 T_4^*}{c_1 T_4^*} = \text{const} \tag{6.1.5}$$

由式(6.1.5)可以看出,当尾喷管在临界或超临界状态下工作时,低压涡轮功和高压涡轮功之比等于常数。

(3) 当发动机转速相似参数降低,发动机总的可用膨胀比 p_4^*/p_0^* 下降,尾喷管进入亚临界状态工作时,涡轮膨胀比的减小首先发生在涡轮的最后一级,使得低压涡轮膨胀比和低压涡轮功下降。只有当发动机转速相似参数降得很低时,高压涡轮的膨胀比才开始降低。因此,当尾喷管在亚临界状态工作时,涡轮功之比将发生变化,即

$$\frac{w_{t,l}}{w_{t,h}} < \left(\frac{w_{t,l}}{w_{t,h}}\right)_s$$

以上分析了发动机转速相似参数降低时,压气机功和涡轮功在高低压转子之间重新分配的特点,它将使高低压转子的转速自动进行调整。譬如,压气机进口温度 T_2^* 不变,发动机转速下降,则先设想高低压转子用机械方法连接在一起,高低压转子转速按相同的比例下降,由于压气机增压比降低,低压压气机的气流攻角加大,而高压压气机的气流攻角减小,低压和高压压气机功之比 $w_{c,l}/w_{c,h}$ 也增加,低压和高压涡轮功之比 $w_{t,l}/w_{t,h}$ 则保持不变。当尾喷管处于亚临界状态下工作时,涡轮功之比还有所下降。这时候,如果"拆除"高低压转子之间的机械联系,低压转子则由于低压压气机负荷较"重"而进一步降低转速,高压转子则由于高压压气机负荷较"轻"而稍微提高转速。转速的重新调整保证了低压压气机功与高压压气机功之比达到涡轮所维持的比值。又譬如,发动机转速不变,压气机进口温度 T_2^* 增加使发动机相似参数降低时,压气机增压比降低,也将引起低压与高压压气机功之比 $w_{c,l}/w_{c,h}$ 增加。这时候若保持高压转子转速不变,低压转子转速必将降低;若保持低压转子转速不变,高压转子转速必将有所增加。高低压转子转速的自动调整,正是为改善压气机在非设计状态下工作所需要的。这就使得双轴发动机的压气机前后几级在非设计状态下耗量系数 c_z 和流入角与设计值的偏离比单轴发动机的压气机小得多,这从根本上决定了在非设计状态下双轴发动机比单轴发动机工作时有明显的优越性。

双轴发动机与单轴发动机相比,具有如下优点:

(1) 双轴发动机与具有相同增压比的单轴发动机相比,可以使压气机在更广阔的转速相似参数范围内稳定的工作,这是防止压气机喘振的有效措施之一。

(2) 双轴发动机在低转速下具有较高的压气机效率和较低的涡轮前燃气温度,因此双轴发动机在低转速工作时的耗油率要比单轴发动机低得多。

(3) 双轴发动机与单轴发动机相比,由于在低转速时具有较低的涡轮前燃气温度,而且压气机不易产生喘振,因而在加速时可以喷入更多的燃料,使双轴发动机具有良好的加速性。

(4) 双轴发动机在起动时,起动机只需要带动一个转子,与同样参数的单轴发动机相比,可以采用功率较小的起动机。

目前,有的双轴发动机同时采用可调导流叶片或压气机放气结构,其压气机设计增压比可达到 20 以上。也有的发动机采用了三轴的结构形式,其工作原理与双轴发动机是相同的。

高低压压气机之间压缩功的分配如果相差悬殊,必然会失去使用双轴发动机的优越性,而与单轴发动机特性相接近。因此,压缩功在高低压压气机之间的分配不应相差太大。压缩功的分配主要根据高压涡轮和低压涡轮的级数以及各级涡轮功的大小来确定。例如,发动机使

用二级涡轮,高低压压气机分别由一级涡轮带动,由于高压涡轮在较高的燃气温度下工作,高压涡轮功应该大于低压涡轮功,因此高压压气机的压缩功就应该大于低压压气机的压缩功。又例如,发动机有三级涡轮,低压压气机可以由一级或二级涡轮带动,如用二级涡轮带动低压压气机,那么低压压气机的压缩功将大于高压压气机的压缩功。

高低压转子转速的大小分别由其本身的限制条件来确定,如压气机进口叶尖相对 Ma 的大小、叶片强度等。由于高压压气机进口空气温度大于低压压气机进口空气温度,而高压涡轮进口燃气温度则大于低压涡轮进口燃气温度,因此高压转子的转速一般都大于低压转子的转速。

思考题

(1) 为什么要采用双轴发动机?
(2) 高低压压气机之间压缩功怎样分配?
(3) 高低压转子的转速如何选择?

6.2 稳态下各部件的相互制约

可以把双轴发动机的高压转子看成一台单轴发动机,低压压气机出口的气体参数就是这台单轴发动机的进口参数,把低压涡轮导向器最小截面作为这台单轴发动机的尾喷管临界截面。因此,高压转子各部件工作的相互制约以及在设计状态下的部件匹配等问题与一般单轴发动机完全相同。此处着重讨论低压转子的工作情况。由于低压压气机和低压涡轮之间存在着高压转子,因此高压转子的工作情况直接影响低压转子的工作。

6.2.1 低压压气机特性图上共同工作线的位置

同样可以把双轴发动机的低压转子看成一台单轴发动机,它与一般单轴发动机所不同的是,在低压压气机与低压涡轮之间本应存在燃烧室的地方却被高压转子所代替,使得气流从低压压气机流出以后在进入低压涡轮之前总压有了进一步升高,其升压比为 p_{45}^*/p_{25}^*(脚注 25 代表高压压气机进口截面,脚注 45 代表高压涡轮出口截面)。低压转子的低压涡轮导向器截面积的设计是考虑到有这样一个升压比 p_{45}^*/p_{25}^*。当双轴发动机关小油门时,高压转子的转速和低压转子的转速同时降低,升压比 p_{45}^*/p_{25}^* 也随之下降。

假设当发动机转速降低时,高压转子的升压比能够保持不变,那么低压压气机特性图上共同工作线的位置与一般单轴发动机相同。事实上,当发动机转速降低时,升压比降低,由于低压压气机出口的气流在通过高压转子时不能得到足够的压缩,致使低压涡轮导向器截面积太小,低压压气机出口气流不能通畅地流过低压涡轮导向器。因此,当低压转子转速降低时,低压压气机在特性图上共同工作线的位置由于受到升压比降低的影响而趋近喘振边界。图 6.2 给出了双轴发动机低压

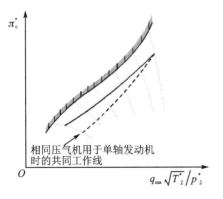

图 6.2 双轴发动机低压压气机特性图上共同工作线的位置

压气机特性图上共同工作线的位置,为了进行比较,同样画出了该压气机用于一般单轴发动机时的共同工作线位置,如图中的虚线所示。

6.2.2 尾喷管临界截面积的大小对双轴发动机工作的影响

由于双轴发动机的低压转子和高压转子之间没有机械联系,因此燃油自动调节器只能保证低压转子转速 n_l 或高压转子转速 n_h 二者之一为常数。

现分析双轴发动机在一定的飞行条件下工作时,若燃油自动调节器保持低压转子转速 n_l 为常数,减小发动机尾喷管临界截面积 A_8 对双轴发动机工作的影响。减小发动机尾喷管临界截面积 A_8,首先使得低压涡轮膨胀比减小,为了不让低压转子转速下降,燃油自动调节器增加主燃烧室的供油量使高压涡轮前燃气温度 T_4^* 增加,于是高压转子转速上升了,低压涡轮进口的总压 p_{45}^* 和总温 T_{45}^* 亦随之增加,这就保证了低压转子转速保持不变。高压转子转速上升以后,通过发动机的空气流量增加了。对于低压压气机来说,转速不变,而通过低压压气机的空气流量却增加了,这就使得低压压气机在特性图上工作点的位置远离喘振边界。反之,增加发动机尾喷管临界截面积 A_8,低压压气机在特性图上工作点的位置则移向喘振边界。这个规律与一般单轴发动机恰恰相反。图 6.3 给出了不同尾喷管临界截面积时,低压压气机特性图上共同工作线的位置。

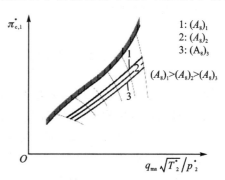

图 6.3 不同尾喷管临界截面积,双轴发动机的低压压气机特性图上共同工作线的位置

思考题

(1) 同一台压气机,若作为双轴发动机的低压压气机和作为单轴发动机的压气机,两者的共同工作线位置有什么不同?为什么?

(2) 其他条件不变时,减小双轴涡轮喷气发动机的尾喷管出口截面积,保持低压转子转速不变,低压压气机特性图上的共同工作点位置如何变化?为什么?

(3) 一台双轴涡轮喷气发动机,在地面标准大气条件下试车时保持低压转子转速不变,若减小双轴涡轮喷气发动机的尾喷管出口截面积,则以下哪项正确?

A. 高压转子转速将下降

B. 低压压气机增压比将减小

C. 低压压气机特性图上的共同工作点将移向喘振边界

D. 高压压气机特性图上的共同工作点将移向喘振边界

6.3 设计状态下的部件匹配

6.3.1 高压转子

双轴发动机的高压转子可以看做一台单轴发动机。对于高压转子来说,低压涡轮导向器最小截面积起着一般单轴发动机的尾喷管临界截面积的作用,它的大小直接影响高压涡轮的膨胀比。在高压转子中各个部件的相互匹配问题与一般单轴发动机相同,可参考第5章的内容。

6.3.2 低压转子

此处将着重讨论低压转子与高压转子的相互匹配以及低压压气机与低压涡轮的匹配问题。现认为高压转子各部件已经作为一台单轴发动机调试完毕,其部件已经能够在设计状态下匹配工作。

首先,讨论低压转子与高压转子的相互匹配。当双轴发动机在标准大气条件下工作时,可以通过燃油流量 q_{mf} 和尾喷管临界截面积 A_9 使高压转子和低压转子的转速都达到设计值。此时低压转子与高压转子的相互匹配主要表现为通过低压压气机的空气流量和通过高压转子的空气流量应相匹配,低压压气机在特性图上的工作点处于设计位置,低压压气机的增压比达到设计值。对于新设计试制的双轴发动机,在调试中若产生低压压气机的空气流量和高压转子的空气流量不相匹配的情况,可以在适当的范围内改变低压转子或高压转子的转速。如果不相匹配的情况比较严重,无法用改变转速的方法加以修正,则需要修改低压压气机或高压转子的部件设计。

其次,讨论低压压气机与低压涡轮的匹配。低压压气机与低压涡轮的相互匹配主要表现为低压涡轮产生的功率应与低压压气机消耗的功率相当。在一般情况下,改变双轴发动机尾喷管临界截面积的大小,可以改变低压涡轮膨胀比和低压涡轮产生的功率。但是当低压涡轮的功率与低压压气机消耗的功率相差太远时,仍用改变尾喷管临界截面积的方法进行调整会降低涡轮的效率。在这种情况下,必须修改低压涡轮的设计,使低压涡轮功率与低压压气机功率相匹配。

6.4 双轴发动机的调节规律

和单轴发动机一样,双轴发动机最大状态调节规律也可分为尾喷管面积可调和不可调两种情况。尾喷管出口面积可调的调节规律能较好地发挥发动机性能的潜力,但调节机构复杂。尾喷管出口面积不可调时,只有供油量一个调节中介,所以只能保证一个被调参数随飞行条件按一定规律变化。

现只讨论尾喷管出口面积不可调($A_9=$const)时的调节规律。常用的有:
① 保持低压转子转速不变的调节规律:$n_l=$const,$A_9=$const;
② 保持高压转子转速不变的调节规律:$n_h=$const,$A_9=$const;
③ 保持涡轮前温度不变的调节规律:$T_4^*=$const,$A_9=$const;
④ 保持发动机压比 EPR 不变的调节规律:$p_5^*/p_2^*=$const,$A_9=$const。

对于尾喷管出口面积不可调的双轴涡轮喷气发动机来说,当发动机保持某一个转速不变时,随着飞行状态的变化,就靠另一个转子转速的改变来使压气机的功重新分配,以适应涡轮功的比值。在以下的讨论分析中,均假设尾喷管为临界或超临界工作状态。尾喷管出口面积不可调的这4种调节规律的比较见图 6.4(a)~6.4(d)。图中的 T_2^* 反映了飞行高度和飞行 Ma 的变化。

下面以调节规律①$n_l=$const 为例来解释曲线变化的原因。当 T_2^* 增加,保持 n_l 不变,

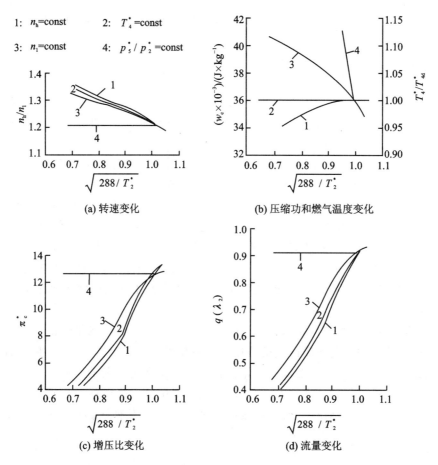

图 6.4 尾喷管出口面积不可调时 4 种调节规律的比较

$n_{1,\mathrm{cor}} = \sqrt{288/T_2^*}$ 减小,低压转子的共同工作点沿共同工作线向下移动,$q(\lambda_2)$ 减小,低压压气机"加重"了。要保持低压转子转速不变,在涡轮膨胀比 π_{tl}^* 不变时,T_4^* 必须加大,这就使得高压转子的转速加大,转速比 n_h/n_1 加大,但因 T_2^* 增加,所以总的增压比 π_c^* 仍是下降的。可以看出,采用 $p_5^*/p_2^* =$ const 的调节规律,由于它保持了相似工作状态,当 T_2^* 增大时,T_4^* 成比例地增加,当 T_4^* 超过限制值时,可以保持较低的 p_5^*/p_2^*,避免 T_4^* 超过规定。

比较这 4 种调节规律,其优缺点分别是:

调节规律①,保持低压转子转速不变,而高压转子的转速和涡轮前燃气温度的变化都不太大。在飞行 Ma 加大时,T_2^* 增加,T_4^* 会提高,如果涡轮叶片强度允许的话,可以得到较大的推力。

调节规律②,随着飞行高度的增加,T_2^* 下降,高压转子转速保持不变,低压转子的转速将增大,这就减缓了高度增加时推力的降低。

调节规律③,$T_4^* =$ const,$A_9 =$ const,这种调节规律是介于上面两种调节规律之间的调节规律。随着飞行 Ma 的增加,在 $T_4^* =$ const 时,两个涡轮的功是不变的。在 T_2^* 增大时,低压压气机需要的功加大,低压涡轮功就显得不够了,因此低压转子的转速下降。高压压气机需要的功减小,高压涡轮功显得太大,所以高压转子的转速升高,转子的转速比 n_h/n_1 增加。这种调节规律的主要优点是发动机始终允许在最大热负荷条件下工作，推力也较大。

在实际使用中，有时用几种调节规律的组合，如在某一飞行范围里用 $n_1=$ const 的调节规律，而在其他飞行范围里用 $n_h=$ const 的调节规律。

调节规律④，$p_5^*/p_2^*=$ const，$A_9=$ const，当压气机进口温度变化时，转速比 n_h/n_1 不变，压气机增压比不变，$q(\lambda)$ 不变。其他各参数的相似参数保持不变。当 T_2^* 变化时，T_4^* 成比例地随之变化，因此当 T_2^* 较低时，T_4^* 也较低。为了能充分发挥发动机的推力潜力，应使 p_5^*/p_2^* 随 T_2^* 的变化保持在不同的数值上，使 T_4^* 既不致过低也不致超过限制值。

6.5 双轴发动机的特性

6.5.1 转速特性

在任意工作状态下，双轴涡轮喷气发动机的两个转子转速互不相同，但两者之间有着对应的关系。图 6.5 所示为某一台双轴涡轮喷气发动机两个转子转速的相互关系。例如，图中低压转子转速相对值为 0.8 时，高压转子转速相对值为 0.9。由于两个转子之间有这样一个单值关系，所以通过研究双轴发动机的推力和耗油率随任一个转子转速的变化关系，就可以得到双轴涡轮喷气发动机的转速特性。

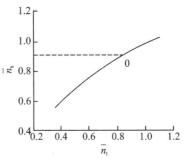

图 6.5 某双轴涡轮喷气发动机两个转子转速的相互关系

图 6.6 所示是某双轴涡轮喷气发动机台架试车得到的转速特性。从图中可以看出，双轴发动机转速特性的变化规律与一般单轴发动机基本相同。图上还画出了涡轮前燃气温度随低压转子转速的变化曲线。从图中可以看出，在中低转速下，双轴发动机具有较低的涡轮前燃气温度，这主要是在中低转速下双轴发动机的压气机效率比单轴发动机高的缘故，如图 6.7 所示。由于双轴涡轮喷气发动机在中等转速下涡轮前燃气温度较低，而且压气机效率较高，所以它与设计参数相同的单轴涡轮喷气发动机相比，其耗油率 sfc 在较宽广的工作范围内比单轴涡轮喷气发动机低。这是双轴涡轮喷气发动机转速特性的重要特点。

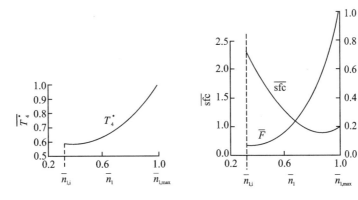

图 6.6 某双轴涡轮喷气发动机的转速特性

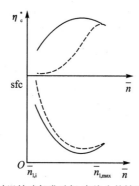

注:实线为双轴涡轮喷气发动机,虚线为单轴涡轮发动机

图 6.7 单轴发动机与双轴发动机 η_c^* 和 sfc 的比较

6.5.2 速度特性

双轴涡轮喷气发动机的速度特性也和发动机的调节规律有关。图 6.8 给出了飞行高度为 6 km 时 3 种不同调节规律下的速度特性。该发动机以地面静止状态为发动机的设计状态,$\pi_{c,d}^* = 12, T_{4\max,d}^* = 1\,400$ K。

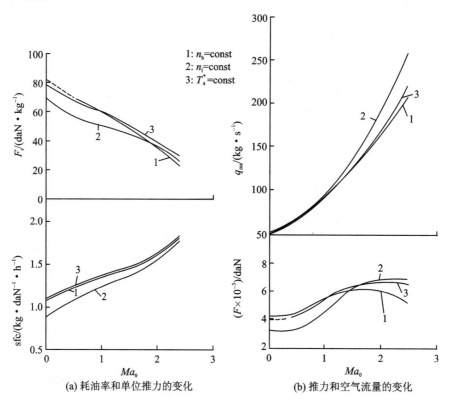

(a) 耗油率和单位推力的变化   (b) 推力和空气流量的变化

图 6.8 不同调节规律下双轴涡轮喷气发动机的速度特性

在 $n_1 =$ const,$A_8 =$ const 的调节规律下,当飞行 Ma 增大时,速度冲压增加,压气机进口的气流总温 T_2^* 增加。在讨论调节规律时曾经提到,这时 n_h 和 T_4^* 都将增大,$n_1/\sqrt{T_2^*}$ 愈低,

T_4^* 愈高。因此，采用这种调节规律时，T_4^* 的最大值是在最大飞行 Ma 时达到。当飞行 Ma 小于最大飞行 Ma 时，T_4^* 将低于 $T_{4\max}^*$。由图 6.8(a)可见，这种调节规律的单位推力在低飞行 Ma 范围内将低于其他两种调节规律。在同样的飞行条件下，这种调节规律的 $q(\lambda_2)$ 较高，因此，空气流量最大。综合单位推力和空气流量的变化规律，采用 $n_1=\mathrm{const}$ 的调节规律在高飞行 Ma 下推力较大，而在低飞行 Ma 下的推力较低。显然，对于要求在高飞行 Ma 下推力性能好的发动机，采用这种调节规律比较合适。

在 $n_h=\mathrm{const}$ 的调节规律下，随着飞行 Ma 的增大，n_1 和 T_4^* 都将减小。因此，若地面设计状态时 T_4^* 为最大值 $T_{4\max}^*$，则在飞行中，当 $n_h/\sqrt{T_2^*}$ 小于设计值时，T_4^* 将低于 $T_{4\max}^*$；而当 $n_h/\sqrt{T_2^*}$ 大于设计值时，T_4^* 将超过设计所允许的 $T_{4\max}^*$，实际上这是不允许的，如图 6.8(a)中虚线所示。这种调节规律的单位推力低于 $T_4^*=\mathrm{const}$ 的调节规律，在高飞行 Ma 时，还可能低于 $n_1=\mathrm{const}$ 的调节规律。和其他两种调节规律相比，在 $n_h=\mathrm{const}$ 的调节规律下，$q(\lambda_2)$ 值最小，q_{ma} 最小。综合单位推力和空气流量的变化，它的推力在低飞行 Ma 时较高，而在高飞行 Ma 时较低。

$T_4^*=\mathrm{const}$ 的调节规律的单位推力将高于上述两种调节规律，空气流量和推力的变化介于上述两种调节规律之间。

至于耗油率的变化规律，$n_h=\mathrm{const}$ 和 $T_4^*=\mathrm{const}$ 这两种调节规律基本上相同。这是因为在高的飞行 Ma 下，$n_h=\mathrm{const}$ 的 T_4^* 较高，而 $T_4^*=\mathrm{const}$ 的增压比较高，两者对耗油率的影响大体相同。在低飞行 Ma 下这两种调节规律的参数很接近。$n_1=\mathrm{const}$ 的调节规律在大部分飞行 Ma 下的 T_4^* 较低，增压比较高，所以耗油率也比较低。

6.5.3 高度特性

可用 $n_1=\mathrm{const}$ 和 $n_h=\mathrm{const}$ 两种调节规律来说明双轴涡轮喷气发动机的高度特性。图 6.9(a)所示是 $n_1=\mathrm{const}$ 调节规律下的高度特性。

由图可知，当飞行高度小于 11 km 时，随着飞行高度增加，T_0 减小，$n_1/\sqrt{T_2^*}$ 增大，这种调节规律下的 n_h 和 T_4^* 都将减小。更主要的是大气密度减小，所以推力随飞行高度升高而减小。

图 6.9(b)所示是 $n_h=\mathrm{const}$ 调节规律下的高度特性。图中所示的发动机是以 11 km 为

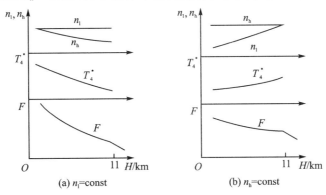

图 6.9 双轴涡轮喷气发动机的高度特性

设计高度,这时的 T_4^* 和 n_1 为最大值。飞行高度低于 11 km 时,T_4^* 和 n_1 将小于最大值。当飞行高度高于 11 km 时,T_4^* 和 n_1 将保持不变。随着飞行高度的增加,发动机推力主要是因大气密度的减小而降低。

思考题

(1) 若保持低压转子转速不变,当飞行速度增加时,高压转子转速和涡轮前燃气温度如何变化? 当飞行高度增加时,高压转子转速和涡轮前燃气温度如何变化?

(2) 双轴发动机的转速特性与单轴发动机的转速特性相比有什么特点?

(3) 一台双轴涡轮喷气发动机保持 $n_1=\text{const}$,$A_9=\text{const}$,在高空($H \leqslant 11$ km)以等飞行 Ma 爬高时将发生以下哪种变化?

A. n_h 增大   B. n_h 不变   C. T_4^* 降低   D. T_4^* 不变

6.6 双轴发动机的台架调试

成批生产的双轴发动机在地面台架试车时需要检查和调整高压涡轮导向器面积 $A_{t,h}$、低压涡轮第一级导向器面积 $A_{t,l}$ 以及尾喷管临界截面积 A_8。

把高压转子看成一台单轴发动机,低压压气机出口的气体参数就是单轴发动机(高压转子)进口的气体参数,低压涡轮第一级导向器最小截面对于高压转子来说相当于单轴发动机的尾喷管最小截面积。在台架调试过程中首先要把高压转子调整好,即把高压涡轮导向器面积 $A_{t,h}$ 和低压涡轮第一级导向器面积 $A_{t,l}$ 调整好,然后进一步调整双轴发动机尾喷管临界截面积 A_8。

根据单轴发动机的工作原理可知,当高压转子的转速相似参数保持一定时,调整高压涡轮导向器面积 $A_{t,h}$ 和低压涡轮第一级导向器面积 $A_{t,l}$ 可以改变压气机的增压比 π_c^* 和涡轮前燃气温度相似参数。当高压转子调整完毕后,须再进一步调整双轴发动机尾喷管临界截面积 A_8,使高低压转子转速差保持在规定的范围内。

6.6.1 台架调试的依据——标准发动机

成批生产发动机进行台架调试的依据是一台经过挑选鉴定的标准发动机,录取标准发动机的转速特性线如图 6.10 所示。在标准发动机特性曲线的两侧取公差带,成批生产发动机调整后的参数进入公差带内就认为发动机调整合格。

6.6.2 台架调试的要求

台架调试可以调整 $A_{t,h}$,$A_{t,l}$,A_8 三个截面积,使得 $\pi_{c,h}^*$,T_4^*/T_2^* 和 $n_h/\sqrt{T_2^*}$ 三个参数符合要求。成批生产的发动机往往在装配中规定高压涡轮导向器面积在较小的公差范围内,因而一般情况下在试车中不去检查高压压气机的增压比 $\pi_{c,h}^*$,对高压涡轮导向器面积 $A_{t,h}$ 也不做调整。成批生产的发动机在台架试车时要求检查涡轮前燃气温度相似参数 T_4^*/T_2^*,若不符合要求,则返回装配车间调整低压涡轮第一级导向器面积 $A_{t,l}$。这种调整在有的工厂中俗称为转差调整。在高压转子调整完毕后,在检验试车中调整尾喷管最小截面积 A_8,使高低压转子的转速差保持在规定的范围内。

6.6.3 台架调试的具体步骤

台架调试的具体步骤如下：

（1）录取最大工作状态性能

原则上说，有了标准发动机的转速特性线，被检查的成批生产发动机可以录取其任意一个转速下的性能参数进行检查。实际上，往往规定录取最大工作状态（$n_1 = n_{1,\max}$）的性能参数或换算转速为最大值（$n_{1,\mathrm{cor}} = n_{1,\mathrm{cor},\max}$）的性能参数。记录参数为 $n_1, n_\mathrm{h}, T_4^*, \pi_{\mathrm{c,h}}^*$。

（2）算出上述参数的相似参数或换算参数：$n_1/\sqrt{T_2^*}$，$n_\mathrm{h}/\sqrt{T_2^*}$，$T_4^*/T_2^*$，$\pi_{\mathrm{c,h}}^*$ 或 $n_1\sqrt{288/T_2^*}$，$n_\mathrm{h}\sqrt{288/T_2^*}$，$288 T_4^*/T_2^*$，$\pi_{\mathrm{c,h}}^*$，并在标准发动机转速特性图上做出相应的工作点，检查工作点是否落在标准发动机特性曲线两侧允许的公差范围内。

（3）为了得到标准大气条件下最大工作状态的 T_4^*，将上面计算中算出的工作点沿标准发动机的转速特性曲线平行的移动，直到高压转子转速相似参数达到设计值，如图 6.10 所示，查出相应的参数：$n_1/\sqrt{T_2^*}$，T_4^*/T_2^*，$\pi_{\mathrm{c,h}}^*$，并算出 T_4^* 数值，记入试车记录单。

严格地说，首先应该检查低压转子转速相似参数 $n_1/\sqrt{T_2^*}$。用改变尾喷管最小截面积 A_8 的方法使高压转子转速相似参数 $n_\mathrm{h}/\sqrt{T_2^*}$ 达到设计值，此时低压转子转速相似参数 $n_1/\sqrt{T_2^*}$ 也达到设计值。但是在实际调试过程中，有时可以不去检查和调整低压转子转速相似参数 $n_1/\sqrt{T_2^*}$，而直接检查涡轮前燃气温度相似参数 T_4^*/T_2^*。

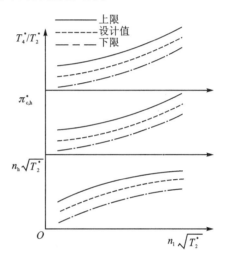

图 6.10 标准发动机特性曲线

这是因为，低压转子转速的变化影响高压转子的进口总温 T_{25}^*，但高压转子是一台低设计增压比的单轴发动机，大量试验已经证明，当低设计增压比的单轴发动机在最大工作状态附近工作时，单轴发动机进口温度的变化对转速和 T_4^* 之间的相互影响甚微。

思考题

成批生产双轴发动机时，如何利用标准双轴发动机的转速特性来检查和调整高压涡轮导向器面积 $A_{\mathrm{t,h}}$、低压涡轮第一级导向器面积 $A_{\mathrm{t,l}}$ 以及尾喷管临界截面积 A_8？

第 7 章 涡轮风扇发动机

7.1 概 述

涡轮风扇发动机简称涡扇发动机,又称为双路式涡轮喷气发动机或内外涵式涡轮喷气发动机,是目前广泛使用的航空燃气轮机之一。

20 世纪 50 年代初期用涡轮螺桨发动机代替活塞式航空发动机,并将其用于旅客机和运输机。但是由于当时的涡轮螺桨发动机螺桨设计的原因,其不适宜于在高亚声速条件下飞行。为了提高飞机的飞行速度,20 世纪 50 年代中期开始发展涡轮风扇发动机。

涡轮风扇发动机有内外两个涵道,在内涵燃气发生器后面增加动力涡轮,将燃气发生器产生的一部分或大部分可用功通过动力涡轮传递给外涵通道中的压气机(或称风扇)。

涡轮风扇发动机的优点:涡轮风扇发动机的外涵风扇处于飞机进气道内,可以在跨声速或超声速飞行时工作,避免了螺桨在高亚声速飞行时效率低的缺点。它与涡轮喷气发动机相比,由于将可用功分配给较多的空气,降低了尾喷管气流的喷射速度,提高了发动机的推进效率,增大了发动机的推力。采用涡轮风扇发动机后,为提高热效率而提高涡轮前燃气温度不会给推进效率带来不利影响。因此,现在高亚声速旅客机和运输机用的涡轮风扇发动机出现了"三高"的趋势,即高涡轮前燃气温度 T_4^*、高压气机设计增压比 π_c^* 和高涵道比 B(外涵气流量与内涵气流量之比)。

图 7.1 GE90 大涵道比分排涡轮风扇发动机的外形图

发动机工作动图

20 世纪 60 年代以来,涡轮风扇发动机得到了迅速发展,目前它已取代涡轮喷气发动机和涡轮螺桨发动机成为高亚声速旅客机和运输机的主要动力装置。图 7.1 所示为美国通用电气公司(GE 公司)的 GE90 大涵道比分排涡轮风扇发动机的外形图,其涡轮前燃气温度 T_4^* 为 1 700 K,压气机设计增压比 π_c^* 为 39.3,涵道比 B 为 8.4,空气流量为 1 420 kg/s,起飞推力高达 34 250~38 920 daN。

将涡轮风扇发动机的外涵空气与内涵涡轮后燃气相掺和,并进行加力燃烧,就成为加力涡轮风扇发动机。目前,加力涡轮风扇发动机已经作为超声速战斗机和超声速运输机的动力。涡轮风扇发动机还用于垂直起落和短距离起落的飞机。

思考题

为什么要采用涡轮风扇发动机?它与涡轮喷气发动机有什么区别?

7.2 各类涡轮风扇发动机

7.2.1 后风扇涡轮风扇发动机

早期由涡轮喷气发动机改型的涡轮风扇发动机曾经采用过后风扇的结构,如美国 J-79 涡轮喷气发动机的民用型 CJ-805,在其后加装带有风扇叶片的自由涡轮后,就成为 CJ-805-23 型后风扇涡轮风扇发动机。这种涡轮风扇发动机的外涵压气机(风扇)叶片连接在自由涡轮的涡轮叶片上,如图 7.2 所示。

这种发动机的外涵风扇叶片与内涵涡轮叶片设计成一个零件,风扇叶片必需使用与涡轮叶片相同的耐热合金材料,叶片形状复杂,加工困难。由于叶片很长,在叶片振动和强度方面的问题就比较多,为了避免由于叶片过长而引起的问题,外涵空气流量就不可能太大。后风扇涡轮风扇发动机虽然曾经试制成功,但是并没有推广使用。实际应用的涡轮风扇发动机都采用前风扇的结构。

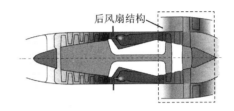

图 7.2 后风扇涡轮风扇发动机

7.2.2 前风扇涡轮风扇发动机

1. 分开排气的涡轮风扇发动机

目前使用的涡轮风扇发动机大都采用前风扇结构,前风扇结构的涡扇发动机往往从双轴涡轮喷气发动机发展而来,将低压压气机前一级或前面数级叶片加长,加长部分的压气机叶片就成为外涵通道中的风扇压气机。例如美国早期使用的 JT-3D 涡轮风扇发动机就是从双轴发动机 J-57 发展而来的,这种发动机的简图如图 7.3 所示。

初期发展的分开排气涡轮风扇发动机,其涵道比低于 1。随着燃气发生器设计参数的不断提高,涵道比也相应增大。

这种内外涵分开排气的涡轮风扇发动机已经广泛应用于高亚声速旅客机和运输机上。在发展过程中,这种发动机设计参数的特点是,提高压气机增压比和涡轮前燃气温度以提高热效率,提高涵道比以提高推进效率。

大涵道比的涡扇发动机,风扇直径大,为了保证风扇叶尖切线速度在合理的范围内,低压转子的设计转速必然降低。这对低压转子上风扇后面的各级压气机(处于内涵道,称为中压压气机)的工作不利,由于叶尖切线速度低,不能采用较高的级增压比。因此,对于大涵道比的涡轮风扇发动机,采用三轴的结构方案较为合理,如英国的 RB211 发动机,其原理简图如图 7.4 所示。

2. 混合排气涡轮风扇发动机

在民用航空领域里,随着涵道比的不断提高,不再采用混合排气的方案。在军用航空领域里,由于需要加力燃烧,所以涵道比都选取较低的数值。图 7.5 所示为混合排气涡轮风扇发动机简图,这种发动机的外涵空气与内涵涡轮后燃气相掺和,有利于增加推力和降低噪声。如英国"斯贝"发动机就属于这一类型,"斯贝"发动机的涵道比仅为 0.6 左右。军用歼击机为了便

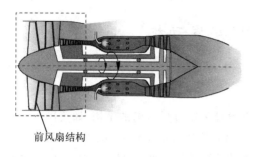
图 7.3 前风扇分开排气涡轮风扇发动机

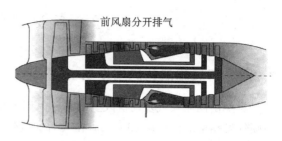
图 7.4 三轴式前风扇分开排气涡轮风扇发动机

于安装加力燃烧室,都使用小涵道比混排涡轮风扇发动机,目前使用中的军用混排加力涡扇发动机的涵道比一般均低于 1.0,为 0.2~0.4。

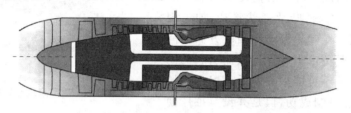
图 7.5 混合排气涡轮风扇发动机

3. 带加力燃烧室的混合排气涡轮风扇发动机

带加力燃烧室的混合排气涡轮风扇发动机用于军用歼击机和超声速民用飞机,其简图如图 7.6 所示。

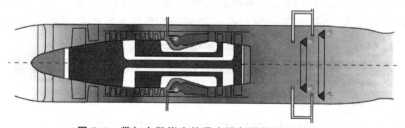
图 7.6 带加力燃烧室的混合排气涡轮风扇发动机

7.3 涡轮风扇发动机的性能指标

涡轮风扇发动机的性能指标主要包括涵道比 B、功分配系数 x、内外涵的单位推力、总推力和耗油率,对他们的定义如下。

涡轮风扇发动机
涵道比介绍

1. 涵道比 B

通过外涵风扇的空气流量 q_{ma2} 与通过内涵燃气发生器的空气流量 q_{ma1} 之比称为涡轮风扇发动机的涵道比,用 B 表示,即

$$B = \frac{q_{ma2}}{q_{ma1}} \quad (7.3.1)$$

根据飞机和燃气发生器的参数,合理地选择涵道比是保证涡扇发动机具有良好性能的重要条件。

2. 功分配系数 x

涡轮风扇发动机内涵燃气发生器的可用功一部分传给外涵风扇,余下的部分用来增加内涵尾喷管中燃气的动能。传给外涵的可用功 w_2 与全部可用功 w 之比称为涡轮风扇发动机的功分配系数,用 x 来表示,即

$$x = \frac{w_2}{w} \tag{7.3.2}$$

传给外涵每千克空气的功以 w_b 表示,为

$$w_b = \frac{w_2}{B} \eta_m \eta_t^* \eta_f^* = \frac{x}{B} w \eta_m \eta_t^* \eta_f^* \tag{7.3.3}$$

式中,η_m 为涡轮带动风扇的机械效率,η_t^* 为带动风扇的涡轮效率,η_f^* 为风扇效率。

3. 推 力

(1) 内涵的单位推力 F_{s1}

分开排气涡轮风扇发动机内涵气流在其尾喷管内膨胀,以速度 c_{91} 喷出,其内涵的单位推力由下式确定,即

$$F_{s1} = c_{91} - c_0 \tag{7.3.4}$$

(2) 外涵的单位推力 F_{s2}

分开排气涡轮风扇发动机外涵气流在其尾喷管内膨胀,以速度 c_{92} 喷出,其外涵的单位推力由下式确定,即

$$F_{s2} = c_{92} - c_0 \tag{7.3.5}$$

(3) 总推力 F

这种涡轮风扇发动机的总推力为

$$F = F_1 + F_2 = q_{ma1} F_{s1} + q_{ma2} F_{s2} \tag{7.3.6}$$

涡轮风扇发动机的单位推力有两种表示方法,而且加力和不加力发动机的单位推力的计算公式是不同的,一种是发动机总推力和内涵空气流量之比;另一种是发动机总推力和内外涵总空气流量之比。

对于不加力涡轮风扇发动机,用发动机总推力和内涵空气流量之比来表示发动机的单位推力比较合理。这样,相当于把外涵作为发动机的推进器,与涵道比为零的涡轮喷气发动机相比可以看出,采用涡轮风扇发动机方案后,单位推力和推力增大。不加力涡轮风扇发动机的单位推力为

$$F_s = \frac{F}{q_{ma1}} = F_{s1} + B F_{s2} \tag{7.3.7}$$

对于加力涡轮风扇发动机,用发动机总推力和内外涵总空气流量之比来表示发动机的单位推力比较合理。这样,便于和加力涡轮喷气发动机以及冲压式发动机的单位推力进行比较。加力涡轮风扇发动机的单位推力为

$$F_{s,af} = \frac{F_{af}}{q_{ma1} + q_{ma2}} \tag{7.3.8}$$

4. 耗油率 sfc_{af}

涡轮风扇发动机的耗油率为每小时燃油流量与发动机总推力之比。耗油率分加力和不加力两种情况。对于不加力涡轮风扇发动机,耗油率为

$$\text{sfc} = \frac{3\,600 q_{mf}}{F} = \frac{3\,600 f}{F_s} \tag{7.3.9}$$

对于加力涡轮风扇发动机,耗油率为

$$\text{sfc}_{af} = \frac{3\,600(q_{mf} + q_{mf,af})}{F_{af}} = \frac{3\,600[q_{ma1}f + (q_{ma1} + q_{ma2})f_{af}]}{F_{af}} \tag{7.3.10}$$

或

$$\text{sfc}_{af} = \frac{3\,600\left(\dfrac{f}{1+B} + f_{af}\right)}{F_{s,af}} \tag{7.3.11}$$

式中,f_{af} 为外涵空气与内涵燃气渗混后在加力燃烧室中加入每千克空气的燃油量。

7.4 涡轮风扇发动机的设计参数选择

7.4.1 内涵燃气发生器设计参数选择

合理地选择内涵燃气发生器过程参数的设计值是为了尽可能地提高内涵燃气发生器的可用功 w,以减轻发动机的质量,并尽可能地提高内涵燃气发生器的热效率 η_t,以降低耗油率。选择内涵燃气发生器的步骤如图 7.7 所示。

图 7.7 选择内涵燃气发生器的步骤

根据前面的分析可知,提高涡轮前燃气温度 T_4^*,对于提高发动机的可用功 w 和发动机的热效率 η_t 都是有利的。因此,设计涡轮螺桨发动机时,在使用寿命允许的条件下,应该尽可能地提高涡轮前的燃气温度 T_4^*。为了降低耗油率,往往选择较高的压气机增压比,使其接近最经济增压比。选用较高的压气机增压比以后,必须采取相应的压气机防喘措施,如双轴结构、可调压气机整流叶片、压气机中间级放气等。

7.4.2 分排涡扇发动机功分配系数 x 和涵道比 B 的选择

在设计分排涡轮风扇发动机时,选择多大的涵道比,涵道比值选定以后,又应选取多大的风扇压比才能使发动机的推力为最大,这是设计者最关心的问题。在估算过程中可以看到,在一定的涵道比条件下,随着风扇增压比的增大,内涵燃气发生器的可用功 w 更多地传递给外涵风扇,内涵尾喷管中的压力也随之降低。因此外涵风扇的增压比、内涵尾喷管中的压力与传递给外涵的可用功有密切的关系。为了便于用简单的函数关系式进行推导分析,采用可用功分配系数,而不采用外涵风扇压比进行分析。

此处讨论当燃气发生器的可用功 w 为一定时,如何选择功分配系数 x 和涵道比 B 才能使涡轮风扇发动机的推力为最大。为了便于分析讨论,须写出分开排气涡轮风扇发动机单位推力对功分配系数 x 和涵道比 B 的近似函数关系式。这些函数关系式只能用于定性分析,不能用于定量的设计计算。

内涵燃气发生器的可用功 w 一部分通过涡轮和外涵风扇传递给外涵空气,其值为 xw,其余的可用功用于内涵气流的动能增量,其值为$(1-x)w$。用η_{p1}表示内涵尾喷管效率,则可得到内涵尾喷管出口燃气喷射速度c_{91},即

$$c_{91} = \sqrt{2(1-x)w\eta_{p1} + c_0^2} \tag{7.4.1}$$

用w_b表示内涵传给外涵每千克空气的功,则可得到外涵尾喷管出口空气喷射速度c_{92},即

$$c_{92} = \sqrt{2w_b\eta_{p2} + c_0^2} = \sqrt{2\frac{x}{B}w\eta_m\eta_t^*\eta_f^*\eta_{p2} + c_0^2} \tag{7.4.2}$$

由式(7.3.4)、式(7.3.5)和式(7.3.7),得到分开排气涡轮风扇发动机的单位推力为

$$F_s = F_{s1} + BF_{s2}$$

$$F_s = \sqrt{2(1-x)w\eta_{p1} + c_0^2} + B\sqrt{2\frac{x}{B}w\eta_m\eta_t^*\eta_f^*\eta_{p2} + c_0^2} - (1+B)c_0 \tag{7.4.3}$$

式(7.4.3)即为分开排气涡轮风扇发动机的单位推力与功分配系数x和涵道比B的函数关系式。

为了研究涡轮风扇发动机在性能上的优越性,合理地选择功分配系数x和涵道比B的大小,可将涡轮风扇发动机的单位推力与相同燃气发生器的涡轮喷气发动机($B=0, x=0$)的单位推力相比较。在这种情况下,式(7.4.3)中的可用功w可以用涡轮喷气发动机的尾喷管出口燃气喷射速度c_9来表示,即

$$w = \frac{c_9^2 - c_0^2}{2\eta_p}$$

并且为了分析方便起见,假设$\eta_p = \eta_{p1} = \eta_{p2}$,于是得到涡轮风扇发动机与相同燃气发生器的涡轮喷气发动机推力或单位推力的相对比值,即

$$\overline{F} = \overline{F}_s = \frac{\sqrt{1-x(c_9^2-c_0^2)} + B\sqrt{\frac{x}{B}(c_9^2-c_0^2)\eta_m\eta_t^*\eta_f^* + c_0^2} - (1+B)c_0}{c_9 - c_0} \tag{7.4.4}$$

令$A = c_0/c_9$,则式(7.4.4)可改写为

$$\overline{F} = \overline{F}_s = \frac{\sqrt{1-x(1-A^2)} + B\sqrt{\frac{x}{B}(1-A^2)\eta_m\eta_t^*\eta_f^* + A^2} - (1+B)A}{1-A} \tag{7.4.5}$$

可以证明,当A和涵道比B给定时,随着功分配系数x的变化,推力的相对比值F有一极大值。当功分配系数x很小时,F随x的增加而增加。当x达到最佳值x_{opt}时,F达到极大值F_{max};进一步增大功分配系数x,F开始下降。

将式(7.4.5)对x取偏导,并使偏导等于零,就可以得到当A, B为定值时,使推力相对比值达极大值的最佳功分配系数x_{opt},即

$$x_{opt} = \frac{B[(\eta_m\eta_t^*\eta_f^*)^2 - A^2]}{(1-A^2)(\eta_m\eta_t^*\eta_f^*)(1+B\eta_m\eta_t^*\eta_f^*)} \tag{7.4.6}$$

在一般情况下,可取$\eta_m\eta_t^*\eta_f^* = 0.75$,则$(\eta_m\eta_t^*\eta_f^*)^2 = 0.5625$,式(7.4.6)可改写为

$$x_{opt} = \frac{B(0.5625 - A^2)}{0.75(1-A^2)(1+0.75B)}$$

在地面静止条件下($c_0 = 0, A = 0$),将式(7.4.6)分别代入式(7.4.1)和式(7.4.2),并假设$\eta_p = \eta_{p1} = \eta_{p2}$,可得

$$c_{92} = c_{91} \eta_m \eta_t^* \eta_f^*$$

证明 $c_{92} = c_{91} \eta_m \eta_t^* \eta_f^*$。

证明：

在地面静止条件下（$c_0 = 0, A = 0$），式（7.4.1）和式（7.4.2）可改写为

$$c_{91} = \sqrt{2(1-x)\eta_m \eta_t^* \eta_f^* \eta_{p1} w} \tag{7.4.1a}$$

$$c_{92} = \sqrt{2 \frac{x}{B} \eta_m \eta_t^* \eta_f^* \eta_{p2} w} \tag{7.4.2a}$$

根据式（7.4.6），在 $A = 0$ 的条件下可以得到

$$x = \frac{B(\eta_m \eta_t^* \eta_f^*)^2}{\eta_m \eta_t^* \eta_f^* + B(\eta_m \eta_t^* \eta_f^*)^2}$$

$$1 - x = \frac{\eta_m \eta_t^* \eta_f^*}{\eta_m \eta_t^* \eta_f^* + B(\eta_m \eta_t^* \eta_f^*)^2}, \quad \frac{x}{B} = \frac{(\eta_m \eta_t^* \eta_f^*)^2}{\eta_m \eta_t^* \eta_f^* + B(\eta_m \eta_t^* \eta_f^*)^2}$$

将上式代入式（7.4.1a）和式（7.4.2a），并根据假设 $\eta_p = \eta_{p1} = \eta_{p2}$，可得

$$c_{91} = \sqrt{2w \frac{1}{1 + B(\eta_m \eta_t^* \eta_f^*)} \eta_{p1}}$$

$$c_{92} = \sqrt{2 \frac{x}{B} w \eta_m \eta_t^* \eta_f^* \eta_{p2}} = \sqrt{2w \frac{(\eta_m \eta_t^* \eta_f^*)^2}{1 + B(\eta_m \eta_t^* \eta_f^*)} \eta_{p2}} =$$

$$\eta_m \eta_t^* \eta_f^* \sqrt{2w \frac{1}{1 + B(\eta_m \eta_t^* \eta_f^*)} \eta_{p2}} = \eta_m \eta_t^* \eta_f^* c_{91}$$

证毕。

上式表示，在地面静止条件下，当功分配系数为最佳值时，外涵尾喷管出口气流速度 c_{92} 与内涵尾喷管出口气流速度 c_{91} 之间的关系。如果不存在机械损失和流动损失，即 $\eta_m \eta_t^* \eta_f^* = 1$，那么当功分配系数为最佳值时，内外涵尾喷管出口气流速度应该相等。事实上，总是存在机械损失和流动损失，因此当功分配系数为最佳值时，外涵尾喷管出口气流速度 c_{92} 必然低于内涵尾喷管出口气流速度 c_{91}。机械损失和流动损失越大，则功分配系数为最佳值时的外涵尾喷管出口气流速度 c_{92} 越低，就是说，应该少分配一些功到外涵去。在一般情况下，当 $\eta_m \eta_t^* \eta_f^* = 0.75 \sim 0.80$ 时，$c_{92} = (0.75 \sim 0.80) c_{91}$。

在具体设计涡轮风扇发动机时，功分配系数的选择要考虑到多方面的因素，为了减少风扇和涡轮的级数，使发动机的尺寸、质量和制造成本都尽量减小，功分配系数的选择往往比最佳值小些，即

$$c_{92} < c_{91} \eta_m \eta_t^* \eta_f^*$$

例如，美国 JT3D 分开排气涡轮风扇发动机，在设计状态下 $\eta_m \eta_t^* \eta_f^*$ 约为 0.75，而它的 c_{92}/c_{91} 约为 0.63。实际上，功分配系数的选择，往往使外涵风扇出口总压与内涵涡轮后总压相接近。

为了研究涵道比 B 对涡轮风扇发动机性能的影响，将式（7.4.6）代入式（7.4.5）中，得到最佳功分配时推力相对比值的极大值 $\bar{F}_{max}$。可以看出，最佳功分配时推力相对比值的极大值 $\bar{F}_{max}$ 是涵道比 B 和速度比 A 的函数，即

$$\overline{F}_{\max} = \frac{\sqrt{1 - \dfrac{B[(\eta_m \eta_t^* \eta_f^*)^2 - A^2]}{\eta_m \eta_t^* \eta_f^* (1 + B\eta_m \eta_t^* \eta_f^*)}} + B\sqrt{\dfrac{(\eta_m \eta_t^* \eta_f^*)^2 - A^2}{1 + B\eta_m \eta_t^* \eta_f^*} + A^2} - (1+B)A}{1 - A}$$

(7.4.7)

当速度比 A 增加时，$\overline{F}_{\max}$ 迅速降低，例如当速度比 $A=0$ 时，涵道比 $B=10$ 时，$\overline{F}_{\max} \approx 2.9$。当速度比 A 增加到 0.3，同样涵道比 $B=10$ 时，$\overline{F}_{\max}$ 降低为 1.47 左右。当速度比 A 增加到 0.5 时，$\overline{F}_{\max}$ 降低为 1.13 左右。可见当飞行速度较大（A 较大）时，与相同燃气发生器的涡轮喷气发动机相比，涡轮风扇发动机增大推力的优越性就较小了。

从上面的分析可以看出，涡轮风扇发动机涵道比 B 的选择与速度比 A 有密切的关系。为了使相同的速度比 A 对应较高的飞行速度，应该选用比功大的燃气发生器，使 c_9 提高。

一般来说，军用歼击机的飞行速度较高，速度比 A 较大，可选择较低的涵道比。运输机和旅客机飞行速度较低，涵道比可选择在 4～10 范围内。对于飞行速度更低的短程旅客机，可选用更大的涵道比。选择较大的涵道比可以获得大的起飞推力。

涵道比的选择还要考虑到其他各方面的因素，如增大涵道比会增加发动机的质量及增大发动机短舱的气动阻力等。因此，还要从飞机获得最远航程的角度全面考虑涵道比的选择。

7.4.3 混排涡扇发动机功分配系数 x 和涵道比 B 的选择

混排涡扇发动机涵道比 B 的选择方法原则上与分开排气涡轮风扇发动机涵道比 B 的选择方法相同。下面仅讨论功分配系数 x 的选择。

对于混合排气涡轮风扇发动机，其内涵燃气发生器的可用功可以通过两条途径传递到外涵去，一条途径是和分开排气涡轮风扇发动机一样，通过涡轮和外涵风扇将可用功以机械能形式传递给外涵；另一条途径是在涡轮后的混合器内，以气动热力过程形式将能量传递给外涵气流。

当涵道比确定以后，怎样选择混合排气涡轮风扇发动机通过外涵风扇传递的功分配系数？当燃气发生器的可用功 w 和涵道比 B 不变时，功分配系数 x 的变化不会影响内外涵气流渗混以后的总温和总焓。因此，功分配系数 x 的选择应该以两股气流在渗混以后得到最大总压为原则。实验证明，当外涵空气总压 p_{52}^* 与内涵燃气总压 p_5^* 相等时，渗混过程造成的总压损失最小，渗混以后得到的总压最高。

混合排气使内涵燃气喷射速度降低，动能损失减小。与分开排气相比，混合排气可以增加推力 1.5%～3.0%。实验还证明，只有当内外涵总压比 p_5^*/p_{52}^* 在 0.8～1.2 的范围内，混合排气的推力才能大于分开排气的推力。若内外涵总压相差悬殊，那么在渗混过程中必然会造成较大的总压损失，混合排气所得到的推力甚至小于分开排气所得到的推力。

采用混合排气方案不仅可以增大发动机的推力，而且可以降低发动机的噪声，便于安装加力燃烧室和采用反推力装置。因此，混合排气方案广泛应用于涵道比较小的涡轮风扇发动机上。对于涵道比较大的涡轮风扇发动机，采用混合排气方案不能显著地增加发动机的推力，却增加了发动机的结构质量，因此一般都采用分开排气的方案。

思考题

（1）怎样选择涡轮风扇发动机中燃气发生器的设计参数？

(2) 怎样选择涡轮风扇发动机的功分配系数 x 和涵道比 B？

(3) 混合排气涡轮风扇发动机设计过程中，在选定涵道比 B 以后，功分配的原则是使混合器进口内外涵的哪个参数相等？

A. 气流速度相等　　　B. 总压大体相等　　　C. 静压相等　　　D. 总焓相等

7.5　涡轮风扇发动机部件相互制约和部件匹配

7.5.1　分开排气双轴涡轮风扇发动机

双轴涡扇发动机工作时，部件相互制约和相互匹配的某些特点与双轴涡轮喷气发动机相同。例如，保持高压转子转速 n_h 为常数，减小内涵尾喷管出口截面积，使得低压转子转速 n_l 下降。又如，保持低压转子转速 n_l 为常数，减小内涵尾喷管出口截面积，使得高压转子转速 n_h 上升，并使低压压气机特性图上工作点的位置远离喘振边界。

和双轴涡轮喷气发动机一样，可以把高压转子看成一台单轴发动机，低压压气机出口气体参数就是单轴发动机（高压转子）进口的气体参数；第一级低压涡轮导向器最小截面可以看成是单轴发动机（高压转子）尾喷管的出口截面。双轴涡轮喷气发动机的尾喷管最小截面一般都处于临界或超临界状态下工作，因此，飞行 Ma 的变化不影响高、低压涡轮的膨胀比。然而由于双轴涡轮风扇发动机低压涡轮需要带动外涵风扇，焓降较大，低压涡轮后的总压和总温较低，内涵尾喷管有可能处于亚临界状态下工作。因此，高低压涡轮的膨胀比受飞行 Ma 的影响。

风扇压气机分内涵和外涵两个部分。风扇内涵部分的工作应与内涵高低压转子的工作相匹配。风扇外涵部分则要求有一定大小的外涵尾喷管出口截面积与它相匹配，这样才能使风扇压气机在设计状态下的风扇增压比达到设计值。

在设计状态下，风扇压气机内涵部分和外涵部分与其他部件若能匹配工作，风扇压气机进口流场如图 7.8 所示，这时候的涵道比为 B。

双轴涡轮风扇发动机在非设计状态下工作时，涵道比会相应地发生变化。例如，当转速降低时，通过内涵和外涵的空气流量不是成比例地减小。在内涵通道里，由于中压压气机和高压压气机降低了对空气的增压能力，使得内涵空气流量减小得更为迅速。于是出现了涵道比 B 随着发动机工作状态降低而加大的现象。当转速降低时，风扇压气机进口流场的动画如图 7.8 所示。图上流线 $a-a$ 为内外涵气流的边界线。这种变化对大涵道比的发动机更为明显。与双轴涡轮喷气发动机相比，风扇压气机进口流场的这种变化对于防止风扇压气机喘振是有利的，转速降低时风扇内涵后面通道流通能力降低，外涵起了对内涵风扇溢流放气防喘的作用。

关于这一点，可以这样来理解：同一台风扇压气机在 $B=0$（相当于双轴涡轮喷气发动机）的情况下工作时，风扇压气机的共同工作线位置靠近喘振边界；若在 $B=\infty$（相当于风扇压气机出口为固定截面积的尾喷管）的情况下工作时，风扇压气机的共同工作线位置离喘振边界较远；当涵道比 B 取某一数值时，风扇的共同工作线位置介于上述两种情况之间，如图 7.9 所示，与 $B=0$ 的情况相比较，共同工作线位置离喘振边界较远，有利于防止风扇压气机喘振。

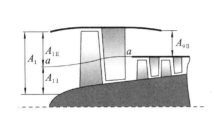

图 7.8 在设计状态下风扇压气机的进口流场

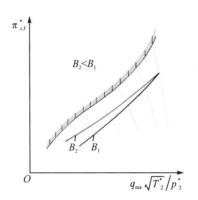

图 7.9 在不同涵道比 B 时,风扇压气机共同工作线的位置

风扇压气机在非设计状态下工作时,由于风扇压气机出口内涵部分的反压不同于外涵部分的反压,通过风扇压气机的空气流场产生了附加的径向流动。严格地说,风扇压气机在出口反压均匀的情况下,所取得的压气机特性图就不再适用了。在涡轮风扇发动机的特性计算中,忽略附加的径向流动对风扇内外涵压缩功、增压比和效率的影响,仍用正常情况下所取得的风扇压气机特性图,这样会给涡轮风扇发动机的特性计算造成较大的误差。

为了取得正确的风扇压气机特性,可以在实验风扇压气机特性时,模拟风扇压气机在涡轮风扇发动机上的工作状态,取得每一个转速和总流量下不同涵道比时的特性数据。但这样的试验方法和特性数据处理都十分繁杂。

对于已经制成的涡轮风扇发动机,可以通过飞行试验记录下不同飞行 Ma 和不同的发动机转速相似参数下风扇压气机内外涵部分的压缩功、增压比和效率,以便在利用正常情况下取得的风扇压气机特性图进行特性计算时给出修正系数。

另一种较为简便的解决办法是将风扇压气机特性图分为内涵部分和外涵部分。这两张特性图直接采用正常情况下所取得的风扇压气机特性,只需将作为横坐标的流量相似参数按设计状态下的流量比(涵道比 B)各自相应减小。在非设计状态下,无论涵道比 B 怎样变化,内涵部分和外涵部分各自根据当时的流量相似参数和转速相似参数决定其增压比和效率。从内外涵流量变化的角度看,这种方法比较符合风扇压气机在涡轮风扇发动机上的实际工作状况,但还是忽略了气流的附加径向流动对增压比和效率的影响,因而仍然是一种近似的方法。

7.5.2 混合排气双轴涡轮风扇发动机

混合排气双轴涡轮风扇发动机的外涵气流同内涵低压涡轮后的燃气相渗混,因此,外涵气流参数必然同内涵气流参数相互影响。内外涵气流参数的相互影响,直接影响了外涵风扇出口反压以及内涵涡轮的功率。

在一定的飞行条件下,尾喷管出口截面积 A_9 的变化对发动机的影响基本上与双轴涡轮喷气发动机相类似。例如,减小尾喷管出口截面积使低压涡轮出口反压增加,低压涡轮膨胀比减小,低压涡轮功率下降,这时如果保持高压转子转速不变,低压转子转速必然下降;如果保持低压转子转速不变,就必须增加燃油流量使高压转子转速升高。图 7.10 给出了某混排涡扇发动机在地面静止条件下保持低压转子 n_1 为常数时尾喷管出口截面积 A_9 的变化对发动机性能的影响。从图可以看出，随着尾喷管出口截面积的变大，高压转子转速 n_h、涡轮前燃气温度 T_4^*、发动机推力 F 同时下降，而涵道比则有所升高。

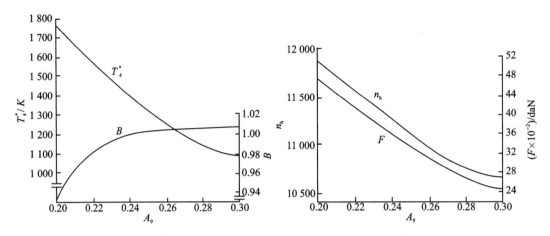

图 7.10　混排涡风扇发动机尾喷管面积变化对发动机性能的影响
$(n_1 = \text{const}, \pi_{c,d}^* = 9, T_{4d}^* = 1\ 450\ \text{K}, B_d = 1)$

思考题

（1）分别说明分开排气双轴涡轮风扇发动机的内涵和外涵尾喷管出口截面积调整不当对发动机工作的影响？

（2）为什么涡扇发动机在非设计工况下工作时，涵道比 B 会发生变化？

（3）混合排气双轴涡轮风扇发动机在保持低压转子转速 n_1 不变的条件下，将尾喷管出口截面积减小时，风扇压气机进口流场将发生怎样的变化？

（4）分开排气双轴涡轮风扇发动机在其他条件不变时，降低转速，其涵道比 B 将如何变化？

　A. 将增大，因为高压转子的升压比 p_{45}^*/p_{11}^* 将减小

　B. 将增大，其效果容易引起风扇压气机的喘振

　C. 保持不变，因为内外涵喷管出口截面积不变

　D. 将减小，因为高压转子转速降低较慢

7.6　涡轮风扇发动机特性

7.6.1　涡轮风扇发动机的飞行特性

双轴涡轮风扇发动机的最大状态调节规律与双轴涡轮喷气发动机基本相同，由于大涵道比涡轮风扇发动机的风扇转子直径较大，且必须严格限制其转速不能超转，因此往往采用 $n_1 = \text{const}, A_9 = \text{const}$ 的最大状态调节规律，或者采用 $\text{EPR}(p_5^*/p_2^*) = \text{const}, A_9 = \text{const}$ 的最大工作状态调节规律，为了防止发动机转速超过极限值，必须设置最高转速限制器。

对于分开排气涡轮风扇发动机，由于有内外两个涵道，发动机压比中的 p_5^* 可以采用内涵

道 p_{51}^* 和外涵道 p_{52}^* 的加权平均值。

在讨论涡轮风扇发动机设计参数选择时已知,涵道比 B 的选择与飞行速度的大小有密切的关系,涵道比 B 大的涡轮风扇发动机只宜于在低速下飞行。图 7.11 给出了具有相同燃气发生器,但涵道比 B 不同的分排涡扇发动机的速度特性,图中涵道比 $B=0$ 为双轴涡轮喷气发动机。从图中可以看出,涵道比越大,在低速飞行时的推力也越大,耗油率越低。但是大涵道比的涡轮风扇发动机不适宜在高速飞行时使用。

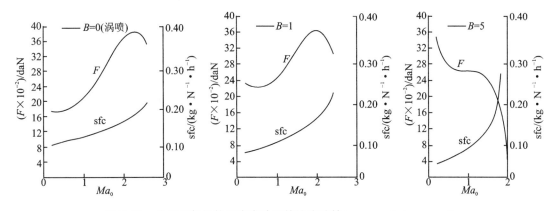

图 7.11 分开排气涡轮风扇发动机的速度特性($n_1=\text{const}, A_9=\text{const}$)

图 7.12 比较了设计参数相同的混排涡扇发动机和分排涡扇发动机速度特性。从图中可以看出,当飞行速度增大后,混排涡扇发动机的性能明显的优于分排涡扇发动机的性能。这是因为当飞行速度增加后,对分排涡扇发动机来说,外涵通道的总增压比和总膨胀比增大,流动损失也随着增加,外涵推力减小。在这种情况下,内外涵混合后,对外涵气流进行加热,改善了外涵气流的工作;对内涵来说,降低了内涵气流的喷射速度,提高了内涵的推进效率。

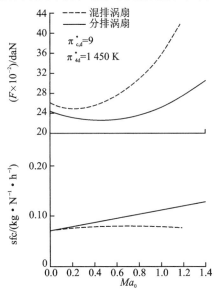

图 7.12 混排涡扇发动机和分排涡扇发动机速度特性的比较

双轴涡轮风扇发动机的高度特性与双轴涡轮喷气发动机类似,此处就不进行讨论了。

7.6.2 涡轮风扇发动机的油门特性

图 7.13 给出了涵道比 $B=1$ 的双轴分开排气涡轮风扇发动机在地面静止条件下工作时的转速特性。图中实线为具有相同燃气发生器的双轴涡轮喷气发动机的转速特性。大体上看,涡轮风扇发动机和涡轮喷气发动机的转速特性是相似的,但是涡轮风扇发动机与具有相同燃气发生器的涡轮喷气发动机相比,推力大、耗油率低。

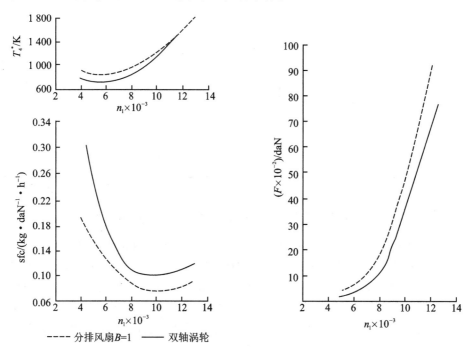

图 7.13 分开排气涡轮风扇发动机的转速特性

当双轴涡轮风扇发动机的发动机转速降低时,尾喷管很容易进入亚临界状态工作,尾喷管内燃气的压力和温度都比涡喷发动机低。

与涡喷发动机相同,标志发动机巡航工作状态的可以是发动机转速或者是发动机压比 EPR。

思考题

涡扇发动机与具有相同燃气发生器的涡喷发动机在速度特性方面有什么不同?

第 8 章　涡轮螺桨发动机

8.1　概　述

涡轮螺桨发动机将燃气发生器产生的大部分可用功通过涡轮、减速器和空气螺桨传给通过螺桨的大量空气,并使螺桨产生拉力;其余一小部分可用功以燃气动能的形式从尾喷管喷出,产生反作用推力。由于提高了推进效率,具有相同燃气发生器的涡轮螺桨发动机在低速飞行时比涡轮喷气发动机和涡轮风扇发动机具有更大的推力。

为了克服涡轮喷气发动机在低速飞行时推进效率低的缺点,涡轮螺桨发动机在 20 世纪 50 年代初期就得到了发展。但是,由于当时设计的空气螺桨不适宜于在高亚声速飞行时使用,20 世纪 60 年代后,涡轮螺桨发动机被涡轮风扇发动机所代替。20 世纪 70 年代世界能源危机中,一些国家开展了称为桨扇的新型螺桨的研究,这种新型螺桨由两个旋转方向相反的螺桨一起工作,桨叶较多,叶片较宽,弯曲而后掠呈马刀形,可适应于高亚声速飞行。后来由于颤振与噪声问题未获解决,而能源危机又有所缓解,暂停了这种新型螺桨的研制工作。仅俄罗斯于 1994 年研制的 D-27 桨扇发动机试飞成功。

涡轮螺桨发动机中最简单的是单轴式涡轮螺桨发动机,如图 8.1 所示。这种结构简单的单轴式涡轮螺桨发动机很难使同一根轴上的压气机、涡轮和螺桨协调一致地工作。这种涡轮螺桨发动机在起动时需要功率较大的起动机,而且起动时间较长。

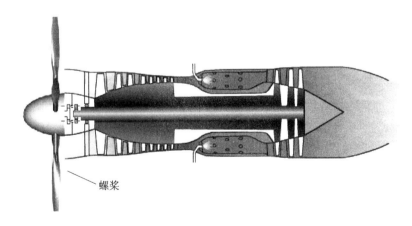

图 8.1　单轴式涡轮螺桨发动机

另一种结构是具有自由涡轮的方案,自由涡轮在单独的轴上,用以传动螺桨,如图 8.2 所示,这种涡轮螺桨发动机称为分轴式涡轮螺桨发动机。与单轴式涡轮螺桨发动机相比,分轴式涡轮螺桨发动机起动时只需功率较小的起动装置。这种具有自由涡轮的涡轮螺桨发动机在加速过程中,燃气发生器的转速上升快,而驱动螺桨的自由涡扇转速上升却较慢。

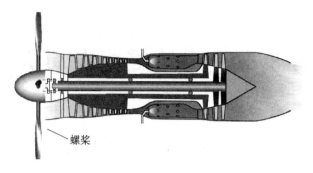

图 8.2　具有自由涡轮的分轴式涡轮螺桨发动机

燃气涡轮的转速一般在 10 000 r/min 左右,甚至更高。而螺桨的转速一般在 1 500 r/min 左右,甚至更低。为了协调涡轮和螺桨的转速,必须采用减速器,减速器的传动比一般为 10~16,其值取决于螺桨和涡轮各自的设计转速。

由于螺桨设计的原因,涡轮螺桨发动机只适用于亚声速飞行,使用涡轮螺桨发动机的飞机其飞行速度一般仅为 700 km/h 左右。

思考题

比较涡轮螺桨发动机与涡轮喷气发动机、涡轮风扇发动机的优缺点。

8.2　涡轮螺桨发动机的分类

涡轮螺桨发动机的分类如表 8.1 所列。

表 8.1　涡轮螺桨发动机分类

类　型	图　形	发展说明
单轴式涡轮螺桨发动机		为简化结构,螺桨通过减速器与燃气发生器连在同一轴上
分轴式涡轮螺桨发动机		为提高非设计状态下的效率,连接螺桨的动力涡轮不与燃气发生器相连接

8.2.1　单轴式涡轮螺桨发动机

单轴式涡轮螺桨发动机只有一个转子,螺桨通过减速器与燃气发生器连在同一轴上,如图 8.3 所示。

单轴式涡轮螺桨发动机的主要优点是结构简单,其缺点是在非设计状态下工作时效率较低。当发动机的功率从设计状态降低时,随着燃气发生器供油量的减少,可以有下列两种处理方法。

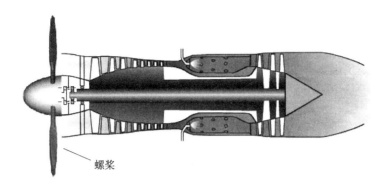

图 8.3　单轴式涡轮螺桨发动机

（1）保持螺桨桨矩不变，发动机转速随供油量的减少而下降，螺桨转速也随之下降。这样处理时，压气机特性图上共同工作线的走向比较合理，但螺桨转速下降后，桨矩角不一定能与当时飞机飞行速度相适应，使得螺桨效率下降。

（2）若螺桨桨矩可调使燃气发生器转速保持不变，压气机特性图上共同工作点将沿等转速线下降，使压气机增压比迅速下降，燃气发生器的热效率也随之降低。

8.2.2　分轴式涡轮螺桨发动机

为了避免单轴式涡轮螺桨发动机的缺点，可采用分轴式涡轮螺桨发动机，图 8.4 所示为分轴式涡轮螺桨发动机简图。螺桨通过减速器直接与动力涡轮相连接，连接螺桨的动力涡轮不与燃气发生器相连接，故又称为自由涡轮。分轴式涡轮螺桨发动机优点是，采用变矩螺桨后，可以根据飞行速度和动力涡轮的功率自动调节桨矩，保持螺桨转速不变。燃气发生器的工作不受螺桨转速的约束。

这种分轴式涡轮螺桨发动机的燃气发生器一般采用单轴式燃气发生器。若为了提高燃气发生器的性能，可以采用双轴式燃气发生器，那么连同驱动螺桨的轴，共有 3 根旋转轴，如图 8.5 所示。

目前功率为 2 000 kW 或 2 000 kW 以下的涡轮螺桨发动机，其空气流量都低于 10 kg/s，对于小流量的燃气发生器，采用离心式压气机是比较合理的（如图 8.6 与图 8.7 所示），特别是压气机的出口高压部分采用离心式压气机，可以避免轴流式压气机叶片短小、效率低和结构复杂等缺点。

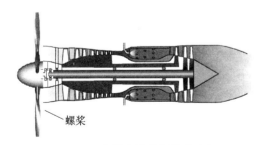

图 8.4　分轴式涡轮螺桨发动机

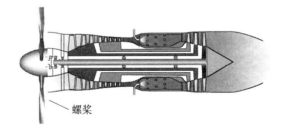

图 8.5　具有双轴式燃气发生器的分轴式涡轮螺桨发动机

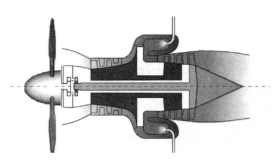

图 8.6　具有离心式压气机的分轴式涡轮螺桨发动机

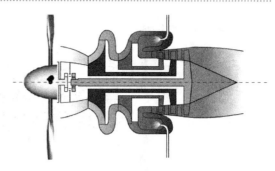

图 8.7　具有双级离心式压气机的分轴式涡轮螺桨发动机

思考题

为了简化结构,是否可以将螺桨通过减速器与双轴式燃气发生器的低压轴相连接?

8.3　涡轮螺桨发动机的性能指标

涡轮螺桨发动机的性能指标如表 8.2 所列。

表 8.2　涡轮螺桨发动机的性能指标

性能指标	表示方法
功　率	用 P_{pr} 表示螺桨轴功率,其单位是 kW,用当量功率 P_e 表示
耗油率	用 sfc_{pr} 表示按轴功率计算的耗油率,其按当量功率计算的耗油率 sfc_e 的单位是 kg/(kW·h)

涡轮螺桨发动机的功率和耗油率有两种表示方法:

(1) 分别用 P_{pr} 表示螺桨轴功率,其单位是 kW;用 F 表示燃气喷射产生的反作用推力,其单位是 daN;用 sfc_{pr} 表示按轴功率计算的耗油率,其单位是 kg/(kW·h),即

$$P_{pr} = \frac{q_{ma} w_{pr}}{735.5}, \qquad F = q_{ma}(c_9 - c_0), \qquad sfc_{pr} = \frac{3\,600 q_{mf}}{P_{pr}}$$

式中,w_{pr} 为每千克空气产生的螺桨功。

(2) 用当量功率 P_e 以及按当量功率计算的耗油率 sfc_e 表示。当量功率的定义是,假设涡轮螺桨发动机的全部推进功率都是由螺桨产生,相当于产生全部推进功率的螺桨功率称为当量功率,用 P_e 表示,即

$$P_e = \frac{q_{ma}}{735.5}\left[w_{pr} + \frac{(c_9 - c_0)c_0}{\eta_{pr}}\right]$$

式中,η_{pr} 为螺桨效率。

在飞行条件下,当量功率可按上式决定。当发动机在地面静止条件下工作时,确定当量功率必须分别测量螺桨功率和反作用推力,并按下列近似关系式进行换算,即

$$P_e = P_{pr} + \frac{F}{B_e}$$

在发展涡轮螺桨发动机的早期对换算系数曾做过规定,在地面静止条件下工作时,认为 1 kW 的螺桨轴功率相当于 1.467 daN 的尾喷管反作用推力。因此,上式中换算系数 B_e 可表示为

$$B_e \approx 1.467 \text{ daN/kW}$$

按当量功率计算的单位耗油率 sfc_e 表示为

$$\text{sfc}_e = \frac{3\,600 q_{mf}}{P_e}$$

思考题

何谓涡轮螺桨发动机的当量功率?在地面静止条件下如何折算当量功率?

8.4 涡轮螺桨发动机的可用功分配

8.4.1 涡轮螺桨发动机设计参数的选择

在发动机结构强度允许的条件下尽可能地提高发动机的可用功和热效率,就必须适当地选择用于涡轮螺桨发动机的燃气发生器的过程参数,选择步骤如图 8.8 所示。

图 8.8 选择用于涡轮螺桨发动机的燃气发生器

提高涡轮前燃气温度 T_4^* 对于提高发动机的可用功 w 和发动机的热效率 η_t 都是有利的。因此,设计涡轮螺桨发动机时,在使用寿命允许的条件下,应尽可能地提高涡轮前的燃气温度 T_4^*。

为了降低耗油率,往往选择较高的压气机增压比,使其接近最经济增压比数值。选用较高的压气机增压比后,必须采取相应的压气机防喘措施,如双轴结构、可调压气机整流叶片、压气机中间级放气等。

目前绝大多数的涡轮螺桨发动机采用了分轴式结构,有了自由涡轮和自由涡轮轴。为了避免结构进一步复杂,很多涡轮螺桨发动机采用了单轴式燃气发生器,这种结构限制了压气机设计增压比的提高。

8.4.2 涡轮螺桨发动机的可用功优化分配

涡轮螺桨发动机可用功 w 在螺桨和尾喷管出口燃气动能之间的最佳分配应该使得发动机获得最大的推进功,推进功 w_p 可用下式表示:

$$w_p = \left(w - \frac{c_9^2 - c_0^2}{2}\right)\eta_t \eta_m \eta_{pr} + (c_9 - c_0)c_0 \tag{8.4.1}$$

式中,令 R 表示速度比 c_9/c_0,可得

$$w_p = \left[2 - \frac{c_0^2}{2}(R^2 - 1)\right]\eta_t \eta_m \eta_{pr} + c_0^2(R - 1) \tag{8.4.2}$$

将上式两边对 R 取导数,并使对 R 的导数等于零,得到相应于最大推进功的最佳速度比 R_{opt}。

$$R_{opt} = \frac{1}{\eta_t \eta_m \eta_{pr}} \tag{8.4.3}$$

式(8.4.3)可改写为

$$c_{9,opt} = \frac{c_0}{\eta_t \eta_m \eta_{pr}} \tag{8.4.4}$$

从式(8.4.4)可以看出,在发动机可用功最佳分配条件下,尾喷管出口燃气喷射速度必定大于飞行速度。飞行速度越大或效率 $\eta_t \eta_m \eta_{pr}$ 越低,尾喷管出口燃气喷射速度的最佳值 $c_{9,opt}$ 就越大。

当涡轮螺桨发动机在地面静止条件下工作时,发动机可用功的最佳分配就应该根据地面推力(或单位推力)为最大的条件来决定。在地面静止条件下,涡轮螺桨发动机的单位推力 F_s 可用下式表示

$$F_s = \frac{\left(2 - \frac{c_9^2}{2}\right) \eta_t \eta_m B_e}{1\,000} + c_9 \tag{8.4.5}$$

将上式两边对 c_9 取导数,并使对 c_9 的导数等于零,可以求出相应于最大单位推力时 c_9 的最佳值,即

$$c_{9,opt} = \frac{1\,000}{\eta_t \eta_m B_e} = \frac{68.17}{\eta_t \eta_m} \tag{8.4.6}$$

若 $\eta_t \eta_m = 0.83$,则 $c_{9,opt}$ 约为 82 m/s。实际上,涡轮螺桨发动机在地面静止条件下工作时,燃气速度一般选择不小于 200 m/s,这一方面是由于涡轮后燃气速度约为 300 m/s,要在尾喷管中把燃气速度降低到 82 m/s 是困难的;另一方面也考虑到随着飞行速度的增大,$c_{9,opt}$ 也随之增大,使得在巡航飞行时燃气喷射速度接近最佳值。

思考题

怎样才能获得涡轮螺桨发动机可用功在螺桨和尾喷管出口燃气动能之间的最佳分配?

8.5 涡轮螺桨发动机的调节规律

8.5.1 变矩螺桨

螺旋桨简称螺桨,是涡轮螺桨发动机的主要推进器。它将发动机的可用功转变为通过螺桨的空气的动能增量,使螺桨产生反作用拉力。为适应不同飞行速度和在给定螺桨转速下不同轴功率的需要,要求改变螺桨桨叶的桨矩(桨矩为螺桨叶片叶型与发动机轴向线的夹角),这种可变桨矩的螺桨称为变矩螺桨。变矩螺桨可以改变螺桨的气动负荷。一般情况下,驾驶员用油门操纵杆改变燃油流量,变矩螺桨则通过转速自动控制器保持某一转子的转速不变。因此,在涡轮螺桨发动机上多了一个调节中介,即变矩螺桨。

一般情况下,涡轮螺桨发动机在各种工作状态下(即各种飞行状态和不同油门位置下)保持螺桨转速不变。图8.9给出了在某一给定转速下的某螺桨的特性。

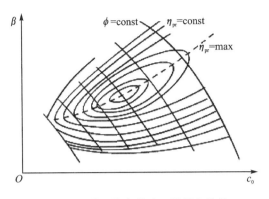

图 8.9 某一给定转速下某螺桨特性

上图中纵坐标 β 是螺桨的功率系数,即

$$\beta = \frac{P_{\text{pr}}}{\rho_0 n_{\text{pr}}^3 D_{\text{pr}}^3}$$

式中,n_{pr} 和 D_{pr} 为螺桨的转速和直径,ρ_0 为大气密度。

图 8.9 中横坐标是飞行速度。参变量 ϕ 是螺桨的安装角,又称桨矩。η_{pr} 是螺桨的效率。从图中可以看出,当桨矩 ϕ 一定时,只有一个飞行速度使螺桨效率 η_{pr} 为最大,飞行速度的变化都将改变气流与桨叶的攻角,并使螺桨效率下降。飞行速度降低使攻角加大,螺桨的功率系数也随之加大。当桨矩 ϕ 减小时,螺桨效率 η_{pr} 为最大的飞行速度也随之降低,功率系数也降低。

变矩螺桨的桨矩是由转速自动控制器控制,通过螺桨桨矩的变化保持螺桨转速为某一固定值。

8.5.2 最大工作状态调节规律

最大工作状态的调节规律与发动机的结构形式有密切的关系。若为单轴式涡轮螺桨发动机,螺桨通过减速器与燃气发生器连在同一轴上,其最大工作状态调节规律可以是 $n = n_{\max} = \text{const}$ 和 $T_4^* = T_{4\max}^* = \text{const}$。用螺桨桨矩的变化保持转速为常数,用供油量 q_{mf} 保持 $T_4^* = T_{4\max}^* = \text{const}$。若为分轴式涡轮螺桨发动机,其最大工作状态调节规律可以是,用供油量 q_{mf} 保持 $n = n_{\max} = \text{const}$ 或 $T_4^* = T_{4\max}^* = \text{const}$,由变矩螺桨保持自由涡轮转速为常数。若为具有双轴式燃气发生器的分轴式涡轮螺桨发动机,其最大工作状态调节规律可以是,用供油量 q_{mf} 保持 $n_1 = n_{1,\max} = \text{const}$ 或 $n_{\text{h}} = n_{\text{h},\max} = \text{const}$,$T_4^* = T_{4\max}^* = \text{const}$,由变矩螺桨保持自由涡轮转速为常数。

8.5.3 巡航状态调节规律

对于单轴式涡轮螺桨发动机,采用定矩螺旋桨和变矩螺旋桨时调节规律是不同的。若为单轴式涡轮螺桨发动机,并采用定矩螺旋桨,发动机尾喷管出口截面积一般是不可调的。随着燃油供油量的减小,发动机转速和螺桨转速下降。若为单轴式涡轮螺桨发动机,并采用变矩螺旋桨,当燃油流量减小时,可以用改变螺桨桨矩的方法保持转速不变或转速较慢地下降。保持转速不变有利于螺桨的工作,但是在压气机转速不变的情况下,燃油流量和涡轮前燃气温度的

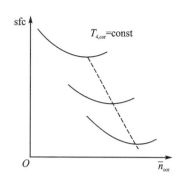

图 8.10 单轴涡轮螺桨发动机的最经济调节方案

降低使压气机特性图上共同工作点的位置下移,压气机增压比降低,对燃气发生器的热效率极为不利。

图 8.10 所示为单轴涡轮螺桨发动机保持涡轮前燃气温度 $T^*_{4,\text{cor}}=\text{const}$,用改变桨矩的方法改变发动机的转速得到耗油率最低的工作状态。因此,对于采用变矩螺桨的单轴式涡轮螺桨发动机,当发动机供油量减小时,发动机转速可以由桨矩调节保持在所要求的转速下。这时,涡轮螺桨发动机就有供油量和桨矩两个调节中介,可以控制发动机转速和涡轮前燃气温度两个被调参数。按图 8.10 中虚线所示设置油门特性的调节规律可以得到最经济的巡航调节规律。

8.6 涡轮螺桨发动机特性

8.6.1 涡轮螺桨发动机的飞行特性

1. 速度特性

研究速度特性时,须给定飞行高度,并假定调节规律为 $n=n_{\max}=\text{const}$ 和 $T^*_4=T^*_{4\max}=\text{const}$。图 8.11 所示为涡轮螺桨发动机的速度特性。从图中可以看出,随着飞行速度的增大,当量功率 P_e 增大,耗油率 sfc 降低。这是因为:

随着飞行速度的增大,速度冲压增大,发动机的总增压比增大,气流在涡轮中的总膨胀比也增大,在 T^*_4 不变的条件下,涡轮的膨胀功加大,传给螺桨轴的功也加大。同时,流过发动机的空气流量也是加大的。因此,螺桨功率随飞行速度的增加而加大。

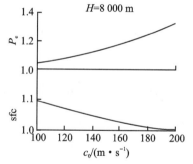

图 8.11 涡轮螺桨发动机的速度特性

随着飞行速度的增大,尾喷管出口气流喷射速度 c_9 也加大,但比飞行速度增加得慢,c_9-c_0 是减小的。排气推力随着飞行速度的增大而减小。因此,随着飞行速度的增大,当量功率 P_e 的增加速度比螺桨轴功率 P_{pr} 的慢。

随着飞行速度的增大,压气机出口总温 T^*_3 增大,在 $T^*_4=\text{const}$ 的条件下,$T^*_4-T^*_3$ 减小,油气比 f 将减小,由 $\text{sfc}=3\,600q_{\text{mf}}/P_e$ 可见,耗油率是减小的。

但是这并不意味着飞行速度愈大,采用涡轮螺桨发动机愈有利。根据螺桨功率和螺桨拉力之间的关系 $\eta_{\text{pr}} P_{\text{pr}}=F_{\text{P}} c_0$ 可以看出,随着飞行速度 c_0 的增大,η_{pr} 下降,螺桨拉力将迅速下降。

2. 高度特性

研究高度特性时,给定飞行速度,调节规律仍为 $n=n_{\max}=\text{const}$ 和 $T^*_4=T^*_{4\max}=\text{const}$。图 8.12 所示为涡轮螺桨发动机的高度特性。功和耗油率在 $H\leqslant 11$ km 和 $H\geqslant 11$ km 时的区别如表 8.3 所列。

3. 高空涡轮螺桨发动机

从涡轮螺桨发动机的高度特性可以看出,随着高度的增加,螺桨的轴功率和当量功率都是下降的。若按高空飞行的功率要求,在地面工作时发动机的功率将会大得多。现在的问题是发动机的结构强度设计是按高空飞行所需的功率还是按比地面大得多的功率进行设计?若按比地面大得多的功率来设计发动机,在高空工作时,它的强度就太富裕。涡轮螺桨发动机的减速器,由于传动比大,它的质量大约相当于涡轮转子的质量。为了减轻发动机的质量,大部分使用中的涡轮螺桨发动机都是按某一高度的空中飞行功率进行

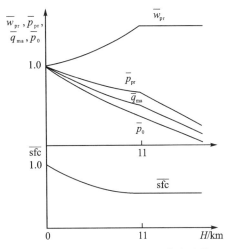

图 8.12 涡轮螺桨发动机的高度特性

结构强度设计的。在这一高度以下,用降低燃气发生器转速或降低涡轮前燃气温度的方法,使螺桨轴上的功率不超过最大允许值。这种按高空功率进行结构强度设计的涡轮螺桨发动机称为高空涡轮螺桨发动机。

表 8.3 功和耗油率在 $H \leqslant 11$ km 与 $H \geqslant 11$ km 时的区别

飞行高度	功	耗油率
$H \leqslant 11$ km	随着飞行高度的增加,大气温度下降,压气机的增压比增大,涡轮膨胀比也增大,在 T_4^* 一定时,涡轮功 w_t 和螺桨功 w_{pr} 都增大。但是由于大气压力下降,通过发动机的空气流量减小,螺桨功率 P_{pr} 随着飞行高度的增加而下降,但比空气流量下降得慢	由于大气温度随着飞行高度的增加而下降,总增压比增大,燃烧室中的加热比 T_4^*/T_0^* 也增大,燃气发生器中热的利用程度改善,耗油率随着飞行高度的增加而下降
$H \geqslant 11$ km	随着飞行高度的增加,大气温度不变,如果不考虑雷诺数变化的影响,螺桨功 w_{pr} 不变,P_{pr} 和空气流量以同样的速度下降	若不考虑雷诺数变化的影响,耗油率不随飞行高度的增加而变化

图 8.13 所示是高空涡轮螺桨发动机的高度特性,这一发动机的设计高度为 3.8 km。当飞行高度从零增大到 3.8 km 的过程中,在周围大气压力降低的同时,涡轮前燃气温度 T_4^* 增大(在地面状态下,涡轮前燃气温度 T_4^* 不处于最大值),以便使 P_{pr} 和 P_e 近似地保持不变。在这一过程中,单位功率不仅随周围大气温度的降低而增加,而且还随涡轮前燃气温度 T_4^* 增大而增加,如图 8.14 所示。

当飞行高度从 $H = 3.8$ km 增大到 11 km 的过程中,保持 $T_4^* = \text{const}$,这是一般情况下的高度特性,单位功率随高度增加而增加,功率随高度增加而下降。当飞行高度大于 11 km 时,由于雷诺数减小使压气机和涡轮的效率降低,所以单位功率随高度升高而降低,如图 8.14 中曲线 2 所示。功率随高度的增加下降得更快。

雷诺数对涡轮螺桨发动机特性的影响比对涡轮喷气发动机的影响更大,因为涡轮螺桨发动机比涡轮喷气发动机多一个动力涡轮,涡轮焓降大,受雷诺数影响更大。

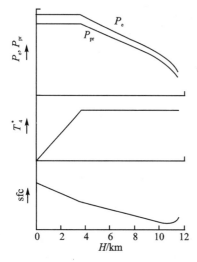

图 8.13　高空涡轮螺桨发动机的高度特性

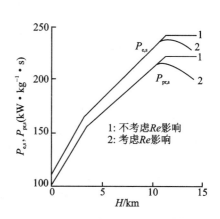

图 8.14　单位功率随飞行高度的变化

耗油率随高度的增加是降低的。在 $H=0\sim3.8$ km 范围内,由于 T_4^* 随高度增加,故耗油率随高度下降较快。当 $H>3.8$ km 时,由于保持 T_4^* 为常数,耗油率下降较慢,在高空,由于雷诺数的减小和燃烧室完全燃烧系数的减小,耗油率将有所增大。

8.6.2　涡轮螺桨发动机的油门特性

图 8.15 所示为目前常用的具有单轴式燃气发生器的分轴式涡轮螺桨发动机的油门特性。从图中可以看出,随着油门的减小,燃气发生器转速下降,发动机功率迅速下降,耗油率急剧上升。

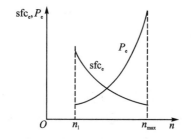

图 8.15　具有单轴燃气发生器的分轴式涡轮螺桨发动机的油门特性

思考题

高空螺桨发动机的特性有何特点?

第 9 章 涡轮轴发动机

9.1 概 述

涡轮轴发动机简称涡轴发动机,是直升机的动力装置。它的主要特点是燃气发生器出口的燃气所具有的可用功几乎全部通过涡轮轴输出,并带动直升机的旋翼和尾桨。涡轮轴发动机简图如图 9.1 所示。

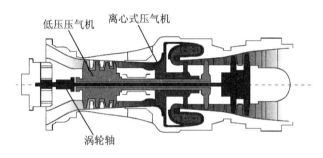

图 9.1 涡轮轴发动机

20 世纪 50 年代初期出现了涡轮轴发动机之后,在直升机动力装置领域,涡轮轴发动机便逐渐代替活塞式发动机,成为主要的动力装置。目前,在 2 000 kW 以上的直升机动力装置中,涡轮轴发动机已占统治地位。只有在小功率的动力装置中,还有少数直升机在使用活塞式发动机。

与活塞式发动机相比,涡轮轴发动机作为直升机的动力装置有着其突出的优点。首先是质量轻、体积小。同样功率为 600 kW 左右的发动机,它的质量还不到活塞式发动机的 1/3,大功率的发动机,它们的质量悬殊更大,采用涡轮轴发动机则更为有利。其次是涡轮轴发动机没有往复运动的机件,所以振动小、噪声小。但必须指出,在耗油率方面,目前与活塞式发动机相比,尚有一定的差距。例如对小型的发动机,涡轮轴发动机与活塞式发动机之间的耗油率相差 30% 左右。而对于大型的发动机,涡轮轴发动机与活塞式发动机之间的水平已非常接近了。此外在制造成本方面,小型涡轮轴发动机比较昂贵,因而在民用航空领域,小功率涡轮轴发动机与活塞式发动机仍有一番竞争。

在当前涡轮轴发动机发展的过程中,人们非常重视以下两方面的问题:

(1) 研制、开发中,小型涡轮轴发动机主要是 1 000 kW 以下的发动机,以满足中小型直升机动力装置的需要。

大型直升机的动力装置则可以将与燃气发生器功率相当的涡轮喷气发动机或涡轮风扇发动机稍加改造,变成涡轮轴发动机。然而,必须注意到,小型涡轮喷气发动机改型后就成为中型偏大的涡轮轴发动机,例如一台 1 500 daN 的涡轮喷气发动机属于小型的,用它的燃气发生器设计成涡轮轴发动机其功率为 3 500 kW 左右,属于中等偏大的涡轮轴发动机。用这样一台涡轮轴发动机就可以作为中型直升机的动力装置。另一方面,为了直升机安全可靠地工作,一架直升机往往采用两台或三台动力装置,因此,所需要的单台动力装置的功率量级就更小了。对于这样小的动力装置,如小到100~200 kW,就没有现成的涡轮喷气发动机可供改型,必须另行研制。研制小型涡轮轴发动机时并不能把大型的燃气发生器按比例缩小,还有许多设计难点。

(2) 经济性问题,降低研制、开发和生产成本,以降低销售价格。降低耗油率和维修费用以降低运行费用。

在降低耗油率方面,发展的途径仍然是依靠提高冷却和材料耐热性以提高涡轮前燃气温度 T_4^* 和相应地提高压气机的增压比。与涡喷涡扇发动机相比,通过涡轮轴发动机的空气流量小,由于涡轮轴发动机结构小,采用双轴式燃气发生器或采用可调导流叶片的压气机就比较困难,限制了压气机增压比的进一步提高。因此,涡轮轴发动机在降低耗油率方面还不够理想。原则上还可以考虑其他一些有效的措施,如采用回热循环,但是要在航空燃气轮机上实现回热循环还有许多技术上的难题有待解决。

值得注意的是,直升机在执行任务时,有相当多时间发动机是在50%或更低的功率状态下工作,那么在设计发动机时,重点就必须放在改进部分功率状态下的耗油率。目前,在多发动机的直升机上,考虑将一台发动机平时不工作,专供特殊情况下应急时使用,这样可使主发动机总是在中等偏上的巡航状态下运行,以获得较低的耗油率。

在降低制造成本和延长使用寿命方面,纵观涡轮轴发动机发展的过程,其结构最初是由简单到复杂,而当前的发展趋势是由复杂到简单,甚至有的发动机其零件数目减少了一半以上。简化涡轮轴结构的目的主要是为了降低制造成本和维护费用,同时也为了改善可靠性。可靠性的改善减少了发动机的返修次数并延长了其总寿命。目前,有的发动机总寿命已达到20 000 h以上。

涡轮轴发动机的可靠性问题具有一定的特殊性,这种特殊性主要表现在以下两个方面:一方面是直升机在起飞、爬高和悬停时,发动机需要在大功率状态下工作,因此,发动机工作状态多变,零部件受到热冲击,容易出现低频热循环疲劳损伤。另一方面是没有一定的机场,易受外来物侵袭,包括沙尘、海水甚至石块。

在降低运行费用方面,除了降低耗油率外,还需要降低维护费用(包括维护工时,更换零组件和其他材料的消耗等),不少涡轮轴发动机采用了单元体结构,维修工时显著下降。

思考题

与活塞式发动机相比,涡轮轴发动机有什么优点?为什么在小功率范围内,还在使用活塞式发动机?

9.2 涡轮轴发动机的结构

9.2.1 涡轮轴发动机与涡轮螺桨发动机的比较

涡轮轴发动机与涡轮螺桨发动机有许多相同的地方,例如,它们都是将燃气发生器产生的绝大部分可用功通过动力涡轮以机械功形式由传动轴输出,它们的输出功率范围也差不多,它们所需的燃气发生器都属于中小型的。二者的不同点如下：

(1) 动力涡轮轴的输出方向有不同的要求。涡轮螺桨发动机要求动力涡轮轴向发动机前方输出，以便将螺桨安装在发动机的前方；而涡轮轴发动机要求动力涡轮轴不一定从发动机前方输出。

(2) 发动机的减速器不相同。涡轮轴发动机所带动的旋翼转速很低，仅 200 r/min 左右，减速比高，一般采用两个减速器，其中一个减速器安装在发动机上，称为体内减速器；另一个减速器安装在直升机上，称为体外减速器。而涡轮螺桨发动机的转速较高，可达几千转。

(3) 涡轮轴发动机的工作环境往往离地面较近，容易将沙石等杂物吸入发动机内，为了避免杂物损坏发动机，对涡轮轴发动机的进气道有特殊的要求。而涡轮螺桨发动机要用专用跑道，对进气防护要求不高。

9.2.2 涡轮轴发动机的结构形式

为了避免动力涡轮所带动的两个减速器和直升机旋翼的巨大惯性对燃气发生器的影响，涡轮轴发动机的动力涡轮一般都采用自由涡轮结构，并与燃气发生器涡轮分离，成为分轴式涡轮轴发动机。

涡轮轴发动机的燃气发生器有单轴式的，也有双轴式的。很多型号的涡轮轴发动机与涡轮螺桨发动机采用相同的燃气发生器。

思考题

涡轮轴发动机与涡轮螺桨发动机相比，二者有哪些相同或不同之处？

9.3 涡轮轴发动机的性能参数

涡轮轴发动机的性能指标主要包括发动机功率 P_e、单位功率 P_s、功重比 R_{pm}、发动机推力 F 和耗油率 sfc，它们的定义和比较如表 9.1 所列。

表 9.1 涡轮轴发动机各性能指标的定义和比较

性能指标	定义	说明
发动机功率 P_e	$P_e = \eta_m P_t$ 单位：kW	对于某些大型的涡轮轴发动机，有时体内减速器不作为发动机的一个部件，所指的功率就是动力涡轮轴输出的功率
单位功率 P_s	$P_s = P_e / q_{me}$ 单位：kW·s/kg	目前涡轮轴发动机的单位功率在 200 kW·s/kg 左右
功重比 R_{pm}	$R_{pm} = P_e / m$ 单位：kW/kg	大型涡轮轴发动机，如功率为 7 000 kW 的涡轮轴发动机，功重比可达 7 kW/kg 以上；而小型的涡轮轴发动机，如功率为 200 kW 的，功重比仅为 3 kW/kg 左右。但必须补充指出，前者不包括体内减速器，而后者包括体内减速器

续表 9.1

性能指标	定 义	说 明
发动机推力 F	$F = q_{ma}(c_9 - c_0)$ 单位：daN	一般情况下，涡轮轴发动机尾喷管的排气速度很低，这部分的推力可忽略不计。因而，尾喷管的排气方向也不一定与飞机前进方向相反，为了结构上的方便，可任意安排排气方向。对于个别大中型的涡轮轴发动机，尾喷管排气速度较高，在起飞状态下可以获得一定的推力，但在巡航飞行状态下，推力会小得多
耗油率 sfc	$\text{sfc} = \dfrac{3\,600 q_{mf}}{P_e}$ 单位：kg/(kW·h)	在起飞功率状态（最大工作状态），大型涡轮轴发动机的耗油率可达 0.270 kg/(kW·h)左右，小型的约为 0.400 kg/(kW·h)

9.4 涡轮轴发动机的部件特点

前面曾经提到，研制小型涡轮轴发动机，并不能把大型的燃气发生器按比例缩小，而是还有许多设计难点。现对小型涡轮轴发动机的各个部件的设计特点分述如下。

9.4.1 进气道

由于直升机的飞行速度较低，因此压气机进口的气流速度一般都大于飞行速度。所以，按收敛形管道的要求设计进气系统，就能满足直升机飞行速度变化的要求。为了减少流动损失，进气道进口处按双扭线或多圆弧形设计。此外，从气体动力学角度上讲，对直升机进气道没有更多的要求。然而，直升机的起飞着陆一般不在机场，特别容易受到外来物的侵袭，如吸入沙尘等。为了避免损坏发动机，往往采取一些防范措施，除了在进气道内设置防尘网罩外，还经常采用惯性分离装置。进入发动机的外来物，受惯性力的作用，不能随气流进入发动机，而在引射气流的作用下，被排放到周围大气中去，如图 9.2 和图 9.3 所示。

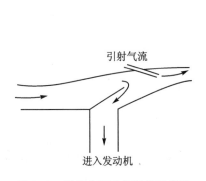

图 9.2 惯性分离进气装置示意图

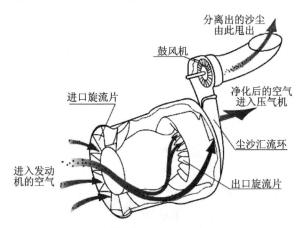

图 9.3 涡轮轴发动机的尘沙惯性分离器

9.4.2 压气机

一般来说,轴流式压气机效率较高,大功率的燃气发生器几乎全部采用轴流式压气机,然而小功率的燃气发生器(空气流量在 6 kg/s 以下,甚至小到 1 kg/s 左右)则不宜采用轴流式压气机,因为它流量太小,压气机叶片很短,而由于加工的原因,叶片顶部间隙却不能按比例缩小,叶栅根部损失和二次流动损失相对较大,使得小功率轴流压气机的效率低于离心式压气机。近年来随着压气机增压比的提高,这一问题更加突出。所以功率在 1 000 kW 以下的中小功率涡轴发动机几乎都采用离心式或轴流加离心的组合式压气机,其中尤以组合式压气机为多。目前,离心式压气机的单独使用也引起了人们的注意,为了提高压气机的增压比,一方面应提高单级离心式压气机的增压比,另一方面应采用双级离心式压气机的结构。

在小功率涡轴发动机上采用离心式压气机的优点为,相对于小流量轴流压气机,离心式压气机的效率高;结构简单,可降低制造成本和维修费用;抗外来物击伤的性能好;叶片抗高频疲劳性能好,有利于延长使用寿命。

9.4.3 燃烧室

小功率涡轴发动机的燃烧室主要存在以下两个问题:

(1) 燃油流量太小,而燃油喷嘴的孔径和油压不能太小。孔径太小易于堵塞,油压太小不能良好雾化。如果减少喷油嘴的数量,会造成燃油分布不均匀,从而导致燃烧室温度场不均匀。采取了使燃油通过转动轴中心由甩油盘供油的方法就顺利地解决了这个问题。带甩油盘供油燃烧室的涡轮轴发动机如图 9.4 所示。

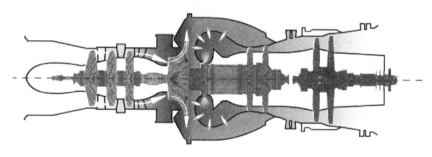

图 9.4 带甩油盘供油燃烧室的涡轮轴发动机

(2) 空气流量小,但是考虑到燃料的完全燃烧,燃料在燃烧室中必须有一定的停留时间,所以燃烧室的长度就不能成比例地缩短。在小型涡轴发动机中,燃烧室的长度相对太长会使发动机整体结构的刚性变差。为此,常采用回流式的燃烧室,这种结构便于检查热部件的工作情况,也便于维护。回流式燃烧室示意图如图 9.5 所示。

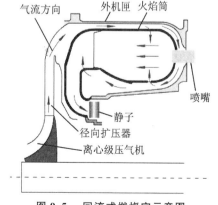

图 9.5 回流式燃烧室示意图

9.4.4 涡轮

同样,小功率涡轴发动机的涡轮由于流量小、叶片短导致二次流动损失较大,所以采用径向式涡轮是一个不可忽视的发展方向。径向式涡轮如图 9.6 所示。

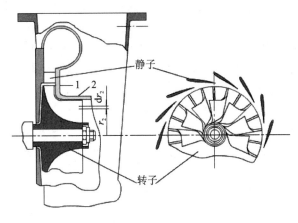

图 9.6　径向式涡轮

小功率涡轮设计中的主要困难是冷却问题,因为叶片尺寸小,而冷却流路的缝隙不可能按比例缩小,其结果是增大了冷却空气流量,降低了涡轮的效率。在一定比例的冷却空气流量下,提高冷却效果可使涡轮前温度进一步提高。

9.4.5 尾喷管

为了增加动力涡轮的功率,可以使涡轮出口的静压略低于周围大气压力,并使动力涡轮出口的燃气仍具有较高的流速。直升机不需要发动机产生推力,故可以采用扩张形通道的尾喷管,气流在尾喷管中流速降低,静压提高,在尾喷管出口处的静压等于或略高于外界大气压力,并且燃气以较低的流速排出,排气的动能比较小,且其不被利用,可以从直升机左右两侧排出。

9.4.6 减速器

由于直升机旋翼的直径比涡桨发动机螺桨的直径要大得多,所以直升机旋翼的转速很低,一般为 100~200 r/min,而动力涡轮转速往往在 10 000~30 000 r/min 以上。这样大的减速比,又要传递很大的功率,所以在设计中将减速器分为两个部分,一部分在发动机内部,称为体内减速器;另一部分放在直升机上,称为体外减速器。若一架直升机装有多台涡轴发动机,则可以共用一个体外减速器,体外减速器又称直升机主减速器。减速器除了要求工作可靠外,还要求其质量小、机械效率高。

在传递一定功率的过程中,轴扭矩的大小与转速有关,如下式:

$$M = \frac{30P}{\pi n}$$

式中,M 为轴扭矩,单位为 $N \cdot m$;P 为传递功率;n 为转速。

从上式可以看出,传递功率一定时,扭矩与转速成反比。减速器齿轮的转速逐级减小而扭矩则逐级加大,所以轴的直径逐级加粗,齿的尺寸逐级加大加宽,因此减速器的质量就很大了。

一般来说,发动机的体内减速器约占发动机质量的 20%,主减速器的质量略低于发动机的质量。如果把体内减速器和主减速器加在一起,其质量与发动机质量相当,所以减轻减速器的质量是十分重要的。

思考题

(1) 涡轮轴发动机的进气道采用什么结构形式才能避免把沙尘吸入压气机内?

(2) 为什么中小型涡轮轴发动机往往采用离心式压气机?

(3) 小型涡轮轴发动机的燃烧室如何解决下面几个问题:

① 如燃油流量小使得喷嘴数量减小,燃油分布不均匀;喷嘴孔径太小而易于堵塞;喷嘴油压太低而雾化不好。

② 如空气流量小,整个发动机结构短小,但是考虑到燃料的完全燃烧,燃料在燃烧室中必须有一定的停留时间,所以燃烧室的长度就不能成比例地缩短。在小型涡轴发动机中,燃烧室的长度相对太长会使发动机整体结构的刚性变差。

(4) 涡轮轴发动机的尾喷管有什么特点?

9.5 涡轮轴发动机的调节规律和特性

9.5.1 涡轮轴发动机燃气发生器设计参数的选择

涡轮轴发动机燃气发生器设计参数的选择原则上与涡轮螺桨发动机相同。在发动机结构强度和使用寿命允许的条件下应尽可能地提高发动机的可用功和热效率,即应尽可能地提高涡轮前的燃气温度 T_4^*。涡轮前燃气温度 T_4^* 选定以后,应该恰当地选择压气机增压比。

9.5.2 可用功分配

在涡轮轴发动机上,燃气发生器产生的可用功几乎全部通过动力涡轮传递给旋翼和尾桨,使动力涡轮后的燃气压力甚至低于外界大气压力,尾喷管排气所产生的反作用推力几乎可以略去不计。因此,涡轮轴发动机尾喷管的排气有时可以根据直升机结构的需要向两侧排气。

9.5.3 涡轮轴发动机的调节规律

涡轮轴发动机的动力涡轮一般都是自由涡轮,而且涡轮轴发动机旋翼的桨矩也是可以调节的。因此,无论燃气发生器在什么工作状态下,都可以通过旋翼桨矩的调节来改变自由涡轮和旋翼的转速。

这种分轴式涡轮轴发动机的调节规律和分轴式涡轮螺桨发动机相似。用燃油流量 q_{mf} 作为调节中介来控制燃气发生器的转速和输出功率,用旋翼桨矩作为调节中介来控制自由涡轮和旋翼的转速。

与高空螺桨发动机相似,涡轮轴发动机往往也按某一高度的功率状态进行结构强度设计,在此设计高度以下采用降低转速的方法保证发动机不超过强度极限。因此,规定额定状态(允许发动机进行连续工作的状态)的转速,在设计高度以下,额定转速随高度的下降而减小。

9.5.4 涡轮轴发动机的节流特性

图 9.7 给出了某涡轮轴发动机的节流特性,从图中可以看出,随着燃气发生器转速 n_1 的降低,发动机输出功率和燃气温度下降,而耗油率上升。

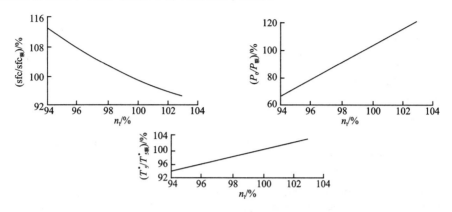

图 9.7 涡轮轴发动机的节流特性

9.5.5 涡轮轴发动机的高度特性

图 9.8 给出了某涡轮轴发动机的高度特性,从图可以看出,在设计高度 3 km 以下,额定转速随高度的下降而减小。发动机的输出功率在设计高度以下不会因高度下降而增加。随着高度的下降,周围大气温度升高,使得耗油率 sfc 上升。

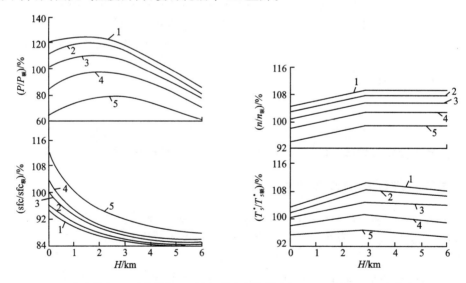

1—起飞状态;2—应急状态;3—额定(最大连续)状态;4—0.85 额定;5—0.66 额定

图 9.8 涡轮轴发动机的高度特性

思考题

为什么涡轮轴发动机的额定转速在设计高度以下随高度的降低而下降?

第10章 其他航空发动机简介

10.1 航空活塞式发动机

从1903年第一架飞机升空到第二次世界大战末期,所有飞机都用活塞式航空发动机作为动力。20世纪40年代中期,在军用飞机和大型民用机上,燃气涡轮发动机逐步取代了活塞式航空发动机,但与燃气涡轮发动机相比,小功率活塞式航空发动机比较经济,在轻型低速飞机上仍得到应用。

航空活塞式发动机是利用混合的汽油与空气在密闭的容器(汽缸)内燃烧并膨胀做功的机械。活塞式发动机必须带动螺旋桨,由螺旋桨产生推(拉)力。所以,作为飞机的动力装置时,发动机与螺旋桨是不能分割的。

10.1.1 活塞式发动机的主要组成

活塞式发动机主要由汽缸、活塞、连杆、曲轴、气门机构、螺旋桨减速器和机匣等组成。图10.1所示为活塞式发动机的结构示意图。汽缸是混合气(汽油和空气)进行燃烧的地方。汽缸内容纳活塞往复运动。汽缸头上装有点燃混合气的电火花塞(俗称电嘴)以及进、排气门。发动机工作时,汽缸温度很高,所以汽缸外壁上有许多散热片,用以扩大散热面积。汽缸在发动机壳体(机匣)上的排列形式多为星形或V形,如图10.2所示。常见的

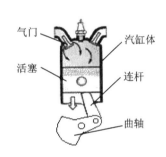

图10.1 活塞式发动机结构示意图

星形发动机有5个、7个、9个、14个、18个或24个汽缸。在单缸容积相同的情况下,汽缸数目越多,发动机功率越大。

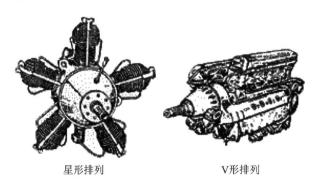

星形排列　　　　　　V形排列

图10.2 航空活塞式发动机排列布置形式

活塞承受燃气压力在汽缸内往复运动,并通过连杆将这种运动转变成曲轴的旋转运动。

连杆用来连接活塞和曲轴。曲轴是发动机输出功率的部件。曲轴转动时,通过减速器带动螺旋桨转动而产生拉力。除此而外,曲轴还要带动一些附件,如各种油泵、发电机等。气门机构用来控制进气门、排气门定时打开和关闭。

10.1.2 四冲程活塞发动机的工作原理

活塞顶部在曲轴旋转中心最远的位置称为上死点,最近的位置称为下死点,从上死点到下死点的距离称为活塞冲程。活塞式航空发动机大多是四冲程发动机,即一个汽缸完成一个工作循环,活塞在汽缸内要经过四个冲程,依次是进气冲程、压缩冲程、膨胀冲程和排气冲程,其工作原理如图10.3所示。

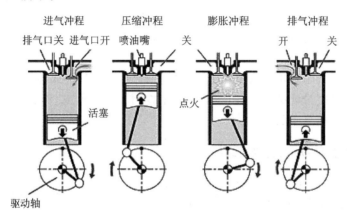

图 10.3 四冲程活塞式发动机工作原理

发动机开始工作时,首先进入进气冲程,汽缸头上的进气门打开,排气门关闭,活塞从上死点向下滑动到下死点,汽缸内的容积逐渐增大,气压降低——低于外面的大气压。于是新鲜的汽油和空气的混合气体通过打开的进气门被吸入汽缸内。混合气体中汽油和空气的比例一般是1:15,即燃烧1 kg的汽油需要15 kg的空气。

进气冲程完毕后,开始了第二冲程,即压缩冲程。这时曲轴靠惯性作用继续旋转,把活塞由下死点向上推动。这时进气门也同排气门一样严密关闭。汽缸内容积逐渐减少,混合气体受到活塞的强烈压缩。当活塞运动到上死点时,混合气体被压缩在上死点和汽缸头之间的小空间内,这个小空间称为"燃烧室"。这时混合气体的压强加到10个大气压。温度也增加到400 ℃左右。压缩是为了更好地利用汽油燃烧时产生的热量,使限制在燃烧室这个小空间里的混合气体的压强大大提高,以便增加其燃烧后的做功能力。

当活塞处于下死点时,汽缸内的容积最大,在上死点时容积最小。混合气体被压缩的程度可以用这两个容积的比值来衡量,这个比值叫做压缩比。活塞式航空发动机的压缩比是5~8,压缩比越大,气体被压缩得越厉害,发动机产生的功率也就越大。

压缩冲程之后是膨胀冲程,也是第三个冲程。在压缩冲程快结束,活塞接近上死点时,汽缸头上的火花塞通过高压电产生电火花,电火花将混合气体点燃。打火时间很短,大约0.015 s,但是速度很快,大约达到30 m/s。气体猛烈膨胀,压强急剧增高,可达60~75个大气压,燃烧气体的温度达到2 000~2 500 ℃。燃烧时,局部温度可能达到三四千摄氏度,燃气加到活塞上的冲击力可达15 t。活塞在燃气强大压力的作用下,向下死点迅速运动,推动连杆也往下移动,连杆便带动曲轴转起来了。这个冲程是使发动机能够工作而获得动力的唯一冲程。其余三个冲程都是为这个冲程做准备的。

第四个冲程是排气冲程。工作冲程结束后,由于惯性,曲轴继续旋转,使活塞由下死点向上运动。这时进气门仍旧关闭,而排气门打开,燃烧后的废气便通过排气门向外排出。当活塞到达上死点时,绝大部分的废气已被排出。排气完毕后排气门关闭,进气门打开,活塞又由上死点下行,开始了新的循环。

从进气冲程吸入新鲜混合气体起到排气冲程排出废气止,汽油的热能通过燃烧转化为推动活塞运动的机械能,带动螺旋桨旋转,这一总的过程叫做一个循环。这是一种周而复始的运动。由于其中包含着热能到机械能的转化,所以又叫做热循环。

发动机热效率与压缩比和燃烧后工质温度有关,过大的压缩比会使工质的压力和温度过高,燃油可能在未被电嘴点火前就自动燃烧并形成爆震波,引起汽缸局部过热并增大零件负荷,降低发动机的可靠性。提高汽油的辛烷值是提高压缩比、防止爆震的有效措施。航空汽油的辛烷值一般在 100 以上。每个汽缸能发出的功率受到工质温度的限制。每升活塞排量发出的功率称为升功率,一般为 22~44 kW(30~60 HP),个别发动机可达 59 kW(80 HP),活塞排量是指活塞在汽缸内自最下端移至最上端所扫过的容积。

10.1.3 二冲程活塞发动机的工作原理

二冲程活塞发动机的工作循环是在活塞的两个冲程内完成的,具体缸内工作过程如图 10.4 所示。

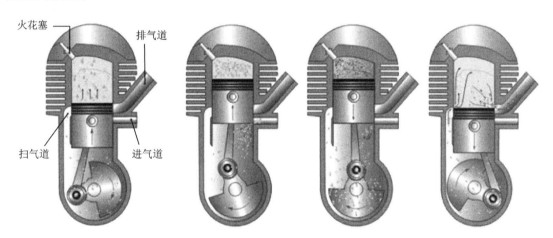

图 10.4 二冲程活塞发动机工作原理

第一冲程:压缩/进气。活塞从下止点向上止点移动,曲柄箱内经过压缩后的新鲜混气自扫气道进入气缸;当活塞上行至排气道关闭,新鲜混气开始被压缩,活塞继续上行至上止点,压缩结束;活塞上行时,曲轴箱内形成一定真空度,在内外压力差的作用下进气阀打开,曲轴箱吸入新鲜混气。

第二冲程:燃烧/排气。活塞在上止点前时,火花塞产生电火花,点燃气缸内的混合气;活塞运动到上止点后,燃烧过程中剧烈放热使气体膨胀推动活塞下行对外做功;活塞自上止点下行至排气道开启期间,曲轴箱内压力随体积减小而增大,由于其压力大于外界压力,进气阀关闭,曲轴箱内的新鲜混气被压缩;活塞下行至排气道开启,已燃废气经排气道排出,随后扫气道开启,曲柄箱内经过压缩的新鲜混合气经扫气道进入气缸,进一步排出已燃废气,该过程将一直延续到活塞下一循环上行至扫气道关闭。

10.1.4　航空活塞式发动机的辅助工作系统

发动机除主要部件外,还须有若干辅助系统与之配合才能工作。这些辅助系统主要有进气系统(进气系统是为了改善高空性能,在进气系统内常装有增压器,其功用是增大进气压力)、燃油系统、点火系统(点火系统主要包括高电压磁电机、输电线和火花塞)、起动系统(起动系统一般为电动起动机)、散热系统和润滑系统等。

10.2　冲压喷气发动机

冲压喷气发动机是一种利用迎面气流进入发动机后减速使空气提高静压的一种空气喷气发动机。它通常由进气道(又称扩压器)、燃烧室和推进喷管三部分组成。冲压发动机没有压气机,当然也就不需要燃气涡轮,所以又称为不带压气机的空气喷气发动机。

这种发动机压缩空气的方法是靠飞行器高速飞行时的相对气流进入发动机进气道中减速,将动能转变成压力能,例如进气速度为3倍声速时,理论上可使空气压力提高37倍。冲压发动机工作时,高速气流迎面向发动机吹来,在进气道内扩张减速,气压和温度升高后进入燃烧室与燃油(一般为煤油)混合燃烧,将温度提高到 2 000~2 200 ℃,甚至更高,高温燃气随后经推进喷管膨胀加速,并由喷口高速排出而产生推力。冲压发动机的推力与进气速度有关,如进气速度为3倍声速时,在地面产生的静推力可以超过 200 kN。

冲压发动机的构造简单、质量小、推重比大以及成本低,但因没有压气机,不能在静止的条件下起动,所以不宜作为普通飞机的动力装置,而常与别的发动机配合使用,成为组合式动力装置,如冲压发动机与火箭发动机组合,冲压发动机与涡喷发动机或涡扇发动机组合等。安装组合式动力装置的飞行器,在起飞时开动火箭发动机、涡喷或涡扇发动机,待飞行速度足够使冲压发动机正常工作时,再使用冲压发动机而关闭与之配合工作的发动机。在着陆阶段,当飞行器的飞行速度降低至冲压发动机不能正常工作时,又重新起动与之配合的发动机。如果冲压发动机作为飞行器的动力装置单独使用,则这种飞行器必须由其他飞行器携带至空中并具有一定速度时才能将冲压发动机起动后投放。冲压发动机或组合式冲压发动机一般用于导弹和超声速或亚声速靶机上。按应用范围划分,冲压发动机分为亚声速、超声速和高超声速三类。

10.2.1　亚声速冲压发动机

亚声速冲压发动机使用扩散形进气道和收敛形喷管,以航空煤油为燃料。飞行时增压比不超过 1.89,当飞行 Ma 小于 0.5 时,亚声速冲压发动机一般不能正常工作。亚声速冲压发动机用在亚声速航空器上,如亚声速靶机。

10.2.2　超声速冲压发动机

超声速冲压发动机采用超声速进气道(燃烧室入口为亚声速气流)和收敛形或收敛扩散形

喷管,采用航空煤油或烃类燃料。超声速冲压发动机的推进速度为亚声速至6倍声速,常用于超声速靶机和地对空导弹(一般与固体火箭发动机相配合)。

10.2.3 高超声速冲压发动机

高超声速冲压发动机燃烧在超声速下进行,使用碳氢燃料或液氢燃料,飞行 Ma 高达 $5\sim16$。目前,高超声速冲压发动机正处于研制之中。

由于超声速冲压发动机的燃烧室入口为亚声速气流,也有将前两类发动机统称为亚声速冲压发动机,而将第三种发动机称为超声速冲压发动机。

10.3 火箭发动机

火箭发动机是由我国首先创造出来的。早在唐代初年(约7世纪)火药就出现了,南宋时代火药用来制造烟火,其中包括"起花",大约在13世纪制成火箭。我国古代制造的火箭和"起花"所用的都是黑色火药,它们的工作原理和现代的固体燃料火箭是一样的。

同空气喷气发动机相比,火箭发动机的最大特点是它自身既带燃料,又带氧化剂,靠氧化剂来助燃,不需要从周围的大气层中汲取氧气,所以它不但能在大气层内,也可在大气层之外的宇宙真空中工作。这是任何空气喷气发动机都做不到的。目前发射的人造卫星、月球飞船以及各种宇宙飞行器所用的推进装置都是火箭发动机。

现代火箭发动机主要分固体推进剂发动机和液体推进剂发动机。所谓推进剂就是燃料(燃烧剂)加氧化剂的合称。

10.3.1 固体火箭发动机

固体火箭发动机为使用固体推进剂的化学火箭发动机。固体推进剂有聚氨酯、聚丁二烯、端羟基聚丁二烯和硝酸酯增塑聚醚等。

固体火箭发动机由药柱、燃烧室、喷管组件和点火装置等组成。药柱是由推进剂与少量添加剂制成的中空圆柱体,中空部分为燃烧面,其横截面形状有圆形、星形等。药柱置于燃烧室(一般为发动机壳体)中。在推进剂燃烧时,燃烧室须承受 $2\,500\sim3\,500$ ℃ 的高温和 $1\times10^7\sim 2\times10^7$ Pa 的压强,所以须用高强度合金钢、钛合金或复合材料制造燃烧室,并在药柱与燃烧内壁间装备隔热衬。

点火装置用于点燃药柱,通常由电发火管和火药盒(装黑火药或烟火剂)组成。通电后由电热丝点燃黑火药,再由黑火药点燃药柱。喷管除使燃气膨胀加速产生推力外,为了控制推力方向,常与推力向量控制系统组成喷管组件。该系统能改变燃气喷射角度,从而实现推力方向的改变。药柱燃烧完毕,发动机便停止工作。

固体火箭发动机与液体火箭发动机相比,具有结构简单,推进剂密度大,推进剂可以储存在燃烧室中常备待用和操纵方便可靠等优点。其缺点是比冲小(比冲也称为比推力,是发动机推力与每秒消耗推进剂质量的比值,单位为 s)。固体火箭发动机比冲在 $250\sim300$ s,工作时间短,加速度大导致推力不易控制,重复起动困难,从而不利于载人飞行。

固体火箭发动机主要用于火箭弹、导弹和探空火箭的发动机以及航天器发射和飞机起飞的助推发动机。

10.3.2 液体火箭发动机

液体火箭发动机是指使用液体推进剂的化学火箭发动机。常用的液体氧化剂有液态氧、四氧化二氮等,燃烧剂由液氢、偏二甲肼和煤油等。氧化剂和燃烧剂必须储存在不同的储箱中。

液体火箭发动机一般由推力室、推进剂供应系统和发动机控制系统组成。

推力室是将液体推进剂的化学能转变成推进力的重要组件。它由推进剂喷嘴、燃烧室和喷管组件等组成。推进剂通过喷注器注入燃烧室,经雾化、蒸发、混合和燃烧等过程生成燃烧产物,以 2 500～5 000 m/s 的速度从喷管中冲出而产生推力。燃烧室内压力可达约 200 MPa,温度为 3 000～4 000 ℃,故需要冷却。

推进剂供应系统的功用是按要求的流量和压力向燃烧室输送推进剂。按输送方式的不同,有挤压式(气压式)和泵压式供应系统。挤压式供应系统是利用高压气体经减压器减压后(氧化剂、燃烧剂的流量是靠减压器调定的压力控制)进入氧化剂、燃烧剂储箱,然后将其分别挤压到燃烧室中。挤压式供应系统只用于小推力发动机。大推力发动机则用泵压式供应系统,这种系统是用液压泵输送推进剂。

发动机控制系统的功用是对发动机的工作程序和工作参数进行调节和控制。工作程序包括发动机起动、工作和关机三个阶段,这一过程是按预定程序自动进行的。工作参数主要指推力大小及推进剂的混合比。

液体火箭发动机的优点是比冲高(250～500 s),推力范围大,单台推力在 $0.01×10^6$～$7×10^6$ N、能反复起动、能控制推力大小以及工作时间较长等。液体火箭发动机主要用于航天器发射、姿态修正与控制及轨道转移等。

10.4 可变循环喷气发动机

飞机的飞行速度是变化的,特别是有的飞机,要求在较宽的飞行领域有良好的性能,这就要求发动机根据不同的飞行状态,通过改变其内部流路的变化,使热力循环发生变化,这种发动机叫做可变循环喷气发动机。

从发动机设计理念可知,对于持续高马赫数飞行任务,需要高单位推力的涡喷循环;反之,如果任务强调低马赫数和长航程,就需要低耗油率的涡扇循环;当任务兼有超声速飞行和亚声速飞行或存在多设计点时,麻烦就出现了。为任务的某一部分设计的循环在飞行包线的其他地方性能就差。在燃油消耗几乎均分在超声速和亚声速飞行的混合任务中或在多工作点是必需的情况下,可变循环喷气发动机显示出巨大的潜力。

可变循环喷气发动机是通过改变发动机一些部件的几何形状、尺寸或位置来改变其热力循环的燃气涡轮发动机。利用变循环改变发动机循环参数,如增压比、涡轮前温度、空气流量和涵道比,可以使发动机在各种飞行和工作状态下都具有良好的性能。

飞机发动机技术提升的核心在于如何提高燃油使用效率。喷气式飞机原理是将空气吸入发动机后和燃油混合加热,然后高温高压气体向后喷出,按照牛顿第二定律,飞机就可以获得一个反推力。但这个高温高压气体本身就拥有很大的能量,也就是说,这些能量被白白浪费掉了,但有时候为了机动性则不得不这样做,以往的飞机,往往是涡喷就只能是涡喷模式工作,是涡扇就只能是涡扇模式工作。而在飞机航行的整个过程中,往往有很多路程是不需要使用这种高油耗率的工作方式的。而在靠近战场时,为了接敌,则需要高速机动,为了机动空战则需要跨声速飞行模式。于是可变循环发动机就是把这三种模式结合起来,合理规划,以求达到最佳的使用效果。图 10.5 所示为可变循环喷气发动机工作原理。

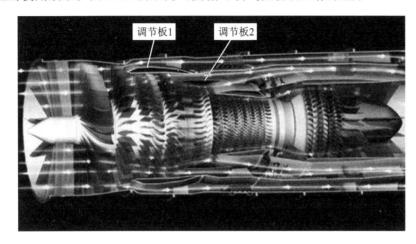

扫码
查看彩图

注:可变循环发动机的三道气流分别为蓝色、绿色、红色,而涡扇发动机只有绿色和红色的气流,涡喷发动机只有一道红色气流。

图 10.5 可变循环喷气发动机工作原理

发动机从前往后的结构一般依次为:进气道—压气机—燃烧室—涡轮—喷口,对应的过程是:空气吸入—空气压缩增压—空气混合燃烧—带动涡轮旋转—尾部喷出做功。可变循环发动机则采用涡轮风扇体制,将气流分在三个涵道,但这三个涵道可以变换大小口径,通过组合搭配成就最佳的工作模式,在需要经济巡航时,两个调节板向下调节,挡住通过燃烧室的气流,使发动机工作在螺旋桨模式,当需要进行跨声速机动时,调节板 1 向下,调节板 2 向上,组成一个涡扇发动机。当要进行超声速巡航时,调节板 1、2 均向上偏,使其成为一台涡喷发动机。假如发动机使用了任务规划体制,还可以根据不同的任务用计算机规划发动机的作用方式以求达到最佳作战效能。

这个措施看起来简单,但工程实现十分难,发动机在高温高压和极高转速情况下工作时,最好不要有任何结构变换,否则会使发动机部件损伤并出现安全问题,挡板的偏移也会带来气流的瞬时畸变,导致发动机工作不稳定甚至停车。从研制该技术的 GE 公司官网宣传资料获知,使用这一技术后,在同等燃油的情况下飞机的滞空时间可以提高 50%,航程增加 33%,减少 25% 的燃油消耗,达到 60% 的燃油热吸收率。

当黑鸟的心脏——J58 发动机咆哮的时候,很少有人能不为之动容,J58 也是可变循环喷气发动机,却与 GE 走的是不同的发展路线。J58 是在涡轮喷气和压气机辅助冲压发动机之间转换的变循环。普·惠公司(Pratt&Whitney,中文全称为普拉特·惠特尼公司)20 世纪五六十年代开发的这个发动机使黑鸟以 3.2 倍声速持续飞行。直到几十年后的今天,黑鸟仍保持着使用空气发动机的载人飞机的官方最快速度记录。

从图 10.6 所示的 J58 发动机照片中可以清楚地看到三个粗大的管子,它们一端连接发动机压气机,另一端连接发动机加力燃烧室。J58 的另一侧有同样的三个管子,这六个粗大的管子叫做涡轮旁路管道,它们起自 J58 的第四级与第五级压气机之间,终于涡轮后面、加力燃烧室之前。在活门的作用下,这些涡轮旁路通道使得 J58 得以在涡喷和冲压发动机模式之间转

图 10.6　J58 发动机

换。发动机上方的管路就是涡轮旁路通道。这个通道在第四级和第五级压气机之间与发动机通过内部排气活门连接,然后终止于加力燃烧室。内部排气活门后面的外部排气活门,其作用是调节涡轮旁路通道中的气压。

当黑鸟在低速飞行时,内部排气活门关闭,压气中所有气流进入主燃烧室,以典型的涡轮喷气方式工作。

当黑鸟以 3 倍声速飞行时,内部排气活门开启,前四级压气机中的一部分气流通过内部活门和涡轮旁路通道直接进入加力燃烧室。这些经前四级压气机压缩的空气在加力燃烧室中为加力燃烧室喷出的燃料提供燃烧的氧气,从而使 J58 以压气机辅助冲压的方式工作。

10.5　齿轮传动式涡扇发动机:下一代民机动力的优先选择

出于对燃油经济性和绿色环保产品的不懈追求,普·惠公司、罗尔斯·罗伊斯公司(简称罗·罗公司)和 GE 公司等世界著名发动机制造商均在已有产品体系框架下不断尝试推出新型发动机产品,以满足时刻变化的市场需求。这些产品以传统发动机构型为基础,通过引入架构上的根本性变化,极大地提高了发动机的燃油效率,有些产品已经成了下一代民用飞机动力的优先选择。

齿轮传动涡扇发动机(Geared Turbofan Engine,GTF)(见图 10.7)是传统双轴发动机的一种衍生型,其不同之处在于发动机风扇与低压涡轮转子之间加装了减速齿轮传动系统,该系统的具体位置在风扇转子之后;通过该齿轮系统的变速衔接,可以使风扇和涡轮在各自最优工作转速情况下运转,从而达到整机性能优化的目的。

最早的美国霍尼韦尔公司研发的 TFE731、ALF502 系列发动机产品,普·惠公司研发的用于单通道客机的 PW1000G 系列发动机,均为 GTF 的典型代表。

随着现代高性能涡扇发动机涵道比的不断增大,风扇叶片直径呈现增加趋势;尽管低压转子的转速没有明显增加,但风扇叶尖直径速度依然不断得到提高。当风扇叶片叶尖切向速度达到跨声速时,将引起风扇效率的急剧下降,使整机性能衰退,不利于压气机的喘振防护。

GTF 的出现从根本上解决了这一问题。由于风扇齿轮箱的存在,压气机和涡轮可以在很高的转速下独立运转,充分利用航空煤油燃烧后释放的化学能和压气机对内流空气的做功;当能量通过齿轮箱减速增扭传递至风扇后,可以对外部空气做功,产生发动机所需推力。通过预先设定的齿轮箱传动比,可以将风扇转速控制在所需范围内,从而避免风扇叶片叶尖切向速度达到声速。

普·惠公司将这一构型的 PW1000G 誉为下一代单通道客机动力单元的"游戏改变者",并对其航线表现寄予厚望。事实上,从空客 A320 neo、庞巴迪新一代 C 系列、巴西 Embraer 公司下一代 E 系列以及日本新一代支线客机 MRJ 飞机独家选取 PW1000G 发动机作为动力单元的现状来看,人们有理由相信 GTF 将以优异的表现重新回到支线客机和单通道客机市场。

根据发动机设计原理,随着发动机涵道比的增大和风扇转速的降低,发动机的整机油耗和

图 10.7　齿轮传动式涡轮发动机结构示意图

噪声均得到改善，因此，同等技术水平下 GTF 的噪声和油耗均优于涡扇发动机。

普·惠公司的分析表明，装配有 GTF 的单通道客机可使飞机相对现有同类机型降低 15% 的燃油消耗，在满足 CAEP/8 排放标准的同时，每年还可减少 3 600 吨氮氧化物排放。同时，相比传统发动机，GTF 在涵道比、噪声、油耗方面的整体表现都优于传统发动机，且飞机起飞时的噪声低于传统发动机。

GTF 的另一大优势是具备了充足的性能裕度，在必要的条件下，可以使发动机的性能表现得到跨越式提升。依据发动机设计原理，追求更低燃油消耗率和推力表现的一种普遍技术途径为不断提高压气机增压比和燃烧温度，并相应提高转子转速来满足发动机控制律要求。

这一实质上提高热机效率的举措所带来的负面影响便是需要在热端部件采用更加耐高温的材料，或在材料不变的情况下适当增加发动机二次空气系统间冷却气体的流量。此时，发动机材料的安全裕度在高性能内部参数面前退化到最低接受程度，虽可以确保在一定时期内发动机可靠运行，但发动机自身性能改善裕度已所剩无几，并增加了长时间运行后发生故障的风险。

GTF 则选择了另一条技术途径：通过提高低压系统效率来提高整机的推进效率。具体表现为：通过减速齿轮箱的衔接，保持低压转子在高速优化转速下运转，同时确保风扇在低转速、高效率下工作，在保持材料安全裕度的同时达到高性能表现。一旦材料升级或设计技术改善，GTF 的性能可以再次得到提升。

当然，这同样会面临前一种技术途径所需承担的风险，是否需要进行性能升级，最终由客户需求和市场前景来决定。

普·惠公司认识到配有齿轮传动式风扇的涡扇发动机的优势，同时注意到 Garrett 公司在将齿轮箱应用于风扇时所遇到的问题。普·惠公司需要为其全新单通道发动机系列配备 30 000 马力(22 050 kW)的齿轮箱。因此，普·惠公司耗费 20 年时间潜心研究行星齿轮箱的应用。该公司首款获得认证的齿轮传动式涡扇发动机是供庞巴迪 C 系列飞机使用的 PW1500G 发动机,于 2013 年 2 月取得认证。首款进入市场的齿轮传动式涡扇发动机是图 10.8 所示的供空客 A320 neo 使用的 PW1100G 发动机。

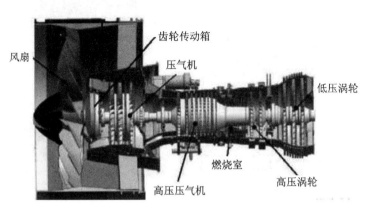

图 10.8　PW1100G 齿轮传动式涡扇发动机

第 11 章 航空发动机发展回顾与展望

11.1 引　言

1903 年 12 月 17 日,美国莱特兄弟实现了人类历史上首次有动力、载人、持续、稳定和可操作的重于空气飞行器的飞行。这使得几千年来由少数人从事的飞行探索事业在后来的百年中发展成为对世界政治、经济、军事、技术以至人们的生活方式都产生了重要影响的航空业。因此,航空发动机从狭义上是航空器飞行的动力,从广义上讲它也是航空事业发展的推动力。

航空发动机的百年历史大致可分为两个时期。第一个时期从莱特兄弟的首次飞行开始到第二次世界大战结束为止。在这个时期内,活塞式发动机统治了 40 年左右。第二个时期从第二次世界大战结束至今。几十年来,航空燃气涡轮发动机取代了活塞式发动机,开创了喷气时代。目前,航空燃气涡轮发动机居航空动力的主导地位。

在跨入新世纪之际,航空发达国家已经制订和正在实施一系列航空涡轮发动机能力翻番的技术发展计划,并已取得阶段性成果。这些计划正从过去重视提高能力转向提高经济承受性。可以说,航空涡轮发动机技术正呈现出加速发展的态势。此外,人们还在探索各种非传统新型航空动力,包括超微型涡轮发动机、高超声速推进系统和各种新能源动力。

11.2 发展回顾

11.2.1 活塞式发动机——开创动力飞行新纪元

很早以前,我们的祖先就幻想像鸟一样在天空中自由飞翔,人们也曾做过各种飞行尝试,但是多半因为动力源问题未获得解决而以失败告终。最初曾有人把专门设计的蒸汽机装到飞机上去,但因为发动机质量太大而没有成功。到 19 世纪末,在内燃机开始用于汽车的同时,人们即联想到把内燃机用到飞机上作为其飞行的动力源,并着手这方面的试验。

1903 年,莱特兄弟改装了一台 4 缸、水平直列式水冷发动机,并将其成功地用到他们的"飞行者一号"飞机上进行飞行试验。这台发动机只发出 8.95 kW 的功率,质量却有 81 kg,功重比为 0.11 kW/kg。发动机通过两根链条,带动两个直径为 2.6 m 的木制螺旋桨。首次飞行的留空时间只有 12 s,飞行距离为 36.6 m,但它是人类历史上第一次有动力、载人、持续、稳定及可操作的重于空气的飞行器成功飞行。

此后,在飞机用于战争的目的的推动下,航空在世界范围特别是在欧洲开始蓬勃发展起来,法国在当时处于领先地位。美国虽然发明了动力飞机并且制造了第一架军用飞机,但在参战时连一架可用的新式飞机都没有。在前线的美国航空中队的 6 287 架飞机中有 4 791 架法国制造的飞机。"斯佩德"战斗机装备伊斯潘诺-西扎 V 型液冷发动机,这种发动机的功率已达 130~220 kW,功重比为 0.7 kW/kg 左右,飞行速度超过 200 km/h,升限为 6 650 m。

当时,飞机的飞行速度还比较小,气冷发动机冷却困难。为了冷却,发动机裸露在外,阻力又较大。因此,大多数飞机特别是战斗机采用的是液冷式发动机。1908 年由法国塞甘兄弟发明的旋转汽缸气冷星型发动机曾风行一时。这种曲轴固定而汽缸旋转的发动机终因功率较大受到限制,在固定汽缸的气冷星型发动机的冷却问题解决之后便退出了历史舞台。

在两次世界大战期间,活塞式发动机领域出现几项重要的发明:发动机整流罩既减小了飞机阻力,又解决了气冷发动机的冷却困难问题,甚至可以设计成两排或四排汽缸的发动机,为增加功率创造了条件;废气涡轮增压器提高了高空条件下的进气压力,改善了发动机的高空性能;变矩螺旋桨可增加螺旋桨的效率和发动机的功率输出;内充金属钠的冷却排气门解决了排气门过热的问题;向汽缸内喷水和甲醇的混合液可在短时内增加 1/3 的功率;高辛烷值燃料提高了燃油的抗爆性,使汽缸内燃烧前压力由 2~3 逐步增加到 5~6,甚至 8~9,既提高了升功率,又降低了耗油率。

从 20 世纪 20 年代中期开始,气冷发动机发展迅速,但液冷发动机仍有一席之地。在此期间,在整流罩解决了阻力和冷却问题后,气冷星型发动机由于有刚性大,质量小,可靠性、维修性和生存性好,功率增长潜力大等优点而得到迅速发展,并开始在大型轰炸机、运输机和对地攻击机上取代液冷发动机。在 20 世纪 20 年代中期,美国莱特公司和普·惠公司先后发展出单排的"旋风"和"飓风"以及"黄蜂"和"大黄蜂"发动机,最大功率超过 400 kW,功重比超过 1 kW/kg。到第二次世界大战爆发时,由于双排气冷星型发动机的研制成功,发动机功率已提高到 600~820 kW。此时,螺旋桨战斗机的飞行速度已超过 500 km/h,飞行高度达 10 000 m。

在第二次世界大战期间,气冷星型发动机继续向大功率方向发展。其中比较著名的有普·惠公司的双排"双黄蜂"(R-2800)和四排"巨黄蜂"(R-4360)。前者在 1939 年 7 月 1 日定型,开始时功率为 1 230 kW,共发展出 5 个系列几十个改型,最大功率达到 2 088 kW,大量用于军用及民用飞机和直升机。单单为 P-47 战斗机就生产了 24 000 台 R-2800 发动机,其中 P-47J 的最大飞行速度达 805 km/h。虽然有争议,但据说这是第二次世界大战中飞得最快的战斗机。R-2800 发动机在航空史上具有特殊的地位。在航空博物馆或航空展览会上,R-2800 总是放置在中央位置。甚至有的航空史书上说,如果没有 R-2800 发动机,在第二次世界大战中盟国取胜要困难得多。"巨黄蜂"有四排 28 个汽缸,排量为 71.5 L,功率为 2 200~3 000 kW,是世界上功率最大的活塞式发动机,用于一些大型轰炸机和运输机。1941 年,围绕 6 台 R-4360 发动机设计的 B-36 轰炸机是少数推进式飞机之一,但未投入使用。莱特公司生产的 R-2600 和 R-3350 发动机也是很有名的双排气冷星型发动机。"双黄蜂"在 1939 年推出,功率为 1 120 kW,用于波音公司"快帆"314 型四发水上飞机以及一些较小的鱼雷机、轰炸机和攻击机。"快帆"314 型飞机也是第一架载买票旅客飞越大西洋的飞机。"巨黄蜂"在 1941 年投入使用,开始时功率为 2 088 kW,主要用于著名的 B-29"空中堡垒"战略轰炸机。R-3350 在战后发展出一种重要改型——涡轮组合发动机。该发动机的排气驱动 3 个沿周向均布的废气涡轮,每个涡轮最大可发出 150 kW 的功率。这样,R-3350 的功率提高到 2 535 kW,耗油率低达 0.23 kg/(kW·h)。1946 年 9 月,装有两台 R-3350 涡轮组合发动机的 P2V1"海王星"飞机创造了 18 090 km 的空中不加油的飞行距离世界纪录。液冷发动机与气冷发动机之间的竞争在第二次世界大战中仍在继续。液冷发动机虽然有许多缺点,但它的迎风面积小,对高速战斗机特别有利。而且,战斗机的飞行高度高,受地面火力的威胁小,液冷发动机易损的弱点不突出。所以,它在许多战斗机上得到应用。例如,美国在第二次世界大战中生产量最大的 5 种战斗机中有 4 种采用液冷发动机。其中,值得一提的是英国罗·罗公司的梅林发动机。1935 年 11 月,安装了梅林发动机的"飓风"战斗机首次飞行时,功率达到 708 kW;1936 年在"喷火"战斗机上飞行时,功率提高到 783 kW。这两种飞机都是第二次世界大战期间著名的战斗机,速度分别达到 624 km/h 和 750 km/h。梅林发动机的功率在第二次世界大战末期达到 1 238 kW,甚至创造过 1 491 kW 的纪录。美国派克公司按专利生产了梅林发动机,用于改装 P-51"野马"战斗机,使一般的飞机变成战时最优秀的战斗机。"野马"战斗机采用一种不常见的五叶螺旋桨,安装梅林发动机后,最大速度达到 760 km/h,飞行高度为 15 000 m。除具有当时最快的速度外,"野马"战斗机的另一个突出的优点是有惊人的远航能力,它可以把盟军的轰炸机一直护送到柏林。到战争结束时,"野马"战斗机在空战中共击落敌机 4 950 架,居欧洲战场的首位。在远东和太平洋战场上,由于"野马"战斗机的参战,结束了日本"零"式战斗机的霸主地位。航空史学界把"野马"飞机看作螺旋桨战斗机的顶峰之作。

在第二次世界大战中和战后,航空业最主要的技术进展有直接注油、涡轮组合发动机和低压点火。

在两次世界大战的推动下,发动机的性能提高很快,从单机功率不到 10 kW 增加到 2 500 kW,功重比从 0.11 kW/kg 提高到 1.5 kW/kg,升功率从每升排量几千瓦增加到四五十千瓦,耗油率从约 0.50 kg/(kW·h) 降低到 0.23~0.27 kg/(kW·h),翻修寿命从几十小时延长到 2 000~3 000 h。到第二次世界大战结束时,活塞式发动机已经发展得相当成熟,以它为动力的螺旋桨飞机的飞行速度从 16 km/h 提高到近 800 km/h,飞行高度达到 15 000 m。可以说,活塞式发动机已经达到其发展的顶峰。

在第二次世界大战结束后,由于涡轮喷气发动机的发明而开创了喷气时代,活塞式发动机逐步退出主要航空领域,但功率小于 370 kW 的活塞式发动机仍广泛应用在轻型低速飞机和直升机上,如行政机、农林机、勘探机、体育运动机、私人飞机和各种无人机,旋转活塞发动机在无人机上崭露头角,而且美国 NASA 还正在发展用航空煤油的新型二冲程柴油机供下一代小型通用飞机使用。

美国 NASA 已经实施了一项通用航空推进计划,为未来安全舒适、操作简便和价格低廉的通用轻型飞机提供动力技术。这种轻型飞机大致是 4~6 座的,飞行速度在 365 km/h 左右,一个方案是用涡轮风扇发动机,用它的飞机稍大,有 6 个座位,速度偏高;另一个方案是用狄塞尔循环活塞式发动机,用它的飞机有 4 个座位,速度偏低。对发动机的要求为功率 150 kW,耗油率 0.22 kg/(kW·h),满足未来的排放要求,制造和维修成本降低一半。到 2000 年,该计划已经进行了 500 h 以上的发动机地面试验,功率达到 130 kW,耗油率为 0.23 kg/(kW·h)。

11.2.2 燃气涡轮喷气发动机——开创了航空发展的"喷气时代"

从第二次世界大战结束至今的几十年来,燃气涡轮发动机取代了活塞式发动机,开创了喷气时代,居航空动力的主导地位。在技术发展的推动下,涡轮喷气发动机、涡轮风扇发动机、涡轮螺旋桨发动机、桨扇发动机和涡轮轴发动机在不同时期的不同飞行领域内发挥着各自的作用,使航空器性能跨上一个又一个新的台阶。

英国的惠特尔公司和德国的奥海因公司分别在 1937 年 7 月和 1937 年 9 月研制成功了离

心式涡轮喷气发动机 WU 和 HeS3B。WU 推力为 530 daN,但 1941 年 5 月 15 日首次试飞的格罗斯特公司 E28/39 飞机上安装的是其改进型 W1B,推力为 540 daN,推重比为 2.20。HeS3B 推力为 490 daN,推重比为 1.38,于 1939 年 8 月 27 日率先装在亨克尔公司的 He-178 飞机上试飞成功。这是世界上第一架试飞成功的喷气式飞机,开创了喷气推进新时代和航空事业的新纪元。

世界上第一台实用的涡轮喷气发动机是德国的尤莫-004,1940 年 10 月开始台架试车,1941 年 12 月推力达到 980 daN,1942 年 7 月 18 日装在梅塞施米特 Me-262 飞机上试飞成功。自 1944 年 9 月至 1945 年 5 月,Me-262 共击落盟军飞机 613 架,自己损失 200 架(包括非战斗损失)。英国的第一种实用涡轮喷气发动机是 1943 年 4 月罗·罗公司推出的威兰德,推力为 755 daN,推重比为 2.0。该发动机当年投入生产后即装备在"流星"战斗机上,于 1944 年 5 月交于英国空军使用。该机曾在英吉利海峡上空成功地拦截了德国的 V-1 导弹。

第二次世界大战后,美、苏、法通过买专利或借助从德国取得的资料和人员,陆续发展了本国第一代涡轮喷气发动机。其中,美国通用电气公司的 J47 轴流式涡喷发动机和苏联克里莫夫设计局的 RD-45 离心式涡喷发动机的推力都在 2 650 daN 左右,推重比为 2~3,它们分别在 1949 年和 1948 年装在 F-86 和米格-15 战斗机上。这两种飞机在朝鲜战争期间展开了空中较量。20 世纪 50 年代初,加力燃烧室的采用使发动机在短时间内能够大幅度提高推力,为飞机突破声障提供了足够的推力。典型的发动机有美国的 J57 和苏联的 RD-9B,它们的加力推力分别为 7 000 daN 和 3 250 daN,推重比分别为 3.5 和 4.5,它们分别装在超声速的单发 F-100 和双发米格-19 战斗机上。

在 20 世纪 50 年代末和 60 年代初,各国研制了一批可用于马赫数为 2 以上飞机的涡喷发动机,如 J79、J75、埃汶、奥林帕斯、阿塔 9C、R-11 和 R-13,推重比已达 5~6。在 20 世纪 60 年代中期还发展出可用于马赫数为 3 一级飞机的 J58 和 R-31 涡喷发动机。到 20 世纪 70 年代初,用于"协和"超声速客机的奥林帕斯 593 涡喷发动机定型,最大推力达到 17 000 daN。从此再没有重要的涡喷发动机问世。

11.2.3　涡轮风扇发动机——再次改变了航空业的面貌

如前所述,涡轮喷气发动机在航空发展史中占有重要的地位,做出了巨大的贡献;但是它还有严重的缺点,即经济性差,耗油率较高,一般为 0.80~0.95 kg/(daN·h)。

而涡轮风扇发动机是一种能产生大的推力而排气速度较低的发动机。与涡轮喷气发动机相比,它的经济性有较大的改善,耗油率约降低 1/3。涡扇发动机的发展是从民用发动机开始的。世界上第一台涡扇发动机是 1959 年定型的英国康维,推力为 5 730 daN,用于 VC-10、DC-8 和 B707 客机,涵道比有 0.3 和 0.6 两种,耗油率比同时期的涡喷发动机低 10%~20%。

在第一种涡轮风扇发动机问世后,很快被各种新型旅客机所选用。有些原采用涡轮喷气发动机作为动力的旅客机也换装了涡轮风扇发动机。例如,波音 B707 飞机原装有 4 台 JT3C 涡轮喷气发动机,在这种形势下,立即将 JT3C 的前三级低压压气机的叶片加长改成涡轮风扇发动机 JT3D。这样的改型,使发动机推力加大(起飞推力增加 50%,巡航推力增加 27%),耗油率降低(巡航耗油率降低 13%),大大地改进了波音 B707 的性能。以后,涡扇发动机向低涵道比的军用加力发动机和高涵道比的民用发动机两个方向发展。

20 世纪 60 年代研制的旅客机大多都采用了低涵道比(1.5~2.5)的涡轮风扇发动机。由于涡扇发动机有内、外两个涵道,发动机的外径较大,因此,当时认为这种发动机除用于客机外,还可用于轰炸机,但是不适合用在战斗机上。

20世纪60年代中期,美国开始发展比当时最先进的F-4战斗机性能还要好的"空中优势战斗机"。由于这种战斗机强调要具有高机动性,因此要求飞机的推重比大于1.0。这就要求发动机具有高的推重比(8.0级)、低的巡航耗油率。显然,涡轮喷气发动机是不能满足这些要求的,于是利用涡轮风扇发动机耗油率低的特点,采用大量先进技术,发展了直径较小、推力大(11 000 daN左右)、推重比大(8.0左右)的带加力燃烧室的涡轮风扇发动机,并先后装备在F-15、F-16战斗机上。F-15于1974年在美国空军投入服役,现在F-15仍然是世界上最先进的战斗机之一。此后,新研制的战斗机均采用了带加力燃烧室的涡扇发动机,例如美国的F/A-18、F-117,欧洲的"阵风"(装M88-2,图三),苏联的米格-29、苏-27等。

20世纪60年代初期,美国空军提出发展远程大型战略运输机的计划,要求这种飞机能一次运载包括直升机、大型坦克和吉普车等军事装备飞行10 000 km以上。典型的装载为350名全副武装的士兵,或6架AH-64武装直升机,或16辆载重卡车等。为此,要研制一种机身较宽、起飞总质量在350 t左右的大型飞机,其载油量约为150 t,有效载重约120 t。为满足这种飞机的要求,需研制一种推力约为20 000 daN,耗油率约比小涵道比涡轮风扇发动机低1/3的大型发动机。显然,对于这些要求,改进衍生用于波音B707等的小涵道比涡轮风扇发动机的办法是无法满足的,只能发展一种全新的发动机。于是在广泛应用各种先进技术的基础上,采用三高循环参数,即高涵道比(5~8)、高总压比(25左右)和高涡轮前温度(1 600~1 650 K),成功研制了高涵道比涡轮风扇发动机的新一代发动机TF39、JT9D、CF6和RB211。有了这种性能的发动机,美空军战略运输机C-5A才于1970年投入部队使用。

当年参加研制这种飞机的投标商有美国的三大著名飞机制造商:波音公司、洛克希德公司和道格拉斯公司。这三家公司均以参与投标的方案为基础,研制出新一代宽体机身(每排安排10个座位,以往的旅客机为6座)、能乘坐350~450乘客、航行10 000 km的大型客机:波音B747(1970年投入营运)、DC-10(1971年投入营运)、L1011(1972年投入营运)。用于这三型飞机的发动机就是上述的高涵道比涡轮风扇发动机。可以毫不夸张地讲,如果没有新一代的高涵道比涡扇发动机,C-5A、波音B747、DC-10等飞机就不可能出现。随后,在20世纪70年代后期至80年代中期,除不断改进提高JT9D等发动机的性能外,又发展了各种推力级的发动机,以满足新的、各种型号旅客机的要求及用于对老式旅客机的改造工程。

在20世纪七八十年代,各国研制出推重比为8级的涡扇发动机,如美国的F100、F404、F110,欧洲三国(英国、法国、德国)的RB199,苏联的RD-33和AL-31F。它们装备在一线的第三代战斗机上,如F-15、F-16、F-18、"狂风"、米格-29和苏-27。目前,推重比为10一级的涡扇发动机已研制成功,它们包括美国的F-22/F119、西欧的EFA2000/EJ200和法国的"阵风"/M88。其中,F-22/F119具有第四代战斗机代表性特征——超声速巡航、短距起落、超机动性和隐身能力。美国也重新启动了用于超声速垂直起飞短距着陆的装载JSF动力装置的F136发动机的研制工作。

自20世纪70年代第一代推力在20 000 daN以上的高涵道比(4~6)涡扇发动机投入使用以来,大型宽体客机的时代到来了。后来,又发展出推力小于20 000 daN的不同推力级的高涵道比涡扇发动机,并广泛用于各种干线和支线客机。10 000~15 000 daN推力级的CFM56系列已生产了13 000多台,并创造了机上寿命超过30 000 h的记录。民用涡扇发动机投入使用以来,已使巡航耗油率降低一半,噪声下降 20 dB,CO、UHC、NO_x 分别减少 70%、90%、45%。20 世纪 90 年代中期装备波音 B777 的第二代高涵道比(6~9)涡扇发动机的推力超过 35 000 daN。其中,通用电气公司 GE90 - 115B 在 2003 年 2 月创造了 56 900 daN 的发动机推力的世界纪录。目前,普·惠公司正在研制新一代涡扇发动机 PW8000,这种齿轮传动涡扇发动机的推力为 11 000~16 000 daN,涵道比 11,耗油率下降 9%。

11.2.4 涡桨/涡轴发动机——满足航空动力多样化需求

1942 年,英国开始研制世界上第一台涡桨发动机——曼巴。该机装在海军"塘鹅"舰载反潜飞机上。此后,英国、美国和苏联陆续研制出多种涡桨发动机,如达特、T56、AI - 20 和 AI - 24。这些涡桨发动机的耗油率低,起飞推力大,并将其装备在了一些重要的运输机和轰炸机上。美国在 1956 年将涡桨发动机 T56/501 装于 C - 130 运输机、P3 - C 侦察机和 E - 2C 预警机。该发动机的功率范围为 2 580~4 414 kW,有多个军用及民用系列,已生产了 17 000 多台,出口到 50 多个国家和地区,是世界上生产数量最多的涡桨发动机之一,至今还在生产。苏联的 HK - 12M 的最大功率达 11 000 kW,用于图-20"熊"式轰炸机、安-22 军用运输机和图-114 民用运输机。但因螺旋桨在吸收功率、尺寸和飞行速度方面的限制,在大型飞机上涡轮螺旋桨发动机逐步被涡轮风扇发动机所取代,但在中小型运输机和通用飞机上仍有一席之地。其中加拿大普·惠公司的 PT6A 发动机是典型代表,到 2000 年,这个功率范围为 350~1 100 kW 的发动机系列已发展出 30 多个改型,用于 144 个国家的近百种飞机,共生产了 30 000 多台。美国于 20 世纪 90 年代在 T56 和 T406 的基础上研制出供新一代高速支线飞机用的 AE2100 发动机是当前最先进的涡桨发动机之一,功率范围为 2 983~5 966 kW,其起飞耗油率很低,为 0.249 kg/(kW·h)。

2007 年 11 月欧洲四国(英国、德国、法国、意大利)为欧洲中型军用运输机 A400M 交付了首台飞行试验 TP400 涡桨发动机。该发动机以法国的 M88 的核心机为基础,功率为 7 460 kW。

在 20 世纪 80 年代后期,掀起了一阵性能上介于涡桨发动机和涡扇发动机之间的桨扇发动机热。一些著名的发动机公司都在不同程度上进行了预研和试验,其中通用电气公司的无涵道风扇(UDF)GE36 曾进行了飞行试验。由于种种原因,只有俄罗斯和乌克兰的安-70 飞机和 D - 27 桨扇发动机进入工程研制并计划成批生产装备部队。但因飞机技术老化、发动机噪声不符合欧洲标准和试验中发生的问题较多,俄乌双方做出了放弃装备该机的决定。

从 1950 年法国透博梅卡公司研制出 206 kW 的阿都斯特Ⅰ型涡轴发动机并装备在美国的 S52 - 5 直升机上首飞成功后,涡轮轴发动机在直升机领域逐步取代活塞式发动机而成为最主要的动力形式。几十年以来,涡轴发动机已成功地发展出四代,功重比已从 2 kW/kg 提高到 6.8~7.1 kW/kg。第三代涡轴发动机是 20 世纪 70 年代设计,80 年代投产的产品。主要代表机型有马基拉、T700 - GE - 701A 和 TV3 - 117VM,装备 AS322"超美洲豹"、UH - 60A、AH - 64A、米-24 和卡-52 等机型。第四代涡轴发动机是 20 世纪 80 年代末 90 年代初开始研制的新一代发动机,代表机型有英、法联合研制的 RTM322,美国的 T800 - LHT - 800,德法英联合研制的 MTR390 和俄罗斯的 TVD1 500,用于 NH - 90、EH - 101、WAH - 64、RAH - 66 "科曼奇"、PAH - 2/HAP/HAC"虎"和卡-52 等机型。世界上最大的涡轮轴发动机是乌克兰的 D - 136,起飞功率为 7 500 kW,装有两台发动机的米-26 直升机可运载 20 t 的货物。以

T406涡轮轴发动机为动力的倾转旋翼机V-22突破常规旋翼机400 km/h的飞行速度上限，将速度提高到638 km/h。

早在2000年时，美国陆军就提出过"黑鹰"和"阿帕奇"的换发计划，并启动了共用发动机项目(CEP)。但可能由于技术方面的原因，CEP项目并没有真正启动。

2007年，美国在通用经济可承受先进涡轮发动机(VAATE)计划下，安排了先进经济可承受的涡轮发动机(AATE)预研计划，该计划是针对"黑鹰"和"阿帕奇"的换发型号而进行的预研项目。ITEP项目是AATE计划的延续，目的是承接后者的预研工作，把所研究的先进技术推进到工程与制造阶段，为"黑鹰"和"阿帕奇"换装全新的2 240 kW级别的先进涡轴发动机。

2012年10月，ITEP项目正式启动。同年11月，该项目进入了装备方案分析阶段。ITEP项目在2013年底达到里程碑A，2015年9月发布需求征询书，使ATEC公司的HPW3000(2017年授予编号T900)发动机和GE公司的GE3000(2017年授予编号T901)发动机进入竞争性的技术开发阶段。2016年8月，陆军将总价值2.56亿美元的ITEP初步设计合同授予ATEC和GE两家公司，并准备在2018年进行完全初步设计评审。陆军希望ITEP项目在2019年进入工程与制造发展阶段。在这个阶段，陆军将只选出一型发动机进行研制、地面试验和飞行试验，另一型则被淘汰出局。陆军计划在2024年使ITEP发动机投入服役，2027年达到全速生产能力。

11.2.5　新一代发动机——发展性能更好的发动机

1990年，波音公司提出用5年时间发展一种新型的、能飞任何航线的双发大型客机B777（从保证客机的安全出发，双发客机除经严格考核特准外，不能开通飞越大洋的航线）。这种客机能运载350余名乘客，飞行7 500～10 000 km。要求所用发动机不仅推力大(37 000～45 400 daN)，而且要有极高的可靠性，飞行中不能出现停车事件。这是对航空发动机业的又一严峻挑战。世界著名的三家航空发动机公司（波音公司、普·惠公司和通用公司）迎接了这一挑战。他们分别用4年多时间研制出了当代推力最大的高涵道比涡轮风扇发动机GE90、PW4084、遄达800。波音公司由于及时地获得了所需的发动机，使得波音B777按原定计划于1995年6月投入营运，并取得了巨大成功。

波音B777投入使用后，空中客车公司及波音公司又先后提出要发展能运载900余人（全经济舱布局）的四发巨型客机。它要求发动机的推力介于波音B777与波音B747所用发动机的推力之间，但直接使用成本要比后两者的低10%。

1998年2月，普·惠公司公布了齿轮传动风扇的新型高涵道比涡轮风扇发动机PW8000的研制计划。这是发动机发展中的又一重大举措。由于在风扇与低压压气机间装了一种新型减速器，风扇、低压涡轮均处于最优转速下工作，可使发动机中压气机、涡轮总级数减少40%，叶片数减少50%。该减速器可传递23 860 kW的功率，输入转速为9 160 r/min，减速比为3∶1，质量为640 kg，外径为0.457 m，传动效率高达99.5%。这是在减速器的发展中取得的重大突破。

在战斗机需求方面，推重比为10的发动机研制获得重大进展。自20世纪80年代中期起，发动机公司就开始了向推重比为10的发动机的攻坚战，经过10余年的努力，于1997年提供了供飞机试飞的F119。

1997年9月7日，美国研制的F-22战斗机首飞成功，开始了新一代战斗机（第四代战斗机)的试飞阶段,标志着战斗机的更新换代成为现实。

第三代战斗机 F-15 是 1974 年进入空军服役的,而 30 多年后第四代战斗机才开始服役。仅从这一点来看,新一代的战斗机绝非等闲之辈,它将是一种采用各种先进技术武装起来的性能优异的尖端武器。另外,从这两代战斗机研制周期与研制经费的比较也可看出新一代战斗机研制工作的艰巨。

与 F-15 相比,F-22 的主要特点如下:高的机动性与高的敏捷性,高的隐身性,以 1.5~1.6 倍声速的速度巡航,短距起飞着陆的能力,航程长等。为满足这些性能的需要,要求所用发动机具有 15 000 daN 以上的推力,10 一级的推重比,改变推力方向的能力(即具有矢量喷口),低的巡航耗油率,另外还要求可靠性高、维修性好。这是对航空发动机业的又一挑战。

第二次世界大战后的半个多世纪里,航空发动机得到了迅猛发展,发动机的推力由 20 世纪 40 年代的 200~300 daN 到现在最大已达到 45 000 daN,几乎增加了 200 多倍;耗油率由大于 1 kg/(daN·h) 降到最低约为 0.35 kg/(daN·h),降低了 2/3;发动机推重比由小于 1.0 daN/kg 增大到最大的 10.0 daN/kg,提高了 10 余倍;发动机寿命由几小时增加到最长的两三万小时,增加了近万倍;噪声已下降 20 dB;CO、UHC 和 NO_x 分别下降了 70%、90% 和 45%。服役的直升机用涡轴发动机的功重比从 2 kW/kg 提高到 4.6~6.1 kW/kg,已经定型并即将投入使用的直升机用涡轮发动机的功重比达 6.8~7.1 kW/kg。发动机可靠性和耐久性倍增,军用发动机空中停车率一般为 (0.2~0.4)/1 000 发动机飞行小时,民用发动机为 (0.002~0.02)/1 000 发动机飞行小时。战斗机发动机整机定型要求通过 4 300~6 000 TAC 循环试验,相当于平时使用 10 多年,热端零件寿命达到 2 000 h。民用发动机热端部件寿命为 7 000~10 000 h,整机的机上寿命达到 15 000~20 000 h,也相当于使用 10 年左右。

总之,几十年来航空涡轮发动机已经发展得相当成熟,并为各种航空器的发展做出了重要贡献,其中包括马赫数为 3 一级的战斗/侦察机,具有超声速巡航、隐身、短距起落和超机动能力的战斗机,亚声速垂直起落战斗机,满足 180 min 双发干线客机延长航程(ETOPS)要求的宽体客机,有效载重达 20 t 的巨型直升机和飞行速度超过 600 km/h 的倾转旋翼机。同时,航空涡轮发动机的发展还为各种航空发动机改型为轻型地面燃气轮机打下基础。

另外,战斗机与旅客机发展的例子又充分说明了发动机在飞机发展中所起的重大作用。可以毫不夸张地讲,人类在航空领域的每一次重大的革命性进展,无不与航空发动机技术的突破和进步密切相关。而发动机发展过程中的每一次突破,又是采用了当时的科学研究、工业生产中与航空发动机有关领域所取得的成果而获得的。随着科学技术发展的突飞猛进,航空发动机也将得到更大的发展。

11.3 航空动力未来展望与研究热点

11.3.1 航空动力未来展望

一提空战,马上想到战斗机。其实,战斗机的关键在发动机,发动机质量成为制约新型战机出现的重要因素。发动机研究和发展工作的特点是技术难度大、耗资多及周期长,发动机对飞机的性能以及飞机研制的成败和进度有着决定性的影响,而且发动机技术具有良好的军民两用特性,对国防和国民经济有重要意义。因此,世界上几个能独立研制先进航空发动机的国家无不将优先发展航空发动机作为国策,将发动机技术列为国家和国防的关键技术,给予大量的投资,保证发动机相对独立的领先发展,并严格禁止关键技术出口。一些航空发动机的工业后起国家也已制订了重大的技术发展计划,试图拥有独立研制或参与国际合作研制先进航空发动机的能力。为满足21世纪各种航空器发展的要求,航空发达国家从20世纪80年代末开始实施新的涡轮发动机技术发展计划,其目标是到2005—2008年掌握使发动机能力翻番的技术。他们所取得的阶段成果已经成功地用于一些在役发动机的改进改型和新型号研制,鉴于计划的成功实施和发动机对航空发展产生的重要作用,有的国家已经拟订了进一步的发动机技术发展计划。新计划在继续提高能力的同时更强调降低成本,其目标是从2006年到2015年使以发动机能力(如推重比与耗油率)与全寿命期成本之比来度量的经济承受性提高10倍。在高超声速推进方面,重点发展超声速燃烧冲压发动机和脉冲爆震波发动机,近期目标是实现马赫数为4~8的导弹推进系统,远期目标是发展供高超声速有人驾驶飞机、跨大气层飞行器和低成本可重复使用的天地间往返运输系统的组合动力系统。其他一些新概念发动机和新能源发动机也在探索之中,如以微机电技术为基础的微型无人机用超微型涡轮发动机和多电发动机,以及液氢燃料、燃料电池、太阳能和微波能等新能源动力。

1. 综合高性能涡轮发动机技术计划

1988年,美国空军首先发起制订并实施高性能涡轮发动机技术(IHPTET)计划,美国空军、海军、陆军、国防部预研局、NASA和7家主要发动机制造商都参与了这项计划。它采取变革性的技术途径,综合运用发动机气动热力学、材料、结构设计和控制方面突破性的成就,大大提高涡轮前温度,简化结构,减轻质量,实现最佳性能控制,最终达到预定的目标。该计划分三个阶段实施,总投资50亿美元。下面将以涡喷/涡扇发动机技术为例说明其已取得的进展。

第一阶段:军方选普·惠公司为主承包商,通用电气公司为备选承包商。以普·惠公司的XTE65/2验证机为代表,在1994年9月的试验中已经达到并超过了第一阶段的目标——推重比增加30%,涡轮进口温度比现有先进发动机高222 ℃,超过目标55 ℃。在该机上面验证的主要新技术有小展弦比后掠风扇、Alloy C阻燃钛合金压气机材料、双合金压气机盘、刷子封严、陶瓷复合材料火焰筒浮壁、"超冷"涡轮叶片和球形收敛调节片矢量喷管(SCFN,原定为第二阶段目标)。

第二阶段:军方选通用电气公司及艾利逊预研公司联合组为主承包商,普·惠公司为备选承包商,以确保一家承包商失败时,技术仍能得到发展。艾利逊预研公司于1991年底和1994年6月分别试验了针对IHPTET计划第二阶段目标的XTC16/1A和XTC16/1B核心机,提前4年达到第二阶段核心机目标。在这两台核心机上验证的新技术主要有压气机整体叶环结构、Lamilloy"铸冷"涡轮叶片、涡轮整体叶盘、耐温700~800 ℃的γ钛铝合金、周向分级燃烧室和陶瓷轴承。

通用电气公司及艾利逊预研公司联合组在1995—1996年试验了一种合作的变循环核心机XTC76/2。该核心机有5级压气机和1级涡轮。于1998年开始试验在XTC76/2核心机的基础上组成的变循环验证机,该验证机上采用的新技术还有先进的2级弯掠风扇、无级间导向器对转涡轮、金属基复合材料低压涡轮轴和镍铝合金涡轮部件。普·惠公司在1999年也试验了下一代战斗机发动机PW7000的初始原型,XTE66属于第二阶段技术验证机,其推重比比F119提高50%,达15~16。IHPTET计划第二阶段的变循环发动机可以在不带加力的条件下达到F100229和F110129带加力的单位推力,它与F100229相比有以下改进:转子级数减少 5～6 级,长度缩短 40%,推重比从 8 提高到 16,典型任务油耗下降 1/3,成本降低 20%～30%,提高了隐身能力。

第三阶段:该阶段已经通过了应用基础研究和部件研究阶段,在气动热力、结构和材料方面已经取得了阶段性成果,在 2001 年和 2002 年分别进入核心机和验证机验证阶段。验证的技术有带核心驱动风扇级的变循环发动机、压比相当于 F100200 发动机 3 级风扇的单级分隔式叶片风扇、高压比的金属基复合材料整体叶环结构的高压压气机(4 级达到 F100 发动机 10 级的增压比)、钛铝压气机转子和静子叶片、驻涡稳定燃烧室、燃烧室主动温度场控制、陶瓷基复合材料火焰筒、陶瓷基复合材料涡轮导向叶片、无导向器叶片的对转低压涡轮、双辐板涡轮盘、旋流加力燃烧室、流体控制矢量喷管(可减轻 60% 的质量,降低 25% 的成本)、磁性轴承、气膜轴承、内装式整体起动/发电机和分布式主动稳定控制系统。

IHPTET 计划实施以来,其成果已应用到许多军用及民用发动机的新型号研制和现有型号的改进改型上。在民用发动机方面有 GE90、PW4084、CFM567、AE3007 和 FJ44,在军用发动机方面有 F117、F118、F119、F135、F136、F404、F414、F100 和 F110。

2. 通用、经济可承受的先进涡轮发动机计划——VAATE

由于 IHPTET 计划取得的空中优势、在商业竞争中的重要作用和取得的巨大成功,美国已从 2006 年开始实施 IHPTET 计划的后继计划——VAATE 计划,其指导思想是在提高性能的同时,更加强调降低成本。VAATE 的总目标是,VAATE 计划的第一阶段到 2009 年结束,在此期间罗尔斯·罗伊斯公司和威廉姆斯公司在高速涡轮发动机验证计划(HiSTED)下发展导弹用 Ma 为 4 以上的短寿命涡喷发动机。特里达因公司发展高效小型推进系统计划(ESSP)下的亚声速导弹发动机。霍尼韦尔公司基于小型重油发动机计划(SHFE)发展大幅降低涡轴发动机燃油消耗和成本的相关技术。普·惠公司进行结构紧凑的高效升力发动机(CEDLE)的研究。

在大型发动机领域,通用电气公司和普·惠公司正在发展两种涡扇发动机验证机。由于经费限制,这两种验证机以 F135 和 F136 发动机为基础。经过验证的成熟技术将引入 JSF 发动机,并成为适应性多用途发动机技术(ADVENT)计划的起点。

VAATE 计划第二阶段的主要项目是 ADVENT,罗尔斯·罗伊斯公司和通用电气公司在 ADVENT 计划下发展具有可变循环能力的适应性循环发动机,同时这两家公司继续发展高效嵌入式涡轮发动机(HEETE)。

另外,美国陆军航空应用技术部对先进经济可承受的涡轮发动机(AATE)的投标进行评估,该计划将对单位燃油消耗率减少 25%,功重比提高 80%,生产和维护成本降低 35% 的 2 237 kW 功率的涡轴发动机进行试验验证。

VAATE 计划第三阶段接续第二阶段进行,包括自适应通用发动机技术(ADVENT)和高效嵌入式涡轮发动机(HEETE)的演示证明工作。由于要在 VAATE 阶段 Ⅱ/Ⅲ 下再继续,通用电气公司和普·惠公司在自适应发动机技术发展项目(AETD)下为下一代高推力、高燃料效率的战斗机发动机提供成熟技术。

另外,在 VAATE 第三阶段美军启动了改进涡轮发动机项目(Improved Turbine Engine Program,ITEP),该项目承接了 AATE 计划的工作。另外,为提高美军现役的重型直升机性能,美军启动了未来经济可承受涡轮发动机(Future Affordable Turbine Engine,FATE)技术预研计划。

2013年7月,美国空军研究实验室(AFRL)发布的针对VAATE第三阶段的广议告示书(BAA)中对下一轮的项目承包商需具备的技术能力进行了要求,其中包括成熟的自适应循环技术、先进的能源和维持技术、先进的燃料技术、先进集成控制技术、先进推进集成技术、短寿命高效亚声速和超声速发动机技术、集成电源和热管理技术等。

推进系统的经济可承受性的定义为能力与寿命期成本之比,其中能力为推重比与中间状态耗油率的函数。

VAATE计划的服务对象不仅包括有人驾驶航空器的发动机,而且还涉及无人机的发动机以及船用和地面燃气轮机。与IHPTET计划一样,VAATE计划仍由美国国防部主持,NASA、能源部和6家发动机制造商参与,其投资水平也与IHPTET计划相当,每年3亿多美元,由政府和发动机制造商均摊。VAATE计划通过3个重点研究领域(通用核心机、耐久性和智能发动机)的相互配合来实现经济可承受性提高10倍的目标。

(1) 通用核心机

通用核心机是为一种多用途的4 000 h免维修发动机核心机,可为多种涡轮发动机提供核心机,通过高通用性,从而降低成本。通用核心机为许多涡轮发动机提供一系列类似的核心机,从而达到高的通用性并降低成本。例如,一个小的多用途核心机可以覆盖功率为7 450 kW的大型涡轴发动机、推力为3 100~4 450 daN的军用运输机发动机、推力为2 230 daN的无人驾驶飞行器的动力或推力为710 daN的先进巡航导弹的推进装置;一个大的多用途核心机可作为战斗机、轰炸机和运输机发动机的基础。

通用核心机的好处如下:军民相关发展硬件可以共用;通用零件可以降低各种成本;分摊发展和翻修成本;加快技术向产品的转化。通用核心机的通用性将通过下列方法实现:高的剩余功率,优良的燃油效率,耐久/鲁棒的设计,灵活、宽广的流量范围。

(2) 耐久性

耐久性研究领域将研究、设计和试验一些手段来防止部件失效,延长寿命,提高可靠性,最终改善性能。

耐久性对战备状态十分重要。美国空军和海军都经历过因发动机耐久性问题而造成的维修和备件不足的困境。发动机耐久性越来越引起人们的重视,高周疲劳(HCF)科学和技术计划就是研究这个问题的。在过去35年中,军用涡轮发动机的高周疲劳(HCF)故障的发生急剧增加。在1982—1996年,美国空军发生的与发动机有关的A级事故中有56%是由HCF引起。每年与HCF有关的维修费用估计超过4亿美元。

1994年12月开始实施的HCF计划是专门为降低维修成本而实施的,它通过8个研究项目实现与HCF有关的维修成本降低50%的目标。这8个研究项目是强迫响应、被动阻尼、材料损伤容限、部件表面处理、测试、气动机械特性、部件分析和发动机验证。

(3) 智能发动机

目前,发动机是设定的、不灵活的,不能对变化的环境条件做出响应。它们不是按恶化的工作条件和性能设计的,由此导致在设计、使用和维修方面留有大的裕度,使性能受到不利影响,保障成本增加。

未来,发动机将发展成智能发动机。所谓智能是指能理解、调整或修改目标,并采取行动实现这些目标。智能发动机依靠传感器数据、专家模型以及它们的融合,全面了解环境和发动机状态,以提供最佳的信息和做出决策,并采取物理动作执行这些决策。它能对发动机性能和状态进行主动的自我管理,并根据环境因素平衡任务要求,从而提高性能、可靠性和战备完好率,延长寿命,降低使用和维修成本。这正是VAATE计划的核心。

智能发动机关键技术有压气机、燃烧室、间隙和振动等的主动控制,以提高性能、耐久性和生存性;带有专门诊断传感器的精确的实时性能和寿命模型,以实现自动故障诊断和维修预报;磁性轴承、内装式整体起动/发电机和模型基分布式主动控制系统;微机电技术传感器和作动器;信息融合技术(每台发动机就是一个网站),能够在问题出现时马上发觉,根据余度信息做出正确决策;先进非线性技术,能够实现自设计、"无程序"的自适应控制,这种控制系统可以自动重构,以优化性能并适应损伤和性能恶化;灵巧结构。

3. 寻求用于下一代涡轴和战斗机发动机的先进推进技术——ATTAM

2017年11月7日,美国空军研究实验室(AFRL)发布了关于"支持经济可承受任务的先进涡轮发动机技术"(ATTAM)计划,该计划是IHPTET计划和VAATE计划的后续项目,其目的是寻求用于下一代涡轴和战斗机发动机的先进基础技术和先进部件,ATTAM计划研究内容除先进推进技术外,还首次纳入了完整的综合动力与热管理要素,以满足未来发动机支撑更多电力系统、定向能武器、功率更大的传感器等需求,同时提高推进效率与飞行器自身的动力水平。

ATTAM计划的第一阶段将持续到2026年,此阶段的任务是研发先进涡轮推进、动力与热技术,并开展演示验证机转化,涵盖大量现有的、新涌现的及未来的多种军用平台推进、动力和热技术需求,此阶段的目标是将不同类型的航空发动机的燃油效率提高10%~30%,电力和热管理能力提高2~20倍,推进效率提升10%~25%。

ATTAM计划纳入了一些称为"革命性"和"颠覆性"的新技术和概念,该计划的主要研究领域有6个(推进、动力与热技术;中小尺寸推进技术;保障与经济可承受技术;创新构型与技术;材料与制造技术;计算工具)。

(1) 推进、动力与热技术

为了给宽广范围级别的发动机提供革命性的能力,研发能够提供高发电和热管理功能的一体化先进推进能力技术是必要的,主要领域包括自适应核心机和发动机结构,子系统设计优化、部件与系统技术、先进材料、发动机稳定性、电力、热管理以及预测与健康管理。包括研究用于自适应循环核心机和验证机设计和研制的自适应推进技术,用于先进涡轮发动机架构集成和控制的综合推进、动力与热管理(INPPAT)演示验证技术,用于未来飞行平台能力实现的硬件研发和集成的先进推进、动力与热系统控制技术,用于集成系统的热技术,以及研究将先进推进、动力和热管理系统集成(如未来飞行器系统的发动机概念)的系统探索(SEEC)技术。

(2) 中小尺寸推进技术

用于中小尺寸推进系统的创新构型研发和验证的技术包括推力大于89 kN或功率不大于7 350 kW的涡轴、涡喷和涡扇发动机。这些技术可以改善发动机在宽广飞行条件范围和马赫数下的性能和可操作性,满足飞行器及推进系统的动力和热管理需要以及满足用于时间敏感目标或增程或巡飞任务的特殊需求。

(3) 保障与经济可承受技术

研发对环境更加友好、改善经济可承受性的同时能够使现有、现研及未来航空平台具备适用性。包括研发与现有、新研以及未来发动机系统安全性、耐久性和降低保障成本相关的先进发动机保障技术(AEST),用于下一代加力系统研发和演示的加力设计系统(ADS)技术,用于先进燃料系统及部件研发和演示的战场燃料(BF)技术;研发和演示基于物理的先进分析方法的喷气噪声降低(JNR)技术。

(4) 创新构型和技术

研发和演示创新的飞机推进构型和技术,实现综合推进、动力与热能力的跃升。包括研发用于高马赫数飞行的可重复使用高马赫数涡轮发动机;研发和演示可将增压燃烧引入主推进和加速推进装置、主燃烧室及发电等所需的增压燃烧技术,使高效涡轮-电推进与相应军用平台兼容的涡轮-电推进技术;研发和演示与极高热效率各推进效率相关的极高效发动机技术以及识别和评估可在2040年后开展演示验证的候选技术概念。

(5) 材料与制造技术

材料研究涵盖了ATTAM计划的所有重大挑战领域,是一项用于新型推进系统设计、研发和试验的使能技术。其关键研究领域包括新型创新性材料与涂层,用于材料制备、损伤演变预测的基于物理的工具,不同尺寸下的特性,先进制造方法,计算材料学及材料特性研究等。

(6) 计算工具

ATTAM计划中计算工具的重点领域包括简化的机上模型和更高的处理能力。生成可行决策所需的数据获取、采集和存储,光纤通信,先进计算/处理方法,带有嵌入式传感器、软件、网络连通性的测试设备,带有机下飞行平台模型/工具的数据阵列。

4. 非传统新型发动机的研究

除传统燃气涡轮发动机外,正在研究中的有前途的非传统新型发动机主要有以微机电技术为基础的超微型无人机用涡轮发动机、脉冲爆震发动机、超燃冲压发动机、多(全)电发动机以及各种新能源动力。

(1) 超微型涡轮发动机的研究

美国麻省理工学院正在按军方合同实施一项超微型发动机计划,该计划为各种用途研制超微型发动机,包括功率为10~100 W或推力为0.005~0.05 daN的涡轮发动机和推力超过1.3 daN的火箭发动机。

美国国防部预研局和陆军在1998年4月与麻省理工学院签订了一项合同,要求研制一种用于微型无人机的超微型涡轮喷气发动机。无人机的翼展为127 mm,质量为50 g,并安装一台推力为0.012 7 daN的涡轮喷气发动机。这种无人机可以以57~114 km/h的速度飞行60~120 km,每小时大约使用25 g甲烷。发动机的最大外部直径为20 mm,长3 mm。压气机和涡轮的直径分别为8 mm和6 mm,涡轮叶片高度只有0.2 mm。这样小的发动机将用微机电系统技术由硅制造。

这种微型发动机可以组合起来产生较大的功率或推力。例如,一个直径为200 mm的微型发动机组合可以产生近9 daN的推力,可作为总质量为100~1 000 kg的战术弹药和无人机的动力。

(2) 脉冲爆震波发动机

脉冲爆震波发动机(PDE)是一种利用脉冲式爆震波产生推力的新概念发动机。发动机一般由进气道、爆震室、尾喷管、推力壁、爆震触发器、燃料供给和喷射系统以及控制系统组成,具有结构简单、推重比高(大于20)、耗油率低(小于1 kg/(daN·h))、工作范围宽(马赫数为0~10)和成本低等优点。它在高超声速航空器方面有很好的应用前景。

国外早在20世纪40年代就开始PDE的研究,到20世纪90年代进入全面发展时期。目前,PDE已经完成了概念验证,开始进行原型机的发展和试验。美国的NASA、空军和海军都在进行PDE的发展研究。NASA的PDE计划包括3个方面:脉冲爆震发动机技术(PDET)计划、脉冲爆震火箭发动机(PDRE)计划和脉冲爆震发动机飞行计划。PDET计划的重点是发展混合PDE系统,在2~12年内研究在普通燃气涡轮发动机的加力燃烧室里采用脉冲爆震燃烧,之后在主燃烧室里采用脉冲爆震燃烧。2002年,NASA的PDE原计划进行了飞行试验;在SR-71"黑鸟"飞机上进行Ma为3的点火试验;在2007年成功进行了验证飞行。

(3) 超燃冲压发动机

超燃冲压发动机(scramjet)是燃烧室内气流速度为超声速的冲压发动机,适用于Ma为6~25时,是高超声速航空器、跨大气层飞行器和可重复使用空间发射器的推进装置。从20世纪50年代开始,国外就对超燃冲压发动机进行了研究。在20世纪80年代中期,美国在国家空天飞机计划下,又掀起超燃冲压发动机的研究热潮。随着这项过于雄心勃勃的计划的撤销,美国NASA转为实施较为低调的"Hyper-X"计划,其主要目标是发展在飞行条件下超燃冲压发动机技术,然后发展高超声速飞行器和可重复使用的空间发射器的涡轮、亚燃冲压和超燃冲压组合发动机。该计划的X-43验证机装有一台长760 mm的超燃冲压发动机,并已于1998年8月交付给NASA做高速地面试验,然后进行飞行试验。X-43装在"飞马座"火箭的头部,由B-52飞机将装有X-43的火箭带到空中后发射。然后,火箭再将X-43加速到所需的速度,脱开后打开超燃冲压发动机工作5~10 s,将X-43加速到Ma为7~10。虽然在2001年6月初进行的首次飞行试验中由于火箭发射后失去控制而使试验失败,但在2002年、2005年按原计划成功进行了余下的两次试验。

美国空军、海军和国防部预研局也在研究用于高超声速军用飞行器的推进系统,目标是发展为Ma为4~8的导弹用的双模态超燃冲压发动机。

俄罗斯、法国、德国和澳大利亚也在进行类似的工作。

(4) 间冷回热发动机

间冷回热发动机采用了中间冷却器和回热器来提高发动机的热力循环特性,可以减少氮氧化物的排放,增大发动机的热效率。间冷循环是指在压气机级间通过间冷器冷却低压级的空气,从而降低高压级中消耗的压缩功,提高整个循环的比功率。

间冷回热技术在燃气轮机上已经得到了成功的应用,主要代表有格鲁曼/罗·罗公司合作研制的英国皇家海军Type45型D级驱逐舰用间冷回热燃气轮机WR-21以及美国通用公司研制的发动机用间冷燃气轮机LMS100等。

进入21世纪后,面临能源枯竭的问题和对环境污染的压力,间冷回热航空发动机再次成为研究热点,欧盟提出了多个涉及间冷回热航空发动机的研究计划,包括FP5下的环保型航空发动机部件验证(CLEAN)计划、FP6下的新型航空发动机方案(NEWAC)计划、FP7下的清洁天空(Clean Sky)预研计划,德国MTU公司内部的洁净航空发动机(CLAIRE)计划也将换热器技术列为重要技术基础,在欧洲"先进高效的环保型航空发动机技术计划"中,间冷回热发动机技术也仍处于研究当中。

(5) 多(全)电发动机

作为多(全)电飞机的基础和重要组成部分,多(全)电发动机以支撑发动机转子的非接触式磁性轴承和发动机轴上安装的内装式整体起动/发电机为核心,配以分布式电子控制系统,为发动机和飞机各个系统提供电力驱动。它可以取消传统的接触式滚动轴承、润滑系统和机械(液压、气压)作动系统,从而大大减小自身的质量并降低复杂性,改善可靠性和维修性,降低成本。此外,它所产生的电功率由两根以上发动机轴分担,可以重新优化燃气发生器,有利于控制喘振和扩大空中点火包线,改善发动机适用性;利用磁性轴承可以减少振动,增大 DN 值,对叶尖间隙进行主动控制;发动机轴上安装的内装式整体起动/发电机能够产生几兆瓦的电功率,除为多(全)电飞机提供电力外,还可用于生成激光或微波束,作为机载高能束武器的能源。

美国和欧洲在 20 世纪 90 年代先后开始实施多(全)电发动机计划。美国主要在多(全)电飞机(MEA)计划和综合高性能涡轮发动机技术(IHPTET)计划下组织实施,并将其列为 1997 年至 2003 年的第三阶段任务。鉴于磁性轴承对航空发动机性能、可靠性和成本的重要影响,欧洲五国(英、法、德、奥地利和瑞士)在 1998 年正式启动航空涡轮机主动磁性轴承(AMBIT)计划。

(6) 开式转子发动机

开式转子发动机是一种改进型的涡扇发动机。其风扇被放置在发动机舱外,并与压气机同轴。开式转子发动机也被称为超高涵道比发动机或者无涵道风扇(UDF)发动机,其主要由核心机、动力涡轮、传动装置以及多个宽弦、掠型、薄叶片组成的对转桨扇四大构件组成。通过该设计方案,可在确保一定的飞行速度和工作性能的条件下,使该机型具有涡轮螺旋桨发动机的燃料经济性,开式转子发动机有着高推进效率、低燃油消耗率和低污染物排放的优势,是下一代民用飞机潜在的动力备选方案之一。

然而,该款航空发动机的技术弊端在于其噪声较高,尤其是在起飞过程中。另外,由于该机型径向尺寸较大,一定程度上制约了该款发动机的实际应用。同时,裸露在外的叶片也带来了一定的安全隐患。

(7) 多燃料发动机

目前传统涡扇发动机的技术发展已达到了一个瓶颈期,为满足未来更加严格的油耗和排放管控要求,使未来民用航空运输实现可持续发展,在降低燃油消耗的同时还应考虑减少CO_2的排放。未来的民航飞机以液氢或液化天然气作为动力来源,因此多燃料发动机开始被研究,在传统化石燃料日渐减少的趋势下,这一类的发动机在未来会有较好的发展前景。

(8) 新能源航空动力

为解决石油资源枯竭和环境污染问题,满足某些特种航空器(如高空长航时无人机)的需要,多年来人们一直在航空动力领域探索利用新能源,与 20 世纪 50 年代投入使用的早期喷气发动机相比,目前的燃油效率已提升了 80% 以上,在此基础上继续提升效率的技术难度极大,采用低碳排放的新能源航空动力可助力航空运输业奔向零碳。航空运输业在 2050 年前实现净零碳排放的新能源动力主要有 3 个发展方向:可持续航空燃料(SAF)、氢燃料和电推进。

11.3.2 航空发动机未来热点研究领域

未来,军民用飞行器对其动力装置的需求将会出现新的变化,主要体现在以下几个方面:一是为顺应未来作战模式向空、天、地一体信息对抗的方向拓展,各类主战机种将根据设定的战略和战术目标,在更广阔的空间以更高的速度开展体系和体系的对抗,飞行器的速度将成为一种新的"隐身",但具备高机动、高隐身、超声速巡航的新一代战斗机的制空和对地攻击能力仍然是无可替代的;二是航空业正面临 2050 年实现 CO_2 零排放的巨大环保压力,各大主要航空企业为此已经提前布局,为未来民用航空发动机的颠覆性改变做准备;三是无论民机还是军机,既要用得好,也要买得起。新一代航空动力发展存在诸多关键性技术,着眼未来航空动力领域的高效化、智能化、绿色化,未来航空动力领域技术将由低适应性转向高适应性,由机械化向数字化、智能化,由化石能源转向可持续能源转变。目前国内外航空发达国家研究热点多聚焦于自适应循环发动机(ACE)、齿轮传动涡扇发动机、混合电推进系统、高超声速航空动力、氢涡轮发动机、可持续航空燃料等领域。

1. 自适应循环发动机(ACE)

2004年,GE和艾利逊公司首次提出了自适应循环发动机(ACE)这一概念,变循环发动机由此进入了一个全新的发展阶段,2018年,对于战斗机发动机而言最引人注目的事件是GE和惠·普公司在美国空军"自适应发动机转化"(AETP)项目下研制的自适应三涵道验证机的发展。所谓自适应是根据传感器技术和全权限数字电子控制技术的日趋成熟,从而能实现对发动机更加简单和方便地控制,工作点的控制也更加连续,能更容易地实现对飞行阶段全过程的适应性控制与调节。

GE首台全尺寸自适应循环发动机XA100于2021年5月完成初步测试并于2022年9月在美国空军阿诺德工程发展中心(AEDC)结束测试工作,测试结果与预期相符,该型发动机符合作为美国第六代战斗机动力装置的要求,并有可能在2030年之前为F-35战斗机换发。XA100采用了三涵道结构,引入了温度较低的"第三股流",具备高推力和高效率两种模式,并且可以增强发动机的热管理能力。

自适应循环发动机是变循环发动机家族中的最新一代,是未来的发展重点,被称为航空动力系统的第三次变革,美国空军和海军已经选定其为下一代战斗机的动力系统。自适应循环航空发动机将在未来的战斗机发动机领域掀起新一轮的竞争。

2. 齿轮传动式涡扇(GTF)发动机

现代涡扇发动机在致力于发展大涵道比机型同时辅以降低风扇叶尖速度,由此会导致低压轴转速的降低,并使低压压气机和低压涡轮的级数增加,从而实现理想的效率和压比参数。同时转速的降低也会增大对低压轴的扭矩要求,从而导致轴的直径过大。随着人们对飞机产业经济性、环保性和安全性要求的不断提高,航空发动机的研制将朝着经济性更好、对环境更友好和提高发动机可靠性的方向发展,惠·普和MTU、AVIO、VAC等合作研发了GTF齿轮传动涡扇发动机,在风扇和低压压气机间引入减速齿轮箱,GTF发动机相比传统直接驱动式大涵道比涡扇发动机,有着能以更低的转速工作、降低整体噪声、有效提高助推器效率和推进效率、提升低压轴负载能力、有效减小级数和燃油消耗效率等优势。

3. 混合电推进系统

混合电推进技术是指通过传统燃气涡轮发动机发电,为分布在机翼或机身上的电动机提供电力,并由电动机驱动风扇提供绝大部分或全部推力的一种新型推进技术。该技术等效于大幅提高燃气涡轮发动机的涵道比,其最大的优势是能极大地降低推进系统的燃油消耗量和各种污染排放量。混合电推进技术将不同形式能源系统搭配组合,利用电能传输便捷与控制灵活等特点,使推进系统与飞行器能够按照需要进行融合设计。混合电推进技术的出现为飞行器与推进系统设计提供了全新的思路,能够使飞行器的综合性能得到提升,实现更灵活的起降、更高效的巡航以及更低的噪声与污染物排放量,将带动全球航空业向数字化和电气化方向发展。

4. 高超声速航空动力

高超声速飞行器是大国竞争的核心领域之一，高超声速飞行器的动力系统包含火箭发动机、吸气式超燃冲压发动机、组合循环发动机以及旋转爆震发动机等。高超声速飞行器响应快速，使得被攻击目标来不及反应，战略目标来不及转移，其飞行速度以已超过了多数空空导弹和地空导弹的速度，拦截困难，并且高超声速飞行器的突防能力比现有的任何一种隐身技术都要更优，机动灵活、无固定弹道，同时高超声速飞行器将超越空间的限制，不依赖于海外的基地，具备着"发现即摧毁"的能力，极具威慑力和实用性。

5. 氢涡轮发动机

目前氢能已被公认为是航空运输业实现减排目标的关键。氢能是一种来源丰富、绿色低碳且应用广泛的二次能源。在航空工业中对氢能的利用主要包括氢燃料电池和氢涡轮发动机。利用氢燃料代替传统航空煤油，可以实现飞机的远程飞行，欧洲、美国、日本等开展了对氢涡轮发动机的研究工作，在未来的绿色动力发展趋势下，氢涡轮发动机具有非常大的研究价值。

6. 可持续航空燃料

应用可持续航空燃料替代传统航空燃油，在减小80%的二氧化碳排放的同时不需要对现有的飞行器及航空基础设施进行额外改动，与业内其他创新飞行器动力技术、提高基础设施、对电动飞机和氢能飞机进一步开发相比，应用可持续航空燃料是最具有潜力的碳减排措施。

11.4 航空发动机新技术的发展方向

11.4.1 核心机——先进涡轮燃气发生器计划

发动机的基本性能集中反映在推重比上。发动机的推重比是发动机的核心部件——压缩器、燃烧室与涡轮的"三高"（高压、高温和高转速）综合技术的结果。该计划主要发展三大核心部件技术：

（1）压气机

作为航空发动机的"心脏"，压气机发展的关键是提高单级压比，即提高叶尖切线速度，增大单级载荷。目前，单级压比已达1.85，这样只用5级就可提高总压比至20以上。

（2）燃烧室

燃烧室发展的关键是提高容热强度，为此发展了突扩扩压器、气动雾化喷嘴、短环燃烧室、多孔燃烧室、整体加工火焰筒、气膜冷却和内衬陶瓷等技术。

（3）涡轮

涡轮发展的关键是提高单级输出功率，即提高涡轮前燃气温度和加大涡轮中燃气的膨胀。为此发展了耐热蜂窝结构、空心叶片和小展弦比的大扭转叶片等技术。

三大核心部件技术的综合效果是使航空发动机的推重比大大提高，所以也称高推重比技术。目前，军用航空发动机的推重比已达10左右，正向推重比20的目标前进。

11.4.2 完整性——结构完整性大纲

高推重比技术曾遇到挑战，F100是美国生产的世界第一种推重比达到8的航空发动机，但在使用中却出现了风扇喘振、超温及烧坏涡轮叶片等问题。为提高可靠性,厂家不得不采取补救措施,从而使推重比由 8 降至 7。

为解决可靠性问题,美国专门颁布了《航空涡喷、涡扇发动机军用规范》《结构完整性大纲》,将适用性、可靠性和维修性作为重要指标提出,要求发动机除推重比等性能外,还要有进气畸变裕度、吞咽能力、泼辣性、可靠性和维修性等指标,于是发展了单元体结构、分离机匣及状态监控等技术。

结构完整性不仅保证了实战需要,而且简化了结构,降低了全寿命费用,较好地解决了高推重比带来的问题。

11.4.3　综合化——飞机推进分系统综合计划

对航空发动机的要求越高,综合协调与整体匹配的问题也越突出,这就提出了全机一体化的问题。

(1) 推力矢量控制

新一代战斗机采用推力矢量二元喷口,这种喷口不但能与后机身很好地匹配,降低阻力,减小红外信号,而且可在一定的角度范围内实现推力换向,操纵飞机实施机动。

(2) 变循环

改变涡扇发动机的循环参数可使发动机起飞时近似风扇,飞行时近似涡喷,以适应不同的飞行状态。

(3) 电　调

数字式与电子控制比机械/液压式控制在精度、可靠性、反应速度、质量和成本等方面都优越。F404 使用的第二代全权限数字式电子控制系统已具有综合诊断、超限保护功能,并可根据飞机/推力一体化的要求实施控制,再进一步则是向推力/飞行/火力控制一体化方向发展。

11.4.4　节能——E3 计划

为了降低耗油率,可在选择最佳参数、内外涵道混合等方面采取一系列措施。目前,最引人注目的是新型的桨扇发动机采用两排对转大后掠宽弦超临界桨叶,该种桨叶在 $Ma=0.8$ 时仍保持较高推进效率(一般螺桨在 Ma 为 $0.3\sim0.4$ 时推进效率就急剧下降),耗油率比一般风扇发动机低 $30\%\sim35\%$。这种高效节能发动机可望成为未来大型客机、轻型战斗机和巡航导弹等飞行器的动力装置。

11.4.5　超燃——超声速燃烧发动机技术计划

超声速燃烧发动机技术计划是美国"国家航空航天飞机研究计划"的子计划,即为空天飞机"东方快车"提供动力。空天飞机能水平起飞,多次使用,Ma 可达 25,这种飞行器的关键是吸气式超燃冲压发动机。

超燃,即超声速燃烧,它是相对于亚声速燃烧而言的。因为在高超声速飞行时,要让气流滞止到亚声速,温升特别高,如 $Ma=12$ 时,温度可达 4 000 ℃,燃料将分解,压燃根本无法实现。目前试验的超声速冲压发动机,空气沿分段斜板进入,在喉部处速度达 $Ma=2.4$。氢燃料从 4 个内部支板喷出,点火燃烧,使超声速气流的压力、温度提高,从而产生推力。

11.4.6 3D打印技术

3D打印技术又称增材制造技术,其最重要的应用领域首推航空航天领域。美国"增材制造路线图"把航空航天需求作为增材制造的第一位工业应用目标,波音、GE、霍尼韦尔、洛克希德·马丁等美国著名航空航天企业都是美国增材制造创新研究所(NAMII)的成员单位。澳大利亚政府于2012年2月宣布支持一项航空航天领域革命性的项目"微型发动机增材制造技术"。2012年9月,英国技术战略委员会特别专家组在一份题为 *Shaping Our National Competency in Additive Manufacturing* 的专题报告中也把航空航天作为增材制造技术的首要应用领域。

1. 增材制造技术的优势

以3D打印技术为例,作为信息化和制造技术的高度融合,3D打印能够实现高性能复杂结构金属零件的无模具、快速、全致密、近净成形,特别是对于激光立体成形和修复的零件,其力学性能同锻件性能相当,成了应对航空发动机与燃气轮机领域技术挑战的最佳新技术途径。相对传统制造技术,3D打印技术具有以下十大潜在优势。

① 降低制造成本。传统制造业,产品形状越复杂,制造成本越高。而3D打印不会因为产品形状的复杂而消耗更多的时间或成本,针对航空发动机为追求性能而呈现的大量形状复杂的零件制造,3D打印具有很明显的优势。

② 适于产品多样化。航空发动机本身就是"试出来的"产品,研制过程需要多次反复修改设计,传统上每一轮改进都需要对模具进行修改并增加制造成本,而3D打印不需要针对产品的形状改变而修改模具。

③ 最小化装配和减重。通过拓扑优化设计,3D打印可以打印组合零件,减少产品装配并降低产品重量。

④ 即时交付。3D打印可以按需打印,从而大大压缩航空发动机部分长周期零件的试制周期。

⑤ 拓展设计空间。受传统制造方式限制,产品只能根据工艺的可实现性来设计,如航空发动机涡轮叶片上气模孔的形状只能是圆形。3D打印可以使涡轮叶片的气模孔根据冷却效果要求设计成椭圆形或其他任意形状。

⑥ 降低技能要求。之前制造航空发动机的很多零件对操作人员技能有很高要求,甚至出现过个别零件只能由1人或少数几人制造的情形。3D打印从设计文件中获取各种指令,制造同样复杂的产品,3D打印机所需的操作技能远低于传统铸造。

⑦ 便携制造。传统的铸造、锻造一般仅能制造比设备小的产品。3D打印机调试好后,打印设备可以自由移动,制造出比自身设备还要大的产品。

⑧ 降低浪费。传统加工为减材制造,大量原材料都在加工过程中被废弃;而3D打印制造属于增材制造,打印的"净成形"大幅减少了金属制造浪费量。

⑨ 材料组合。对于传统航空发动机与燃气轮机制造方式来讲,将不同材料组合(铸造、锻造等)成单一产品非常困难,而3D打印有能力将不同原材料融合在一起。

⑩ 精确实体复制。类似于数字文件复制,3D打印未来将使得数字复制扩展到实体领域,实现异地零件复制。

2. 应用现状

(1) 直接制造领域

金属零件的直接增材制造的技术构思,由美国联合技术研究中心(UTRC)在 1979 年首先提出,其应用对象就是制造航空发动机涡轮盘。1994 年,国际三大航空发动机公司之一的英国罗尔斯·罗伊斯公司(Rolls-Royce)与英国 Crankfield 大学一起探索航空发动机机匣的激光立体成形(LSF)制造技术。2000 年,美国波音公司首先宣布采用 LSF 技术制造的三个钛合金零件在 F-22 和 F/A-18E/F 飞机上获得应用,并在 2001 年制定了 LSF 技术的美国国家标准(该标准在 2011 年进行了修订),由此在全球掀起了金属零件直接增材制造的热潮。

2005 年,西北工业大学将 LSF 技术与铸造技术相结合,创立了激光组合制造技术,解决了航空发动机 In961+GH4169 合金复合轴承后机匣的制造难题,保证了新型发动机研制按时装机试车。近年来,随着金属直接增材制造技术成熟度的逐渐提高,特别是金属直接增材制造装备的商用化,采用金属直接增材制造技术进行航空发动机零部件的成形制造受到了国内外航空发动机公司和研究机构的重视。图 11.1 所示为采用德国 EOS 公司生产的选择性激光熔化(SLM)装备制造的航空发动机零部件。

图 11.1　采用 EOS 公司生产的 SLM 设备制造的航空发动机零件

意大利 Avio 公司采用瑞典 Arcam 公司所生产的电子束熔化装备(EBM)生产了 TiAl 低压涡轮叶片。德国 MTU 航空发动机公司,除了将 LSF 技术应用于航空发动机零部件的修复之外,近期也开始测试采用 SLM 技术直接制造的航空发动机小型压气机静子件。罗尔斯·罗伊斯公司同样也在考虑将金属直接增材制造技术应用于其先进航空发动机的轻量化构件的直接制造。普·惠公司则依托 MTU 航空发动机公司开展采用 SLM 技术直接制造 Pure Power PW1100G-JM 航空发动机零部件的测试工作。

目前,美国 GE 公司已拥有各类金属直接增材制造装备 300 多台套,在航空发动机金属零件的直接增材制造方面已走在国际前列。近期,美国 GE 公司基于航空发动机高端零件直接制造的需求,通过收购美国 Morris 公司和意大利 Avio 公司,重点开展了航空发动机零件的 SLM 和 EBM 制造研究和相关测试。美国 Morris 公司采用 SLM 技术生产了大量航空发动机零件,如图 11.2 所示。2013 年底,GE 公司宣布,将采用 SLM 技术为其下一代的 GE Leap 发动机生产喷油嘴,每年的产量将达到 40 000 个。GE 公司发现,采用 SLM 技术生产喷嘴,生产周期可缩短 2/3,生产成本降低 50%,同时大大提高了可靠性。

(2) 增材修复领域

航空发动机工作的苛刻环境决定了其对零件制造的要求极高,在很长一段时间里,金属直接增材制造重点还是着重于航空发动机零部件的修复。致力于使 LSF 技术商用化的美国

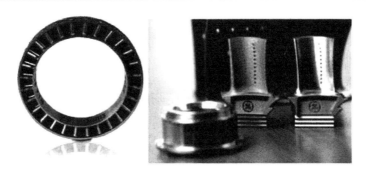

图 11.2 美国 Morris 公司采用 SLM 技术制造的航空发动机零件

Optomec Design 公司,已将 LSF 技术应用于 T700 美国海军飞机发动机零件的磨损修复,实现了已失效零件的快速、低成本再生制造。德国 MTU 公司与汉诺威激光研究中心则将 LSF 技术用于涡轮叶片冠部组里面的硬面覆层或恢复几何尺寸。德国 Fraunhofer 研究所则重点研究了 LSF 技术在钛合金和高温合金航空发动机损伤构件修复再制造的应用。英国的罗尔斯·罗伊斯公司则将 LSF 技术用于涡轮发动机构件的修复。瑞士洛桑理工学院 W. Kurz 教授的研究组采用 LSF 技术实现了高温合金单晶叶片的修复。在国内,西北工业大学基于 LSF 技术开展了系统的激光成形修复的研究与应用工作,已经针对发动机部件的激光成形修复工艺及组织性能控制一体化进行了较为系统的研究,并在小、中、大型航空发动机机匣、叶片、叶盘、油管等关键零件的修复中获得广泛应用。

3. 应用前景

GE 公司通过 GRABCAD 协会举办了一次基于金属直接增材制造技术钛合金发动机支架的再设计大赛,共有 56 个国家的设计爱好者提交了 697 个参赛作品,其中冠军设计将支架的质量从原设计的 2.033 kg 减小至 327 g,减重达 84%。由于采用基于粉末床的 SLM 技术难以避免在零件生产中产生微小孔洞,使疲劳性能降低,对于 GE 公司来说,采用 SLM 技术生产的零件主要用于生产异形管路和铸件。为此,GE 公司也在探索采用基于同步材料送进技术的 LSF 技术生产高性能致密航空发动机零件。图 11.3 所示为 GE 公司预计可在航空发动

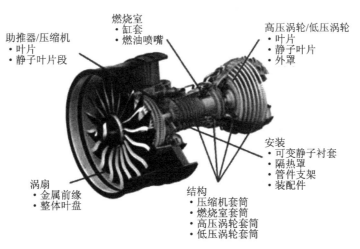

图 11.3 航空发动机中可应用金属直接增材制造的零部件示意图

机各部位应用金属直接增材制造的零部件的示意图。GE 公司预计采用金属直接增材制造的零件,未来可占航空发动机零部件的 50%,使大型航空发动机每台至少减重 454 kg。

金属直接增材制造技术已经在航空发动机零部件的制造上显示了广阔的应用前景。不过,基于技术原理和制造成本,任何零部件都有与其相适应的一项加工技术,对于航空发动机零部件的制造同样如此。基于金属直接增材制造技术的成型精度、效率和成本特点,这项技术非常适用于制造发动机中具有轻量化要求的复杂构件,特别是带有内部油路、管路的构件,具有复杂凸缘或凸台的构件,具有复杂翼型的构件,具有封闭或开孔蜂窝结构的构件和集成异形通路的构件。

11.5 航空发动机新技术发展的支柱

1. 新材料

航空发动机用的材料主要向耐高温、高强度、高刚度及轻型的方向发展,如钛合金整体结构、钛合金蜂窝结构、镍基合金、高温涂层和复合材料等。复合材料不仅比重轻、比强度高及抗疲劳,且便于复杂型面的加工和组装。陶瓷也是下一代发动机必需的材料。目前,陶瓷基复合材料用于火焰筒,已可耐 1 670 ℃ 的高温。

为防止被对方发现,解决排气无烟、少热及低噪声的问题已提上日程,如用金属石棉夹层、喷镀一层红外吸收薄膜、安装气流散发装置可使红外辐射减少 80% 以上。

2. 新工艺

航空发动机对制造工艺要求很高。目前发展的精密制胚、无余量加工和超塑性锻造等技术使材料利用率由 20% 提高到 60% 以上。定向结晶、单向快速凝结和单晶技术使整个叶片成为一个晶体,完全消除晶界,其耐温能力达 1 100 ℃。超硬刀具、大功率电解加工和高能束流焊接等先进技术也已广泛用于航空发动机制造。

3. 计算机技术

计算力学和计算流体力学的发展使三维黏性流的计算更加精确,从而为进一步改进叶型打下基础。

附录1 美、英、中三国航空涡轮发动机型号命名方法

F1.1 美国命名法

  1972年11月14日美国国防部在MIL—STD—879A军用标准中规定了美国所有军用航空发动机的型号命名方法。在描述发展中的专用型号的发动机时,分别采用字母X和Y表示。当第一个字母是X时,表示处于发展阶段,未成功完成官方对试飞前规定试验的发动机;当第一个字母是Y时,表示属于发展范畴,但由于已成功地完成了试飞前规定的试验而被批准用于有限的飞机试验的发动机。应用时,这两个字母均要放在本标准所述型号排列顺序之前。

  完整的发动机型号由三部分组成:型号标志、制造厂代号和序号标志。一种设计和构形已定的发动机,对所有使用部门而言,只能有一个型号名称。型号标志由类型字母和类型代号组成。类型字母符号应遵循下列规定:

  J——代表涡轮喷气发动机;
  T——代表涡轮轴、涡轮螺旋桨发动机;
  F——代表涡轮风扇发动机(过去曾使用过TF)。

  类型代号应按顺序由各使用部门指定。空军须从100号开始,海军须从400号开始,陆军须从700号开始。这些类型代号是任意的,且不代表有关发动机的任何特性。制造厂代号由一连字符和表示制造厂名称的两个字母符号组成。部分制造厂的符号如下所示:

  GA——加雷特航空研究公司(Garrett);
  AD——艾利逊公司(Allison);
  CA——特里达因大陆公司(Teledyne Continental);
  WA——科蒂斯·莱特公司(Curtis‐Wright);
  GE——通用电气公司(GE);
  LD——阿芙科·莱康明公司(AVCO Lycoming);
  PW——普拉特·惠特尼公司(Pratt & Whitney),简称普·惠公司;
  RR——罗尔斯·罗伊斯公司(Rolls‐Royce);
  CP——普拉特·惠特尼加拿大公司(Pratt & Whitney Canada);
  WV——西弗吉尼亚普拉特·惠特尼公司(Pratt & Whitney West Virginia);
  WR——威廉斯国际公司(Williams)。

  在特殊情况下,例如,在两家厂商联合研制的情况下,可规定一个专用的制造厂符号,此符号由两个制造厂符号的各一个字母符号联合组成。这两家制造厂中的一家所生产的发动机,只用该制造厂的符号标志。型号的第三部分序号标志由一连字符和一个序列编号组成,或者由一连字符和带尾标字母的一个序列编号组成。尾标字母表示改进了的发动机,从A、B、C等

开始按顺序给定,但字母 I 和 O 除外。

一台发动机完整名称,例如 F100 - PW - 100A,其各符号(自左至右)含义如下:

F——涡轮风扇发动机的类型字母;

100——空军研制的发动机的类型代码;

PW——普拉特·惠特尼公司的字母符号;

100——空军使用的发动机的序列编号;

A——改进了的发动机的尾标字母。

一些发动机制造公司又有其自己的一套型号命名方法。例如,美国最大的航空发动机制造公司之一普·惠公司为使用方便,并且为使用户很容易地知道发动机制造公司、军用还是民用、为哪种型别飞机所使用以及发动机的推力等级等,于1980年重新命名发动机型号。这主要针对正在研制中的或将来研制的新的飞机发动机,对于那些目前正被广泛使用的军用及民用发动机,则不再重新命名。例如,目前正在生产和使用的 F100 - PW - 100 的 TF30 - P - 414 军用加力涡轮风扇发动机以及目前广泛使用的 JT3D、JT8D、JT9D、PT6 和 JT15D 等民用发动机均仍保留原型号不变。

普·惠公司型号命令方法具体规定如下:

(1) 以 PW99 字母开头,PW 代表普·惠公司。如果在 PW 后加上 4 位数字,则表明是普·惠美国公司制造的发动机;如果在 PW 后加上 3 位数字,则表明是普拉特·惠特尼加拿大公司制造的发动机。

(2) 在 PW 字母后加的第一位数字如果是奇数,则代表军用发动机;如果是偶数,则代表民用发动机。

(3) 在 PW 字母后加的第 2 位数字,只表示同一推力级不同型别的发动机(即同一推力级的发动机被不同飞机所采用)。如果是普·惠加拿大公司制造的发动机,则没有这一位数字,而是在所有的数字后加字母 A,B,C,……以示区别。

(4) 在 PW 字母后加的 4 位数字的最后两位数字代表发动机的推力级。例如,PW4084 是为波音 B777 研制的一种大涵道比涡轮风扇发动机,末尾两位数字 84 表示发动机推力级为 84 000 lb,即 373.6 kN。

F1.2 英国命名法

各个生产商对航空发动机型号的命名方法差异很大。英国罗尔斯·罗伊斯公司的达比分公司用英国河流的名称为发动机命名,如泰、尼恩、埃汶、康维和斯贝等;布里斯托尔分公司是根据希腊神话中神的名称给发动机命名的,如赫克利斯(大力神)、奥菲斯(神话中的歌唱家)、普鲁鸠斯(海之神)和奥林帕斯(山之神)等。罗尔斯·罗伊斯公司处于方案研究或研制中的发动机,以正在进行着的方案编号作为发动机的主要号码,并在编号前加上 RB,如 RB163 斯贝、RB162 - v81 等。每个方案编号往往在连字符之后补充一个设计编号。如果发动机是带加力的,则在最后还须加字母 R,如 RB - 199 - 34R,其各符号(自左至右)的含义如下:

RB——表示 Rolls Barnoldswick(罗尔斯·巴诺兹威克);

199——方案编号;

34——设计编号;

R——表示带加力(reheat)。

如果一台发动机是为不同型号的飞机制造的,则在发动机型号名称中补充 Mk(Mark,即标记)来区分各个发动机,如康维 42Mk5400。

F1.3 我国航空发动机命名法

我国在对航空发动机命名时,其基本型号由型号简称和序号两部分组成。基本型号代号由型号代号和序号两部分组成。表 F1.1 所列为发动机基本型号代号。

表 F1.1 我国发动机基本型号代号

发动机型号全称	涡轮喷气发动机	涡轮风扇发动机	涡轮螺旋桨发动机	涡轮轴发动机	活塞式发动机
发动机型号简称	涡喷	涡扇	涡桨	涡轴	活塞
发动机型号代号	WP	WS	WJ	WZ	HS
编写代号	P	S	J	Z	H

由该表可见,航空发动机的型号代号用两个大写汉语拼音字母表示。序号则用阿拉伯数字表示,在发动机型号内顺序编排。改进型发动机型号由发动机型号简称(或发动机型号代号)、发动机序号和改进代号三部分组成。改进代号用大写汉语拼音字母 A,B,C,……表示(其中不用 L,O,X),如 WJ6A,自左至右各符号的含义如下:

WJ——涡轮螺旋桨发动机的型号代号;

6——发动机的序号;

A——发动机改进代号。

附录 2 世界民用航空发动机制造商及部分产品简介

F2.1 三大航空发动机制造商

1. 通用电气公司(简称 GE 公司)

通用电气公司是一家多元化的科技、媒体和金融服务的全球性公司,GE 的产品和服务范围广阔,以多种经营和先进技术享誉世界。

通用电气公司的历史可追溯到托马斯·爱迪生,他于 1878 年创立了爱迪生电灯公司。1892 年,爱迪生通用电气公司和汤姆森·休斯敦电气公司合并,成立了通用电气公司,随后不断发展壮大,目前业务范围涵盖多个领域,旗下有消费者金融集团、商务融资集团、能源集团、医疗集团、基础设施集团、NBC 环球和交通运输集团等 11 个业务集团。下面主要介绍 GE 在民用航空发动机方面的情况。涉及民用航空发动机的是 GE 交通运输集团,该集团由飞机发动机和轨道交通两部分业务组成,应用领域覆盖航空、铁路、海洋交通和公路。

GE 公司虽然历史悠久,但 GE 公司是在 1941 年才开始进入航空发动机制造领域,依靠 CF6 系列发动机及联合 CFMI 生产的 CFM56 系列发动机两款非常成功的发动机奠定了其在航空发动机制造领域的领先地位。GE 公司主要的涡轮风扇发动机产品如下:

(1) CF6 系列发动机

1971 推向市场的 CF6 发动机,属于高涵道比大推力涡轮风扇发动机,CF6 系列发动机从最初的 178 kN 推力的 CF6-6 不断发展,稳步推进到 320 kN 推力的 CF6-80E。CF6 系列发动机的成功奠定了 GE 公司在航空发动机领域的地位。早期大型宽体客机几乎都选用 CF6 系列发动机,市场占有率最大。1971 年投入使用,推力范围是 178~320 kN,供空客 A300、A310、A330、波音 B767、B747、MD11、道格拉斯 DC10 等大型民航飞机选装。

(2) CF34 系列发动机

CF34 系列发动机的前身是空军 A-10 攻击机等装备的 TF34 发动机,该种发动机经过改进后适用于民航,并延续其稳定、低噪声的特点,应用于支线运输机、中型公务飞机等。1983 年投入使用,推力范围是 40~90 kN,是 CRJ100/200/700、Challenger 601/604、EMBRAER 170/175/190/195、Dornier 728 和 ARJ21 等小型民航飞机唯一可装的发动机。

(3) GE90 系列发动机

GE90 系列发动机结合了 GE 公司在 CF6 发动机项目及在其他军事项目中验证过的先进技术,GE 投入 20 亿美元的巨资为新一代宽体飞机研制的高可靠性、低油耗的发动机——GE90。GE90 发动机在 1995 年正式推出并应用于 B777 飞机,推力范围是 330~510 kN。GE90 的风扇叶片是航空业内最大的叶片,由于采用了世界上压力比最大的压气机,使 GE90 的大型风扇叶片可低速运转,从而其噪声在同类型发动机中最低。GE90 最新的衍生型发动机 GE90-115B 于 2002 年底创造了 569 kN 的推力记录,被称为世界上最强劲的民用喷气发动机。

（4）GEnx 系列

GEnx 系列是为新一代远程客机研制的发动机，是日本、意大利、比利时等 5 家航空发动机公司共同开发的。其结构以 GE90 发动机为基础，前风扇机匣和风扇叶片都采用复合材料，大大减轻了质量，并采用了新一代的燃烧室，减少了废气的排放，推力范围是 236～320 kN，供 B787、B747 Advanced、A350 飞机选装。

2. 罗尔斯·罗伊斯公司

罗尔斯·罗伊斯公司目前是世界第二大民用航空发动机公司和世界第二大国防航空发动机公司，是全球船用推进系统和能源领域的主要供应商。

1884 年，亨利·罗伊斯先生创立了一个从事电气和机械方面业务的公司。1904 年，他制造出了他的第一辆汽车，当年 5 月，罗伊斯先生与在伦敦从事高级汽车销售的查尔斯·罗尔斯先生相识，并达成协议，成立罗伊斯有限公司，该公司将生产一系列专供查尔斯·罗尔斯的公司销售的汽车，这些汽车的品牌被冠名为罗尔斯·罗伊斯。由于这些新的罗尔斯·罗伊斯汽车获得了巨大成功，1906 年 3 月，罗尔斯·罗伊斯公司正式宣告成立。下面主要介绍罗尔斯·罗伊斯公司在民用航空发动机方面的情况。

早在第二次世界大战后期，罗尔斯·罗伊斯公司就放弃了活塞式航空发动机，开始发展燃气涡轮发动机，并领先于其他发动机制造商。20 世纪 60 年代末，随着宽体客机的出现，罗尔斯·罗伊斯公司为其研制涡扇发动机，几经周折，研制生产的 RB211 系列、Trent 系列涡扇发动机以其三转子的独特设计在航空发动机市场大受欢迎。

20 世纪 90 年代是罗尔斯·罗伊斯公司发生巨变的十年。1990 年，罗尔斯·罗伊斯公司与德国宝马（BMW）公司联合成立了一个合资公司，发展 BR700 系列发动机。从 1999 年底开始，由于 BMW 集团重组，退出了飞机发动机行业，罗尔斯·罗伊斯公司全面控制了与宝马的合资公司，成立了罗尔斯·罗伊斯德国公司。1995 年，罗尔斯·罗伊斯公司收购了位于印第安纳州的艾利逊发动机公司（Allison Engine Company）。艾利逊发动机公司在民用发动机上用于 ERJ145 支线喷气客机系列的 AE3007 发动机上也取得了不错的成绩。

下面介绍罗尔斯·罗伊斯公司 RB211 系列、Trent 系列涡扇发动机等的基本情况。

（1）RB211 系列发动机

20 世纪 60 年代末，随着宽体客机的出现，罗尔斯·罗伊斯公司开始为洛克希德·马丁公司的 L-1011（TriStar）客机发展生产 RB211 发动机。该发动机采用独特的三转子涡扇概念，罗尔斯·罗伊斯公司为此投入巨额资金，但这种发动机的发展并不顺利，并导致罗尔斯·罗伊斯公司陷入了财务危机并最终破产，并于 1971 年被收为国有（到 1987 年，罗尔斯·罗伊斯公司重新归为私有）。随后的破产改组，政府将航空发动机部分独立出来，使其重新恢复生机。RB211 发动机系列经过不断改进后也逐渐受到市场的欢迎，三转子的特点也得以显现。三转子可使发动机的机械简化，与同级别发动机相比，具备更少的级数、更少的组成零件及简单的系统，可靠性较高，也有利于日后的维护。

（2）RB211-524 系列发动机

通过不断改进早期 RB211 系列发动机而形成的 RB211-524 系列发动机是为总质量大的飞机机型提供推力，1977 年正式投入使用，推力范围为 222～280 kN，作为 B747 系列、B767-300、Lockheed L-1011 等客机的选装发动机。

(3) RB211-535 系列发动机

不断完善并发展壮大的 RB211-524 家族日益受到欢迎,罗尔斯·罗伊斯公司在此基础上衍生出 RB211-535 系列发动机。该系列发动机利用 RB211-524 的等比例缩小风扇、比 RB211-524 型少了两个叶片,但仍维持宽弦风扇的设计以符合较大型发动机的需要,并配备非可变式静子叶片的高压压缩段。1984 年加入民航服务之列,推力范围为 166～192 kN,作为 B757 系列的选装发动机,此外也是 TU-204 的唯一可装发动机。

(4) Trent 系列发动机

由于前期 RB211 系列大型涡扇发动机打下的良好基础,发展到 RB211-524 G/H 型,静推力(static thrust)已提升到 267 kN,但根据研究仍有 12% 的发展潜力。而配合市场需求的 RB211-524L 型发动机,推力潜力可达 320 kN。

而此时,波音公司、空客公司正进行大型双发动机宽体客机计划。罗尔斯·罗伊斯公司决定趁此机会发展大型风扇发动机,这是 RB211 系列发展历程中一个转捩阶段。同时为了让市场上能对这款大型涡轮风扇发动机与以往的产品加以区别,公司决定将这一系列的发动机命名为遄达(Trent)。

① 遄达 700 系列 1995 年正式投入使用,推力范围为 300～316 kN,作为空客 330 系列客机的选装发动机。

② 遄达 800 系列 在遄达 700 的基础上,采用了直径 2.8 m 的风扇,1995 年正式投入使用,推力范围为 333～422 kN,作为波音 B777 系列飞机的选装发动机。

③ 遄达 500 系列 2002 年正式投入使用,推力范围为 236～249 kN,作为空客 340-500/600 客机唯一可装发动机。

④ 遄达 900 系列 2006 年正式投入使用,推力范围为 311～340 kN,作为空客 380 系列飞机的选装发动机。

⑤ 遄达 1000 系列 2008 年正式投入使用,作为波音 B787 系列飞机的选装发动机。

(5) BR700 发动机系列

在 1990 年,罗尔斯·罗伊斯公司与德国宝马公司联合成立了一个合资公司,针对小型飞机的需求,进行 BR700 系列发动机的发展。推力在 62～102 kN。目前,BR700 系列发动机是湾流 G500、G550、庞巴迪"环球快车"、波音 B717 飞机的唯一可装发动机。

3. 普拉特·惠特尼公司(Pratt & Whitney)

隶属于美国联合技术公司旗下的普拉特·惠特尼发动机公司(Pratt & Whitney,以下简称普·惠公司)是世界大型民用涡轮发动机的主要制造商。

普·惠公司成立于 1925 年,总部在美国康涅狄格州东哈特福特,是美国联合技术公司(United Technologies Corporation,UTC)的一个分支。该公司是集飞机发动机、燃气涡轮和航天推进系统的设计、制造和支援为一体的制造商。

普·惠公司在活塞式发动机的市场上具有不可撼动的地位。随着喷气发动机时代的到来,各发动机制造商开始研制喷气发动机,但由于战争的缘故,普·惠公司不得不配合政府的需求而继续研制活塞式发动机,进入喷射发动机市场的脚步也因此延缓下来。普·惠公司主要的航空涡轮发动机产品有以下几类。

(1) JT8D 系列

1963 年,普·惠公司研制的 JT8 系列涡喷发动机投入使用,推力范围为 62～77 kN,符合中、短程航机的严格要求,能应付频繁的起飞与降落动作,因此广受欢迎,并将中、短程的民航飞行带入新的时代。当时的主流客机波音 B727、B737-1/200 及麦克道格拉斯公司的 DC-9 均选用了 JT8 系列涡喷发动机。进入 20 世纪 70 年代,随着对环保及相关问题的重视,普·惠公司也从 JT8D 发展出新的 JT8D-200 系列发动机,其目标是使 JT8D 更加安静、干净、有效率又更具推进力。此后麦道公司中航程 MD-80 系列飞机也选择了 JT8D-200 作其发动机,推力范围 82~96 kN。20 世纪 60 年代中期,普·惠公司也开始为新一代大型宽体客机研制全新的发动机——具有高涵道比的涡扇发动机,此举造就的是采用许多先进技术的 JT9D 发动机。JT9D 发动机率先采用了许多增进燃油效率及发动机可靠度的技术,也是首个应用于宽体客机的高涵道比的涡扇发动机。JT9D 发动机从 1970 年随波音 B747 踏入民航界服务,推力范围为 213~249 kN,作为空客 A300、A310、波音 B767、B747、道格拉斯 DC10 的选装发动机。JT9D 系列已在 1990 年停产。

(2) PW2000 系列

配合航空公司的要求,即强调低运营成本,高效率及稳定持久性,普·惠公司研制生产了推力范围在 166 kN 至 191 kN 的 PW2000 发动机,并首次在发动机上采用全权限数字式系统(FADEC)控制方式。该系列发动机 1984 年开始服役,作为双发动机的波音 B757 飞机与四发动机的 Ilyushin IL-96 飞机的选装发动机。

(3) PW4000 系列

① PW4000-94 系列(94 英寸(2.4 m)风扇)发动机。这是普·惠公司为大型客机设计的高推力系列发动机,该系列首度推出的发动机推力范围为 231~276 kN,1987 年投入使用,作为波音 B747-400、B767-200/300、MD-11、空客 A300-600、A310-300 等客机的选装发动机。

② PW4000-100 系列(100 英寸(2.5 m)风扇)发动机。由于 PW4000-94 发动机相当受欢迎,普·惠公司特别为空客 A330 双发宽体飞机设计并研制出风扇直径 100 英寸的 PW4000-100 发动机,推力范围为 287~305 kN,后来的型号还提供到 324 kN 推力。

③ PW4000-112 系列(112 英寸(2.8 m)风扇)发动机。为配合波音 B777 双发动机飞机而从 PW4000 衍生的新型号发动机,推力范围为 373~436 kN。PW4000-112 系列发动机也是普·惠公司生产的最大的民用发动机。该种发动机作为波音 B777 系列选装发动机。

(4) PW4500

为空客 A340-500 研制的 PW4500 发动机,采用 PW4000-94 的风扇与低压压缩段、PW4000-100 的燃烧室与低压涡轮和 PW4000-112 的高压压缩段及涡轮。

(5) PW6000 系列

为配合短程而频繁起降的中小型飞机,并满足可靠性、低噪声的要求,普·惠公司推出了 PW6000 系列发动机,其推力范围为 80~107 kN,应用于空客 A318,并于 2005 年开始服役。

(6) PW8000 系列

为配合新一代窄体客机系列的发展,普·惠公司于 1998 年开始研制新型齿轮传动式涡扇发动机(geared turbofan),发动机产生推力,大部分来自以缩小齿轮箱所驱动的风扇。由于在风扇与低压压气机间装了一种新型减速器,风扇、低压涡轮均处于最优转速下工作,这是发动机发展中的又一大的举措,预计的推力范围为 111~156 kN。

F2.2　新兴发动机制造商

除上面的三大航空发动机制造商外,还有一些新兴发动机制造商,它们大多是三大发动机制造商与其他较小型的发动机制造公司联合投资成立的,就某一具体的发动机需求进行针对性的研制开发,在航空发动机市场也占有重要的地位。

1. CFM 国际发动机公司

CFM 国际公司是由美国通用电气公司和法国 SNECMA 持股各半,并于 1974 年联合组成的合资公司,专门负责 CFM56 涡扇发动机的合作研制、生产和销售,总部设在巴黎。通用电气公司负责总体设计、核心机和主控制系统,SNECMA 负责低压系统、齿轮箱、附件综合和发动机安装。该公司被认为是国际合作的成功范例之一。全球投入使用的 CFM56 系列发动机数量到 2008 年已超过 15 000 台。结合了美、法这两大公司的资源与工程、维修经验,在短短三十几年间,靠着 CFM56 系列涡扇发动机,CFM 国际公司已跃居世界著名的发动机供应商之一。CFM56 系列发动机最初研制生产的型号是 CFM56-2,提供给 DC-8-70 系列飞机,作为发动机改装计划使用。随后的产品主要有以下几个。

(1) CFM56-3 系列

CFM56-3 系列发动机于 1984 年投入使用,它比所取代的 JT3D 与 JT8D 发动机更为省油、噪声更低,推力范围为 82～104 kN,是波音 B737-300/400/500 唯一可安装的发动机,随着波音 B737-300/400/500 的热卖和广受欢迎,CFM 发动机也逐渐被大众认识和接受。

(2) CFM56-5 系列

CFM56-5 系列发动机于 1988 年投入使用,推力范围为 98～151 kN,作为空客 320 系列的选装发动机,改进型 CFM56-5C 还作为空客 A340-200/300 唯一可装的发动机型号。

(3) CFM56-7 系列

由于 CFM56-7 系列发动机在波音 B737-300/400/500 上成功使用,新一代波音 B737 继续将 CFM56 发动机作为其唯一可装的发动机,CFM 公司为此研制了 CFM56-7 系列发动机,并于 1997 年投入使用,推力范围为 82～121 kN。

2. 国际航空发动机公司

国际航空发动机公司(International Aero Engines,IAE)成立于 1983 年 12 月 14 日,是由美国普·惠公司、英国罗尔斯·罗伊斯公司、日本航空发动机公司(Japanese Aero Engines,JAEC)和德国航空发动机公司(MTU Aero Engines)合资设立。总部位于美国康涅狄格州东哈特福德市。每家厂商的持股比例分别为 32.5%、32.5%、23% 与 12%,最著名的产品就是 V2500 系列发动机。IAE 航空发动机主要产品为 V2500 系列发动机。V2500 系列发动机由普·惠公司负责生产燃烧室和高压涡轮,其中齿轮箱、涡轮段及 FADEC 都是采用 PW2000 的技术;罗尔斯·罗伊斯公司负责生产高压压气机;日本航空发动机公司则负责生产衍生自 RB211-535E4 的风扇和低压压气机;MTU 负责生产低压涡轮。普·惠公司和罗尔斯·罗伊斯公司分别在其位于美国康涅狄格州和英国达比的设施对发动机进行组装和试验。V2500 系列发动机于 1989 年开始投入使用,额定推力为 98～147 kN,其特点是油耗低、安静,且兼顾了营运与环保效能。目前,该种发动机是空中客车 A319、A320、A321 飞机和空客公务机 ARJ (Airbus Corporate Jetliner)以及波音 MD-90 的选装发动机。

3. 中国航空发动机集团

中国航空发动机集团(简称中国航发,Aero Engine Corporation of China,AECC)是中央直接管理的国有特大型企业,由国务院、北京市人民政府、中国航空工业集团公司、中国商用飞机有限责任公司共同出资组建。中国航发下辖 20 余家直属企事业单位,拥有 3 家主板上市公司,现有职工近 10 万人,拥有包括 6 名院士、200 余名国家级专家学者在内的一大批高素质、创新型科技人才。建有国际先进、亚洲领先的国防科技重点实验室,具备较强的科研生产制造能力以及较为完整的军用/民用航空发动机、燃气轮机及其衍生产品的研发制造体系与试验检测能力。

中国航发秉承动力强军、科技报国的集团使命,坚持动力为本、质量制胜、人才强企、合作共赢的经营方针,致力于航空发动机的自主研发,深入推进军民融合发展。主要从事军民用飞行器动力装置、第二动力装置、燃气轮机、直升机传动系统、航空发动机技术衍生产品的设计、研制、生产、维修、营销和售后服务等业务;客户涉及航空、航天、船舶、兵器、能源及空天等多个领域。公司设计生产的涡喷、涡扇、涡轴、涡桨、活塞等航空发动机、燃气轮机和直升机传动系统等产品,广泛配装于各类军民用飞机、直升机和大型舰艇、大型发电机组上,为我国国防武器装备和国民经济发展做出了突出贡献。

站在新的历史起点,承载振兴航空动力的光荣使命,中国航发将深入贯彻党中央、国务院各项决策部署,积极践行"创新、协调、绿色、开放、共享"五大发展理念,始终秉持国家利益至上的价值观,充分发扬务实创新、担当奉献的精神,坚持强军首责,全力聚焦主业,努力做军用动力的保障者、工业强国的建设者和创新国家的促进者,为早日建成世界一流航空发动机集团而奋力拼搏。

参考文献

[1] 廉筱纯. 航空发动机原理[M]. 西安：西北工业大学出版社，2005.

[2] 刘大响，陈光. 航空发动机飞机的心脏[M]. 2版. 北京：航空工业出版社，2015.

[3] 郝劲松. 活塞发动机飞机结构与系统[M]. 北京：清华大学出版社，2015.

[4] 倪金刚. GE航空发动机百年史话[M]. 北京：航空工业出版社，2015.

[5] 彭友梅. 苏联/俄罗斯/乌克兰航空发动机的发展[M]. 北京：航空工业出版社，2015.

[6] 陈懋章，陶智，唐海龙. 航空动力技术新进展[M]. 北京：科学出版社，2015.

[7] 王强，郑日恒，陈懋章. 航空发动机科学技术的发展与创新[J]. 科技导报，2021，39(3)：59-70.

[8] 陈玉春，贾琳渊，李维. 航空燃气涡轮发动机原理[M]. 北京：科学出版社，2022.

[9] 葛宁. 航空燃气涡轮发动机原理[M]. 北京：科学出版社，2019.

[10] 高双林，查柏林. 航空发动机及其部件工作原理[M]. 北京：北京航空航天大学出版社，2019.

[11] 张银波，闫国华. 航空发动机原理与构造[M]. 北京：中国民航出版社，2019.

[12] 董彦非. 通用航空发动机原理与构造[M]. 2版. 北京：北京航空航天大学出版社，2021.

[13] 朱之丽，陈敏，唐海龙，等. 航空燃气涡轮发动机工作原理及性能[M]. 2版. 上海：上海交通大学出版社，2018.

[14] 中国航发商发. 航空发动机的故事[M]. 北京：科学出版社，2020.